지우지 마시오

수학자들의 칠판

제시카 윈 지음
조은영 옮김

Do Not Erase :
Mathematicians and Their Chalkboards

일러두기

한국인 수학자 오희를 제외하고 모두 원문 그대로 이름을 썼다.

지우지 마시오

수학자들의 칠판

B4 ∪ B4
Check
vs

딸, 몰리에게 이 책을 바칩니다.

들어가는 말

나는 미국 코네티컷주의 한 기숙학교 관사에서 자랐다. 부모님이 그 학교 교사였다. 어머니는 미술을 가르쳤고 아버지는 역사 선생이자 레슬링팀 코치였다. 우리 자매는 주말에도 교실에서 놀면서 학교가 곧 집이고 놀이터인 고립된 생활을 했다. 교실은 늘 더웠고 사춘기 아이들의 퀴퀴한 냄새와 분필 향이 진동했다.

긴 세월이 흘러 나는 분필 가루 자욱한 강의실을 찾아다니며 수학자들의 칠판을 사진에 담고 있다. 어쩌다 그렇게 되었냐고? 조금 감상적으로 답하자면, 지금도 교실은 내게 고향 같은 곳이기 때문이다. 하지만 실질적인 계기는 뉴잉글랜드에서 이웃과 나눈 대화 때문이었다.

여름이 되면 나는 학교와 뉴욕시의 집을 떠나 매사추세츠주 케이프코드 끝자락의 작은 해변 마을에 사는 가족과 지냈는데 수년을 오가다 보니 그곳의 이웃들과도 친분이 두터워졌다. 마침 그중에 수학자 부부가 있었다. 에이미 윌킨슨(Amie Wilkinson)과 벤슨 파브(Benson Farb)는 옛날에 우리 할아버지가 사셨던 집에서 두 아이들과 함께 사는데, 부부가 모두 시카고 대학교에서 가르치는 이론수학자였다. 윌킨슨은 매끄러운 동역학계와 에르고딕 이론을, 파브는 저차원 위상과 기하군론을 연구한다.

윌킨슨과 파브는 이론수학자이다. 이론수학자를 "순수" 수학자라고도 하는데 그 말인즉슨 "수학을 위한 수학"을 한다는 뜻이다. 이론수학자는 아이디어와 추상화에 관심이 있고 어디까지나 순수한 추론의 경계를 탐험할 뿐, 예술이나 철학, 시와 음악을 하는 사람들처럼 물질세계에의 명료하고 즉각적인 적용에는 큰 뜻이 없다. 반면에 응용수학자는 이론과 기술을 사용해 물질세계에서 실용적인 문제를 해결하려고 한다. 서로 목적은 다를지라도 수학의 이 두 갈래는 불가분하게 연결되어 있다. 순수 수학에서 발견한 것이 수년 뒤 혁명적으로 응용되는 사례가 수없이 많다. 사실 현대의 모든 기술이 순수 수학에서 비롯했다고 해도 과언은 아니다.

케이프에서 지내던 어느 날, 식탁에서 작업 중인 파브를 지켜볼 기회가 있었다. 인도 라가(raga)를 듣는 모양인데 볼륨이 커서 헤드폰 밖으로 타블라의 쿵쿵대는 비트가 새어나왔다. 대단한 비밀을 풀고 있는 사람처럼 그는 그렇게 몇 시간을 앉아서 생각하고 또 가끔은 노트에 뭘 적었다. 그는 오직 자신의 머릿속에서만 존재할 뿐 말로 표현할 수 없는 어떤 광대하고 아름다운 것을 창조하고 있는 것 같았다.

무슨 작업 중인지 설명해 줄 수 있냐고 묻자 잠시 고민하는 듯하더니 "아니요, 못 하겠는데요"라고 대답했다.

나중에야 그는 4차원 공간을 돌아다니는, 예컨대 점 1만 개의 모든 가능한 배열을 고려하는 "배위공간"을 연구한다고 했다. 그건 곧 4만 차원의 문제였다. 파브는 이처럼 극도로 복잡한 계 안에서 패턴을 찾는다. 그가 말한 좀 더 전문적인 표현을 그대로 옮겨보자면 그는 "한 다양체 위에 있는 점 n개의 배위공간에 대한 코호몰로지를 n이 어떤 수도 될 수 있는(이를테면 1만) 대칭군 S_n의 기약표현에 대한 직접적인 합으로 분해하려는 중"이다.

파브가 다루는 수준의 수학은 비전문가에게 쉽게 번역될 수 없다. 어떤 수학은 한없이 복잡하여 간단하고 이해하기 쉬운 문장으로 환원되지 못한다. 소수를 제외하면 세상 누구에게도 알려지지 않은 희귀한 외국어 같다.

나로 말하자면 늘 카메라로 세상을 이해하고 탐구해 왔다. 열여섯 살 때 미국 동북부의 집을 떠나 인도 남부에 있는 어느 산간 피서지 마을의 기숙학교에서 1년을 지낸 적이 있다. (우리 어머니가 그 학교에 다니셨다.) 그곳으로 출발할 때 아버지가 선물로 카메라를 주셨는데,

이안 반사식의 중형 판형 필름식 카메라로 크고 무거웠지만 적당히 해진 갈색 가죽끈과 케이스가 아주 근사한 물건이었다. 나는 그 카메라가 너무 좋았다. 인도에 가져간 그 카메라는 실로 엄청난 힘을 지닌 도구였다. 카메라와 함께라면 나는 그 무엇도 두렵지 않았고, 감히 범접할 수 없을 것 같은 사람과 장소와도 연결될 수 있었다. 그렇게 흥분되는 일은 세상에 달리 없었다.

30년 뒤, 나는 사진학과 학생들을 이끌고 인도로 돌아갔다. 우리가 찾아간 곳은 라자스탄주 자이푸르였다. 나는 그 지역 초등학교와 조율해 우리 학생들은 그곳 아이들의 초상화를 찍고, 아이들은 우리와 영어를 연습하게 했다. 교장 선생님이 우리를 뒷문으로 안내하더니 미로 같은 계단을 거쳐 학교 옥상으로 데려갔다. 옥상 가장자리를 따라 칠판이 주욱 둘러 있었다. 어떤 칠판은 서 있고, 어떤 칠판은 낮은 벽에 기대어 반쯤 누워 있었다. 뜻 모를 힌두어로 수업 내용이 적혀 있는 칠판은 아름다우면서도 선뜻 다가갈 수 없을 만치 낯설었다. 나는 옥상을 돌아다니며 칠판 하나하나를 카메라에 담았다.

집에 돌아와 여행에서 찍은 사진들을 정리하다 보니 이상하게 칠판 사진에 계속 눈이 갔다. 칠판이 내게 상징하는 의미가 너무 많았다. 심미적 가치와 실용성, 낯섦과 익숙함, 아는 것과 모르는 것의 교차. 자이푸르의 칠판에 써진 알 수 없는 글씨를 보고 있으니 파브가 공책에 적던 수학 기호가 생각났다. 그 둘을 연결하면서 이 프로젝트가 시작되었다.

칠판은 가장 오래되고 중요한 아날로그 학습 도구이다. 초창기에는 학생들이 자기 책상에 앉아 작은 개별 슬레이트 칠판으로 공부했다. 하지만 교사가 학생의 작업을 반 전체에 보여주거나 공유할 수 없었다. 정확한 시기에 대한 의견은 분분하지만 대체로 1801년에 처음으로 대형 칠판이 교실에 설치되었다고 알려졌다. 그렇게 칠판은 우리가 현재 알고 있는 상태로 진화했다. 벽에 걸린 커다란 물체. 전형적으로 검은색이나 초록색. 지금은 슬레이트가 아닌 법랑 강판으로 칠판을 제작한다.

컴퓨터를 비롯해 기술이 아무리 발전했어도 칠판과 분필은 여전히 대다수의 수학자가 일할 때 가장 자주 쓰는 방식이자 도구이다. 음악가가 제 악기와 사랑에 빠지듯 수학자는 제 칠판을 사랑한다. 칠판의 모양과 질감, 특별한 일제 하고로모 분필까지(하고로모는 1932년에 설립된 일본 기업이지만 2015년에 한국 기업이 인수하여 현재 한국에서 생산되고 있다—옮긴이). 칠판은 수학자의 집이자 실험실이고, 생각에 몰두를 허락하는 개인 공간이다.

빈 칠판에 처음 분필을 그으며 자신의 계산이 어디로 흘러갈지 알고 있는 수학자는 별로 없다. 작가의 빈 종이와, 사진작가의 빈 프레임과 다르지 않다.

칠판 위에서 진행되는 판서(板書) 작업은 다분히 신체적이고 시간에 의존하는 행위이다. 한 문제를 풀어나가는 서사가 실시간으로 전개되다 보니 생각이 천천히 흐르고 정보가 좀 더 쉽게 전달된다. 디지털 기술로 가속된 처리 속도를 인간의 사고와 관찰, 흡수 속도가 바로 따라잡을 수 있는 것은 아니다. 게다가 창조와 발견의 작업에서는 더 "빠르게"가 반드시 더 "잘"이라고 말할 수도 없다. 분필을 손에 쥐고 칠판에 긋는 촉각적 경험은 생각하는 방식에도 영향을 미친다. 몸이 공간 안에서 움직일 때는 모든 감각이 총동원된다. 어두운 뇌에 환하게 빛이 들면서 생각이 폭발하고 분출하는 발견의 순간이 찾아온다.

나는 내가 사는 뉴욕시에서 이 여정을 시작했다. 컬럼비아 대학교, 뉴욕 시립대학교 대학원, 뉴욕 대학교 쿠란트 수학연구소의 너그러운 수학자들이 나를 반겨주었다. 수학의 아름다움에 이미 너무나도 익숙한 사람들이기에 기꺼이 자신의 보물을 공유하고 싶어 했다.

촬영을 시작하면서 나는 몇 가지 조건을 정했다. 먼저 유리보드나 화이트보드 말고 진짜 칠판만 찍기로 했다. 칠판 안에 내재한 아름다움과 시간을 초월한 특성은 결코 다른 것으로 대체할 수 없기 때문이다. 나는 수학자들에게 칠판에 무엇을 그리고 쓰든 상관없다고 말했다. (실제로는 이미 칠판에 적혀 있는 것을 찍는 경우가 많았다. 대개 그들이 현재 작업 중인 내용이었다.) 나는 칠판을 하나의 사물로 보여주기 위해 가장 기본적이고 객관적이고 정직한 방식으로 사진을 찍었다. 칠판의 질감과 남아 있는 지우개 흔적, 덧씌운 내용, 표면에서 반사되는 빛까지 최대한 빼놓지 않고 담았다.

수학 공식과 기호가 나에게는 완전한 딴 세상이지만 거기에 익숙하지 않다는 사실에 개의치 않았다. 패턴과 대칭, 구조 같은 추상적 아름다움에 끌려가면서도 그 의미에는 근접하지 못한다는 철저한 단절감에서 오는 긴장이 솔직히 좋았다. 그리고 이런 밀고 당기는 과정에서 발생하는 마찰에 흥분되었다. 칠판에 적힌 정리(定理)의 구체적인 의미는 모르지만 그것이 궁극적으로 보편의 진리를 밝히고, 또는 밝히려 하고 있음은 누구보다 잘 알았다.

나는 이웃인 에이미 윌킨슨과 브라질 리우데자네이루에 갔다. 윌킨슨은 이곳에서 열린 수학 대회의 심사위원이었다. 나는 리우데자네이루 순수 및 응용 수학 연구소(IMPA)에 찾아갔다. 리우가 처음이었던 나는 산과 바다, 야생의 자연이 둘러싼 인상적인 풍경에 놀랐다. 연구소 창문 밖에는 푸른 정글이 무성했다. 나는 그 특별함을 담고 싶어 자세히 찍고 다녔지만 사실 수학 자체는 세계 어디에서나 똑같다. 뉴욕시 116번가든, 프랑스의 작은 마을이든. 수학은 보편어이다.

집에 돌아온 나는 그때부터 미국을 횡단하며 캘리포니아 대학교 로스앤젤레스(이하 UCLA)의 순수 및 응용 수학 연구소, 라이스 대학교, 프린스턴 대학교, 예일 대학교, 하버드 대학교, 매사추세츠 공과대학교(이하 MIT), 노스웨스턴 대학교, 시카고 대학교 등을 찾아갔다. 그리고 여행 안내자이자 통역관인 윌킨슨 없이 혼자서 수학자들을 알아가는 일에 전념했다. 그들은 생각보다 훨씬 너그러웠다.

프린스턴 고등연구소도 방문했다. 이 기관에서 연구자의 유일한 임무는 방해받지 않고 마음껏 생각하는 것이다. 이곳에 초빙된 학자는 수업의 의무 없이 바깥 세계로부터 보호되어 자기 일에 온전히 몰입할 수 있다. 이곳의 물질세계가 저들에게 정신적 공간을 마련해준다.

이곳에서 헬무트 호퍼(Helmut Hofer)를 만났다. 그는 독일계 미국인 수학자로 심플렉틱 위상수학의 선구자이다. 호퍼는 동역학계와 편미분방정식도 연구한다. 그가 칠판에 내게 보여줄 복잡한 공식을 그리는 모습을 지켜보았다. 추상적 사고가 소용돌이치는 선으로 폭발하는 장면을 보자니 금방 최면에 걸릴 것 같았다. “심플렉틱 동역학”에서 “유한 에너지 엽층”의 수학적 개념을 보여주는 그림이었다. 이 정리는 많은 세월을 거쳐 연구되었고, 복잡한 수학 구조를 아주 응축된 방식으로 설명한다고 했다. 전문적인 수학 용어로 풀어내자면 몇백 쪽에 해당한다는 게 호퍼의 말이다. 그렇게 뜻 모를 내용을 한참 써 내려가더니 갑자기 분필을 내려놓고 자길 따라오라고 했다. 수학자의 휴식 시간이다. 그의 뒤를 졸졸 따라간 나는 곧 15명의 수학자와 차를 마셨다. 호퍼는 그 자리에서 많은 수학자를 소개해 주었고 덕분에 프로젝트 참가자가 늘었다.

수학자들이 칠판에서 작업하는 모습을 보는 일은 무척이나 즐거웠다. 그것은 오직 한 번뿐인 공연이었다. (공연이 있었다고 증명하는 유일한 증거가 사진이다.) 이들은 시각 예술가 못지않은 심오한 미의식을 자랑했고 분필을 사용하는 방식조차 제각각이었다. 그들이 칠판에 써 내려가는 공식은 주체할 수 없는 에너지로 대단히 혼란스러울 때도 있고, 신중한 고민 끝에 정돈된 모습으로 조용하고 평온하게 발산될 때도 있었다. 칠판에는 크기가 주는 순수한 물성(物性)이 있다. 칠판은 벽에 걸어 놓는 큰 물체다. 덕분에 작업 중인 채로 몇 날 며칠을 지낼 수도 있고 그 위에서 여럿이 동시에 작업할 수도 있다.

나는 파리에 갔다. 이번에도 윌킨슨과 함께였다. 윌킨슨은 공동 연구자인 아르투르 아빌라(Artur Avila)와 실뱅 크로비지에(Sylvain Crovisier)를 만나러 왔다. 내가 에이미 윌킨슨의 칠판을 찍은 곳이 바로 이곳 앙리 푸앵카레 연구소였다. 시카고 대학교에 있는 그녀의 본거지에서 수천 킬로미터나 떨어진 곳이었다. 100년도 넘은 그 칠판은 슬레이트로 만들어졌다. 나는 저 칠판의 역사를 상상했다. 지금까지 어떤 이들이 이 칠판에서 작업했고 그 위에서 어떤 발견이 이루어졌는지 궁금했다.

윌킨슨은 칠판 위에 키스 번스(Keith Burns)와 10년 동안 공동으로 작업한 정리의 중심 논증을 요약했다. 윌킨슨에 따르면 수학자들이 마침내 문제를 풀어내더라도 그 논증을 정리하고 군더더기 없이 증명해 보일 방법을 찾자면 또 한참이 걸린다. 증명을 표현하는 방식은 대단히 중요하다. 그건 수년을 지어온 아름다운 건물을 선보이기 전에 비계를 치우는 것과 같아서 우아하고 간결해야 한다.

윌킨슨이 색깔 분필과 3차원 도형으로 칠판을 채우는 과정은 지켜보기만 해도 무척 흥분되었다. 그녀가 그려내는 선이 그 안에 내재된 에너지와 깊이로 떨리고 있었다. 나는 이 작업을 내 카메라 뷰파인더로 들여다보았다. 내가 렌즈의 프레임 안에 있는 것만 보는 것처럼 윌킨슨은 칠판이라는 틀 안에 있는 것만 보았다. 그녀는 구형의 공으로 시작해 얇게 썬 채소처럼 생겨 줄리엔(julienne)이라고 부르는 것으로 끝나는 동치 관계의 모양들을 그렸다. 이 정리는 한 동역학계가 언제 "혼돈" 상태인지 정의하는 기준을 찾아낸다고 했다. 카오스이론은 계의 초기 상태에서 일어난 미약한 변이가 후에 변덕스럽고 복잡하고 일관되지 못한 결과를 낳는다고 설명한다. 흔히 "나비 효과"라고 말하는 것이다. 한 나비의 날갯짓이 지구 반대편에서 토네이도를 일으킬지도 모른다는 말이다.

파리에 있는 동안 프랑스 고등과학연구소(IHÉS)를 방문했다. 파리에서 가까운 남쪽의 뷰르-슈르-이베뜨에 있는 수학 및 이론물리학 연구소이다. 근처 빠히-싸끌레 대학교에 먼저 들러 수학자들을 방문한 다음 오르세에서 몇 킬로미터를 걸어서 그곳에 도착했다. 본관으로 향하는 가파른 언덕을 올라가는 길에 야외에 설치된 칠판들을 보고 놀랐다. 칠판은 연구소를 둘러싼 풀밭과 숲속에 흩어진 가는 금속 기둥에 매달려 있었다. 너무 비현실적이라 혼란스러운 풍경이었다. 하지만 이내 나무들 사이에서 홀로 조용히 일하는 수학자가 떠올랐다. 수학의 패턴과 아름다움은 흔히 자연 세계를 반영한다. 그러고 보니 공식으로 가득 찬 칠판이 제집을 찾은 것도 같았다.

나는 발견의 순간, 문제를 해결하는 깨달음의 순간에 관심이 있다. 어떤 수학자는 평생 한 문제를 붙잡고 있지만 끝내 풀어내지 못한다. 반면 돌파구를 찾는 데 성공해 마침내 진리에 이르고 훌륭하게 증명하는 사람도 있다. 이런 깨달음의 순간을 많은 이들이 전환의 순간이라고 묘사한다. 그 순간은 아일랜드 어느 오지에 덩그러니 있는 통나무집에서 명상에 빠졌을 때(데이비드 가바이[David Gabai], 프린스턴 대학교), 또는 하와이 마우이섬 해변에 앉아 친구가 카이트

보딩을 하는 것을 볼 때(디미트리 Y. 실리악텐코[Dimitri Y. Shlyakhtenko], IPAM/UCLA) 찾아온다. 진기한 통찰의 빛을 영접한 순간에는 형언할 수 없는 희열이 있다. 프랑스계 독일인 대수기하학자 엘렌 에스노(Hélène Esnault)는 내게 이렇게 말했다. "안개가 걷힌 뒤에 찾아오는 빛, 그것은 짧고 고요한 기쁨의 순간입니다." 비슷한 기분을 수학자이자 사업가이자 자선가인 제임스 사이먼스(James Simons)는 이렇게 표현한다. "만족이라는 따뜻한 감정이 끼얹어진 것 같다." 이 감각을 보다 노골적으로 설명하는 사람도 있다. 내 이웃인 벤슨 파브는 "알고보니 항상 그곳에 있었던 것을 새롭게 발견했을 때의 도취감을 갈구하는 중독자가 된 기분이랄까. 수학의 진리는 우주가 존재하기 전부터 진리였으며, 늘 그 자리에서 나를 기다리고 있었다!"라고 썼다. 이런 돌파구는 드물게, 그리고 대개는 수없이 실패를 거듭한 후에야 찾아온다.

고차원적 수학의 희귀한 세상으로 여행을 시작한 지도 여러 해가 지났다. 나는 패턴에 관해 많이 생각한다. 이미지의 패턴만이 아니라 과정의 패턴까지. 그리고 수학자가 세상을 보는 패턴과 예술가가 세상을 보는 패턴까지. 비슷한 패턴이 우리가 생각하고 일하고 창조하는 방식에도 존재한다. 나는 수학자들이 하는 일을 여전히 다 이해할 수 없지만 수학자가 어떤 사람인지는 잘 알게 되었다. 수학자는 상상 속에 살면서 직관을 따르고, 생각 속에서 길을 잃고 물성을 창조하며, 미지의 것을 탐구하는 이들이다.

수학자가 하는 일은 모든 위대한 예술가의 작품처럼 보존되고 명예와 인정을 받아야 한다. 저들은 진리를 찾아내 지식을 확장하고 앞서간 이들의 업적 위에 쌓아 올린다. 나는 세상의 대부분 사람이 즐기지 못하는 그 어떤 것을 보았고 또 이제는 세상과 공유할 수 있게 되어 몹시 행운이라 생각한다. 그것은 동떨어지고 금욕적이며 어찌 보면 비밀 결사단에 가까운 고차원적 수학의 세계이다. 나를 초대해 자신의 일을 기록하게 하고 우리를 둘러싼 세상에는 분필 가루 자욱한 먼지투성이 방 안에 감춰진 발견과 진리, 미스터리와 아름다움이 있다는 증거를 들고 나오게 허락한 수학자 여러분께 깊이 감사한다.

제시카 윈

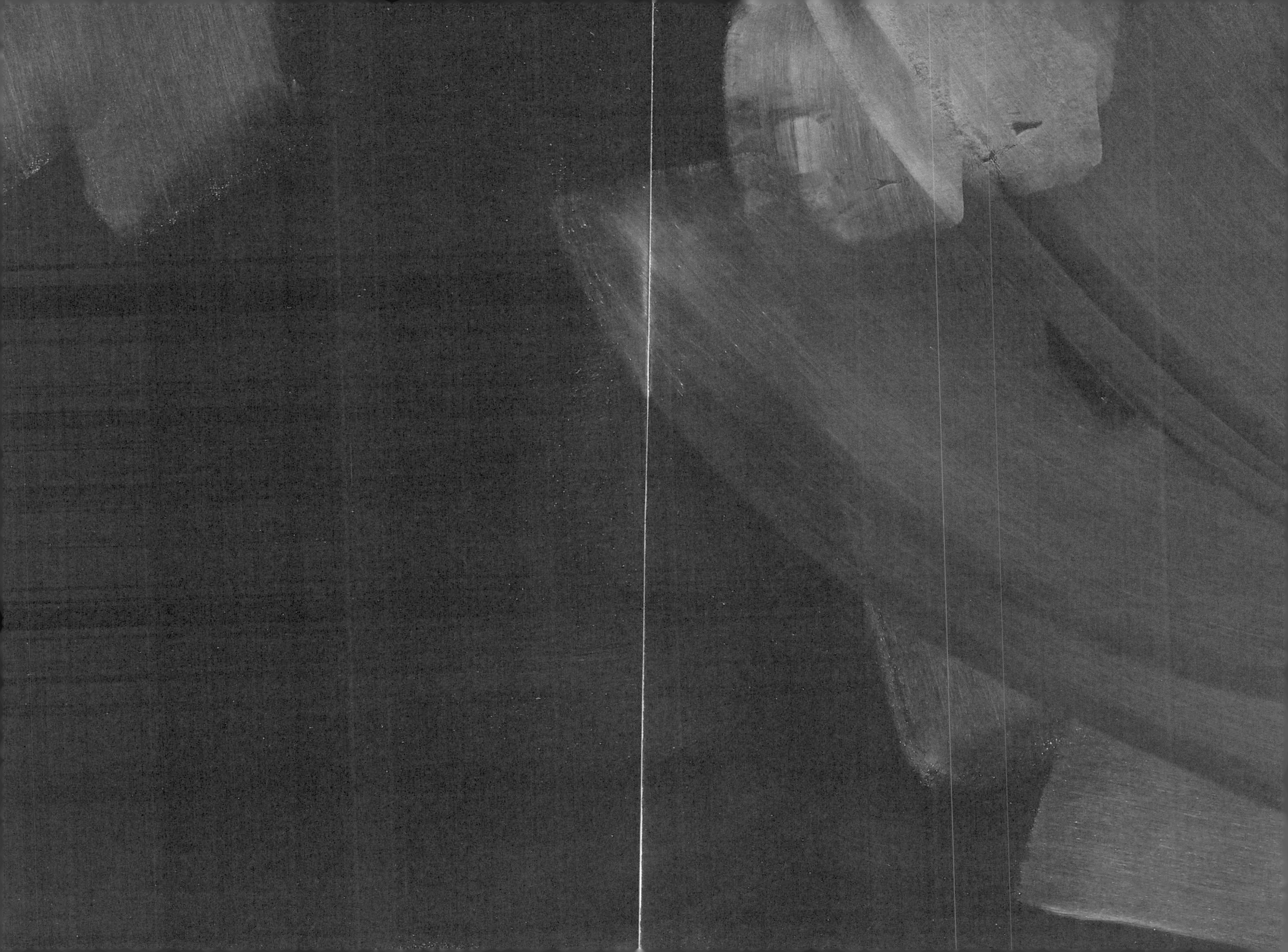

칠판에 비친 그림자

필리프 미셸
PHILIPPE MICHEL

스위스 로잔 연방 공과대학교 교수. 2008년부터 재직했으며 현재 해석적 정수론 학과장이다. 1995년에 파리 제11대학교에서 박사 학위를 받고 이후 프랑스에서 여러 직책을 역임했다.

칠판은 수학자의 삶에서 가장 기본적인 요소다. 10년 전 로잔 연방 공과대학교에 부임해 연구실에 도착하자마자 제일 먼저 한 일이 흉물스러운 화이트보드와 냄새나는 붉은 마커를 치우고 진짜 칠판으로 바꿔 달라고 요청한 것이었다. 덕분에 아주 근사한 칠판을 갖게 되었다. 칠판은 높이가 높을수록 좋다. 그래야 칠판의 경계에 막혀 사고와 글쓰기의 흐름이 방해받는 일이 줄어들 테니까. 그런 점에서 컬럼비아 대학교 수학과 휴게실의 한쪽 벽 전체를 차지하는 사진 속 대형 칠판은 기대 이상이다.

칠판에 글씨를 고르고 매끄럽게 쓰려면 분필의 품질도 중요하다. 어느 해인가 한 박사 후 연구원이 크리스마스 휴가를 다녀오면서 사다 준 전설의 "하고로모 풀터치" 분필 두 박스는 정말 감동적이었다. (내 연구실에 몰래 들어와도 소용없다. 안타깝지만 이미 다 쓰고 없으니까.)

칠판과 분필에 이은 마지막, 그러나 결코 덜 중요하다고 볼 수 없는 세 번째 요소는 칠판 지우기이다. 수년의 훈련 끝에 나는 스위스식(독일식이던가?) 청소법에 능숙해졌다. 천으로 된 커다란 와이퍼에 물을 묻혀서 칠판을 닦고 대형 고무 와이퍼로 물기를 제거하는 방식이다(취리히에 있는 동료 하나는 두 동작이 동시에 가능하다). 칠판을 닦으면서 머릿속도 함께 비운다. 말끔해진 칠판과 깨끗해진 머리. 새롭게 시작할 준비 완료다.

칠판 사진은 컬럼비아 대학교 수학과 조교수인 윌 사윈(Will Sawin)과 공동 작업하는 정수론 연구에 관해 이야기하다가 찍은 것이다. 정수론은 '정수(整數)'의 성질과 구조를 기술하는 학문이지만, 수학의 다른 분야에서 방법과 기술을 빌렸다. 이 칠판이 좋은 예로, 대수학과 기하학(코호몰로지와 도르래 바퀴)은 물론이고 해석학(모듈러 형식) 개념까지 엿볼 수 있다.

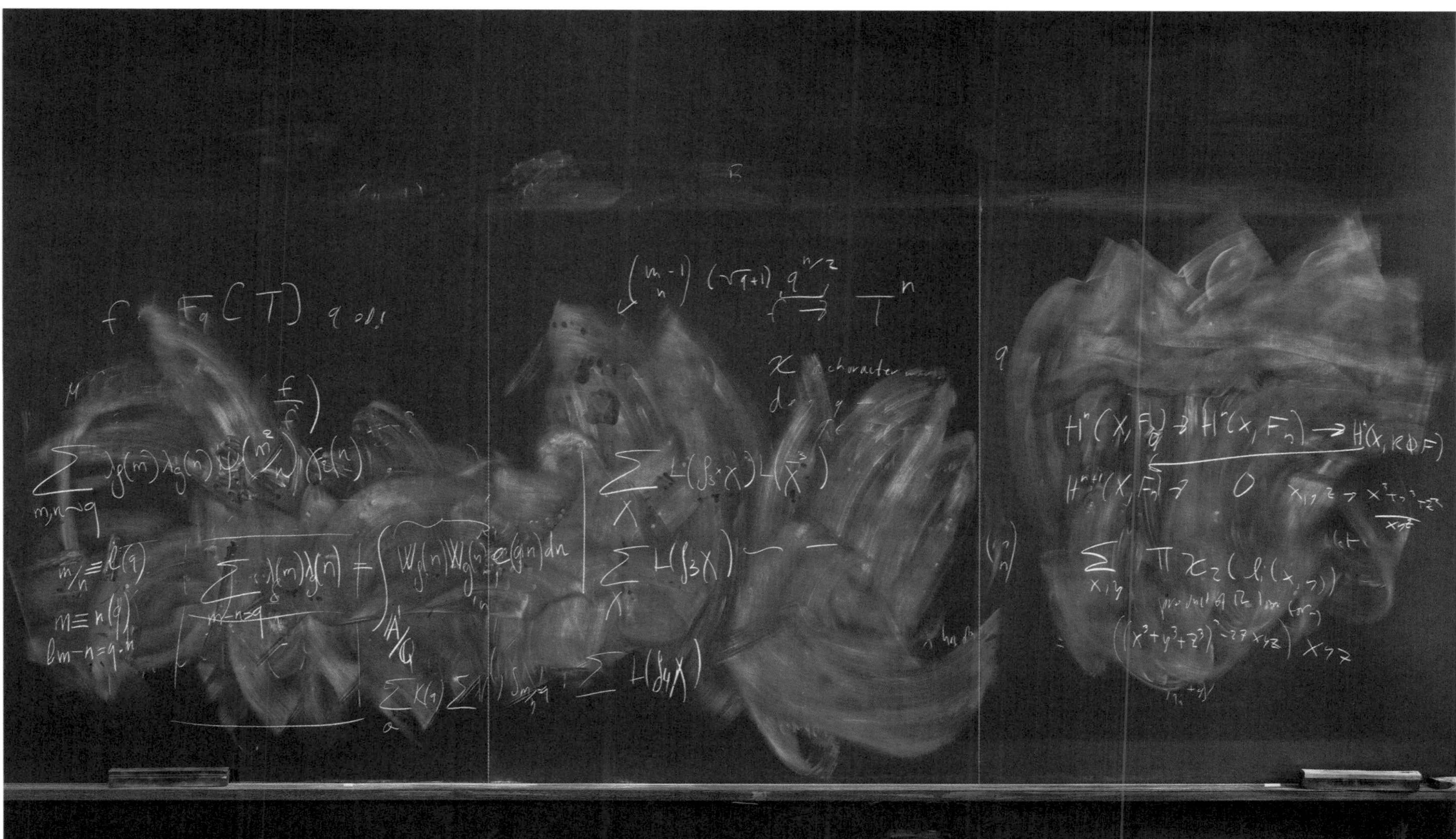

에이미 윌킨슨
AMIE WILKINSON

시카고 대학교 수학과 교수. 에르고딕 이론과 매끄러운 동역학을 연구한다. 1989년에 하버드 대학교에서 학부를 마치고 1995년에 캘리포니아 대학교 버클리에서 박사 학위를 받았다. 하버드 대학교와 노스웨스턴 대학교에서 박사 후 연구원을 거쳐 노스웨스턴 대학교에 처음 교수로 부임했고, 2011년에 지금의 시카고 대학교로 옮겼다. 동역학과 순수 수학(기하학, 통계학, 위상수학, 대수학)의 구조 사이에서 일어나는 상호작용을 연구한다.

나는 동역학을 연구한다. 동역학은 운동에 관한 학문으로 그 기원은 물리학이다. 동역학에서 가장 초창기에 나온 문제 중 하나가 태양계의 안정성이다. 나는 좀 더 추상적인 수학의 공간에 집중하지만, 그럼에도 시각화와 그림 그리기는 내가 하는 연구에서 이해와 발견에 필요한 주요 구성요소다.

사진 속 칠판의 내용은 노스웨스턴 대학교 수학과 교수 키스 번즈와 함께 혼돈 동역학의 메커니즘에 관해 쓴 논문의 중심 논증이다. 저 일련의 도형은 공 모양에서 시작해, 얇게 썬 채소와 닮았다고 해서 줄리엔이라고 부르는 모양으로 끝나지만, 정확히 말하면 모두 동치이다. 우리는 이 논문이 무척 자랑스럽다. 번즈는 자고로 좋은 논문에는 원조가 될 만한 새로운 아이디어가 하나쯤 있어야 한다고 입버릇처럼 말하곤 하는데, 이 논문에는 두 개나 있다.

칠판 위에서 하는 수학은 다분히 촉각적인 경험이다. 판서한 내용에 몇 번이고 돌아가서 바꾸고 또 수정한다. 열심히 썼다가는 이내 마음이 바뀌어 주먹으로 쓱쓱 지우고 새로 고쳐 쓴다. 남에게 설명할 때는 먼저 그림을 그리고, 공식과 내용을 일부 적은 다음, 말로 설명하다가 다시 처음에 그린 그림으로 돌아가서 추가한다.

분필에는 다채로운 색상이 있어서 물체에 음영을 입히고 깊이와 형태를 나타낼 수 있다. 나는 분필을 좋아한다. 가루 때문에 주변이 지저분해지고 피부와 머리가 푸석해지는 건 싫지만, 깨끗하게 닦은 칠판 위에 적은 글씨와 그림은 매끄럽고 또렷해서 멀리서도 눈에 잘 들어온다. 칠판과 분필은 내 가장 소중한 표현 도구이다.

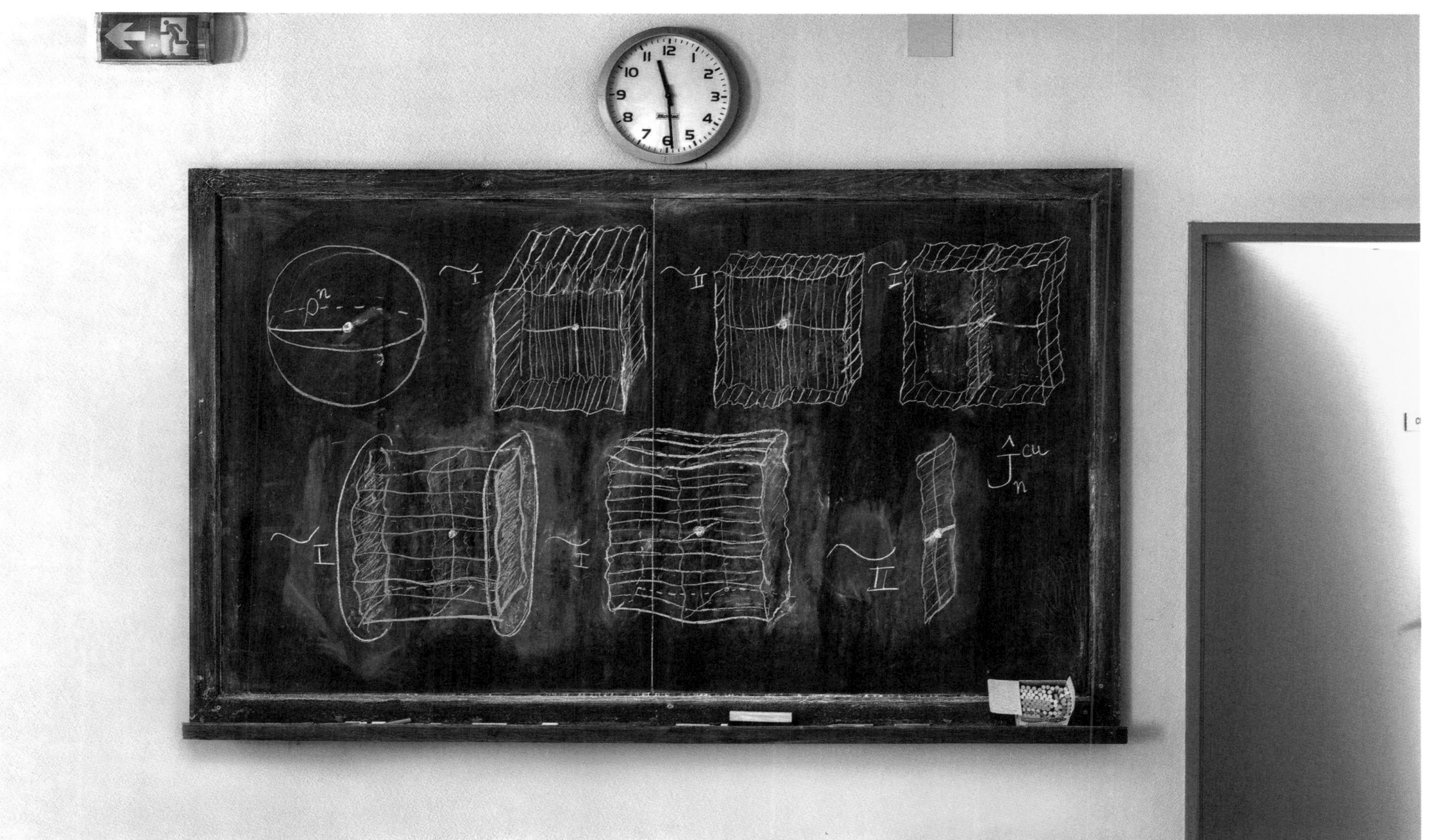

테런스 타오
TERENCE TAO

UCLA 수학과 교수. 1975년에 오스트레일리아 애들레이드에서 태어났다. 1996년에 프린스턴 대학교에서 박사 학위를 받고 1999년부터 UCLA 수학과 교수로 재직 중이다. 조화해석학, 편미분방정식(PDE), 조합론, 정수론을 연구한다. 2006년에 필즈상, 2007년에 맥아더 펠로우십, 2015년에 브레이크스루 수학상을 포함한 많은 상을 받았다. 현재 UCLA 수학과에서 제임스 & 캐럴 콜린스 체어를 맡고 있고 미국 국립과학원과 미국 예술과학아카데미 회원이다.

나는 수학을 아이디어와 통찰이 얽히고설킨 그물망, 그리고 순수한 추상적 사고에서부터 구체적인 실용적 응용에 이르기까지 광범위한 스펙트럼을 다루는 역동적인 생태계로 본다.

출처는 알 수 없으나 수학을 운무에 둘러싸인 풍경에 비유하는 것을 종종 들었다. 처음에는 아무것도 보이지 않지만 안개가 흩어지면서 서로 떨어진 봉우리들이 서서히 보이기 시작한다(기하학의 봉우리, 대수학의 봉우리 등). 시간이 지나 안개가 더 옅어지면 봉우리들을 잇는 능선이 보이기 시작한다(예를 들어 데카르트 좌표의 발견으로 기하학과 대수학이 연결되었고 궁극적으로 대수기하학이라는 비옥한 계곡으로 이어졌다). 연구 경험이 충분히 쌓이면 안개가 거의 걷히고 마침내 모든 봉우리 아래에 있던 도시와 길을 볼 수 있게 된다. 바로 그곳에서 진짜 흥미로운 일들이 일어난다.

사진 속 칠판은 내가 제일 좋아하는 수학 난제인 이른바 "쌍둥이 소수 추측"의 개념과 결과로 생성된 그물망의 일부가 그려져 있다. 이 추측은 차이가 2인 두 소수(素數)의 쌍이 무한히 많다고 주장한다. 이 문제는 정수론에 뿌리를 두지만, 해결 과정은 해석학, 특히 주어진 한계 내에서 쌍둥이 소수 개수의 상한과 하한을 구하려는 시도를 통해 진행된다. 이 문제는 여러 이유로 아직 해결하기 어렵다. 그중 하나가 패리티(홀짝성) 문제인데, 소인수의 개수가 짝수인 수와 홀수인 수를 구분하는 것이 해석학적으로 어렵다는 데서 발생하는 답답한 현상이다. 그러나 쌍둥이 소수 추측의 가까운 사촌이자 초울라의 추측(Chowla's conjecture)이라고 알려진 난제는 패리티 문제가 걸리는 상황임에도 최근에 진전을 보였다. 두 추측 모두 아직 미해결 상태이지만, 처음으로 돌파구가 보이는 것 같다. 이 발전은 에르고딕 이론, 가산 조합론, 정보 이론, 그래프 이론 등 많은 수학 분야와 관련이 있다. 이것들이 모두 어떻게 맞물리는지 아직 알아보는 중이지만, 이제 조금씩 드러나기 시작한 경관이 자못 흥미롭다. 세상에서 가장 큰 칠판에도 다 담을 수 없는 방대한 문제임은 분명하다.

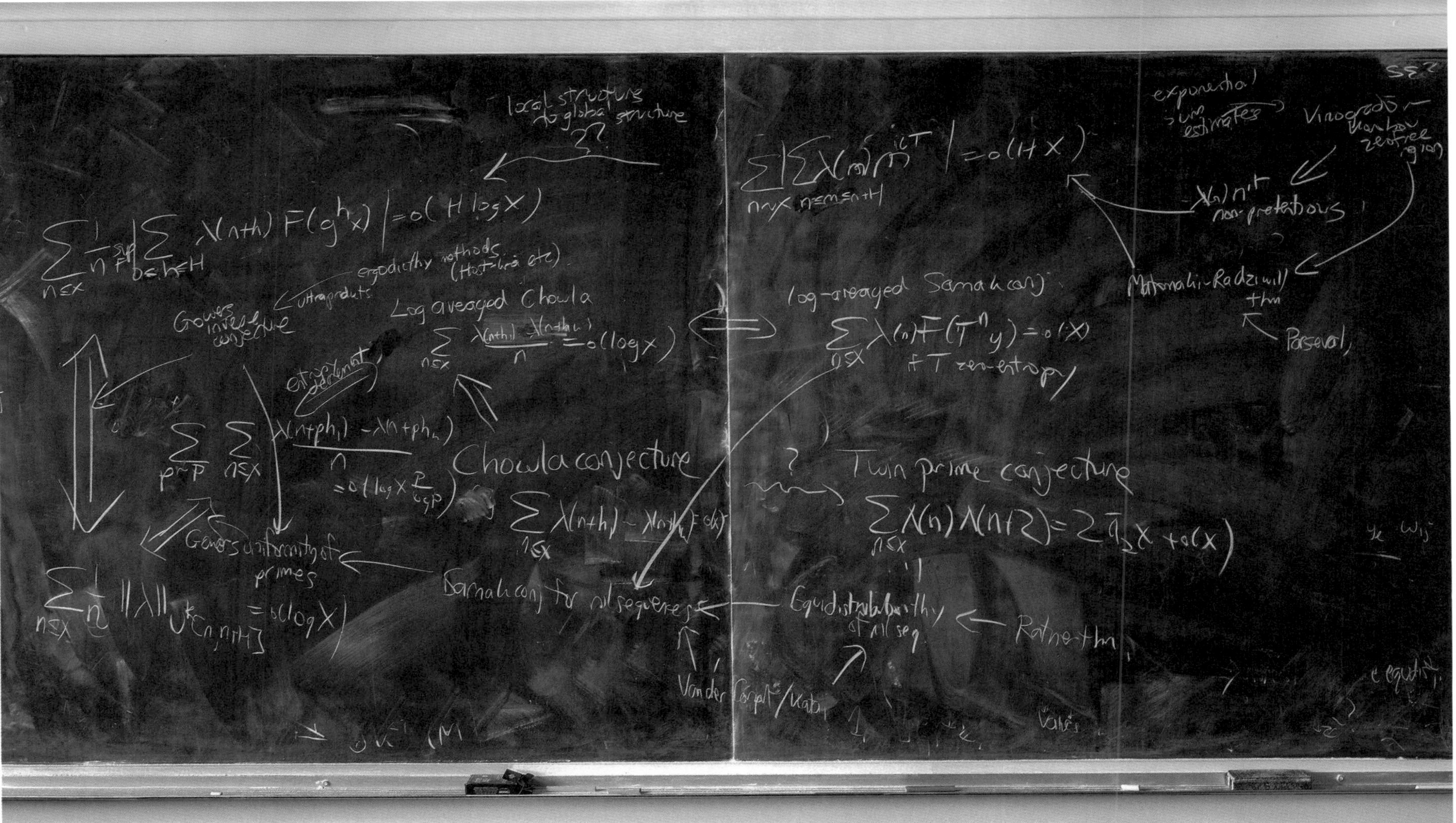
local structure to global structure
ergodicity methods (Host-Kra etc)
ultraproducts
Gowers inverse conjecture
Log averaged Chowla
entropy decrement
Chowla conjecture
Gowers uniformity of primes
Sarnak conj for nil sequences
Log-averaged Sarnak conj
Twin prime conjecture
Equidistribution theory of nil seq
Ratner thm
Van der Corput / Katai
exponential sum estimates
Vinogradov-Korobov zero free region
non-pretentious
Matomaki-Radziwill thm
Parseval

벤슨 파브
BENSON FARB

시카고 대학교 수학과 교수.
1994년에 프린스턴 대학교에서 윌리엄 서스턴(William Thurston)의 지도로 박사 학위를 받고, 같은 해에 시카고 대학교 교수로 부임해 현재까지 재직 중이다.

고정된 공간에서 돌아다니는 점들이 이루는 짜임새를 생각해 보자. 당신이 이 책을 읽는 동안 대략 1만 대의 비행기가 주위에서 날아다니고 있다고 상상하라. 시험관 안에서 떠다니는 100경의 분자, 또는 아마존 물류 센터에서 돌아다니는 수백 대의 로봇을 떠올려도 좋다. 수학자에게 이 각각의 계는 "배위 공간" 또는 "짜임새 공간"이라고 부르는 공통된 틀의 개별 사례이다. 1만 대의 비행기를 예로 든다면, 그런 시스템을 추적하기 위해 각 비행기의 경도, 위도, 고도를 특정 시점마다 기록해야 한다. 다시 말해 4 × 10,000 = 40,000개의 숫자가 필요한 셈이다. 현재 공중에 떠 있는 모든 비행기의 순간적인 위치를 하나의 점으로 보고, 4만 차원 공간에 놓여 있다고 생각할 수 있다. 이때 비행기들이 계속해서 위치를 변경하므로 그에 해당하는 "비행기의 짜임새" 역시 계속해서 달라진다. 4만 차원 공간에 있는 점 하나하나가 모두 제각각 돌아다닌다고 생각하면 된다.

시간이 지나면서 비행기(또는 분자, 또는 로봇)의 이동 경로가 복잡한 패턴으로 뒤얽히면서 가능한 모든 짜임새 공간은 극도로 복잡해진다. 이 전체 계에서 가장 중요한 특성은 공간에서 여러 물체가 동시에 한 점을 차지하지 못한다는 사실이다. 수학자로서 앞으로 내가 짜임새 공간에 대해 무엇인가 발견하게 된다면, 그건 그저 비행기나 분자, 로봇만이 아니라 이동하는 모든 물체의 가능한 동선에 적용될 것이다.

이런 계는 세상에서 가장 강력한 컴퓨터조차 처리하기 힘들 정도로 복잡하다. 하지만 수학의 강력한 체계를 적용하면 이 계를 기술하고 이해하며 예측까지 할 수 있다. 4만 차원은 고사하고 4차원 공간조차 시각화할 수 없지만 추론은 할 수 있다. 그렇다면 수학자들은 실제로 어떻게 추론하고 또 그 결과를 다른 이들과 주고받을까?

수학자 대부분이 생각을 소통할 때 주로 사용하는 도구가 바로 칠판이다. (위키피디아에서는 "흑판[blackboard]"이라고 부르지만 그 용어가 별로 마음에 들지는 않는다. 모든 칠판이 검은색은 아니니까.) 컴퓨터로는 4만 차원에 대해 할 수 있는 게 없지만, 칠판 위에서라면 도식을 그리고 학생이나 공동 연구자에게 실시간으로 설명할 수 있다. 누구든 내가 설명하는 중에 벌떡 일어나서 앞으로 나와 칠판에 대신 써 가며 내 계산을 고치거나 문제점을 지적하거나 방정식을 풀어서 자신만의 계산을 쏟아낼 수 있다.

칠판 앞에서 다른 사람과 함께 이 춤을 추는 것은 강렬할 뿐 아니라 때로는 좌절스럽지만, 동시에 활기 넘치면서 감동을 주는 경험이기도 하다. 일상에서는 희귀한, 타인과의 연결이 이루어지는 순간이랄까. 대형 칠판, 더 좋은 건 나란히 이어놓은 두 칠판(이중 칠판이면 더 좋고) 앞에서 서로를 둘러싼 물리적 공간을 돌아다니며 더불어 함께 추론하는 거창한 4만 차원 공간에 살고 있는 듯한 기분을 느낄 수 있다.

칠판은 내 삶의 중요한 부분이다. 칠판이 없이는 못 살 것 같다.

사진 속 칠판은 윌리엄 서스턴이 설계한 유명한 수학적 예시인데, 세 점이 이루는 짜임새의 운동과 관련이 있다. 4만 개와 비교해 점 세 개는 하찮아 보일지 모르지만, 이 시스템 역시 이미 상당히 복잡하다. 오른쪽 하단에 "과도함의 길을 걷다 보면 지혜의 궁전에 이른다"는 윌리엄 블레이크(William Blake)의 인용구는 나에게 자극이 되었고, 이 칠판 실험에도 적절한 구절인 것 같다.

f := a∘b
b(γ)
a∘b(γ) = f(γ)
f²(γ)
The road of
excess leads to
the Palace of
Wisdom.
-W. Blake

윌프리드 강보
WILFRID GANGBO

UCLA 수학과 교수. 비선형해석, 변분법, 편미분방정식, 유체 역학을 연구한다.

나는 서아프리카 베냉에서 태어났고 그곳에서 고등학교까지 마친 다음 스위스로 건너가 로잔 연방 공과대학교에서 수학으로 박사 학위를 받았다. 처음에 스위스에서 받은 문화적 충격은 컸다. 그곳에서 나는 내 인생을 크게 발전시킨 사람들을 만났지만, 동시에 나를 끝없이 압박하고 내가 다른 이들과 다르지 않은 사람임을 애써 증명하게 만든 사람들도 있었다. 다행히 대학 캠퍼스는 글로벌한 공간이라 크게 힘들지 않았다. 도시에서도 사람들은 예의를 지켰지만, 상점에서 잔돈을 세느라 시간이 걸리면 내 외모를 보고 내가 간단한 계산도 못 하는 사람이려니 지레짐작하고 도와주었다.

사진 속 칠판에서 나는 1771년에 가스파르 몽주(Gaspard Monge)가 제시한 수학 문제를 간략하게 설명했다. 1746년에 태어난 몽주는 지난 4세기를 통틀어 가장 위대한 기하학자의 한 사람으로 미분기하학의 전신인 도법기하학을 창시했다. 애초에 몽주가 낸 문제는 굴착지에 흙더미를 가장 효율적으로 옮기는 방법을 찾는 것으로, 무게당 이송 비용이 이동 거리에 비례하는, 아주 간단하게 정식화할 수 있는 것이었다. 예를 들면, 철광석을 생산하는 광산과 그 광산의 생산량과 동일한 양의 철광석을 소비하는 공장의 분포가 주어졌을 때, 총운송비용을 최소로 아끼려면 각 공장에 어떤 광산이 광석을 제공해야 하는가 하는 문제다.

몽주와 그의 후계자들은 이 문제를 잘 이해하고 있었지만 200년이 넘도록 해결하지 못했다. 그러다가 1939년, 훗날 노벨 경제학상을 받은 소련 경제학자 레오니트 칸토로비치(Leonid Kantorovich)가 몽주의 문제를 보다 일반적인 비용 함수로 확장하고, 다루기 쉽게 변형하여 최초로 돌파구를 제시했다. 그는 제2차 세계대전 중 소련에서 군사 비용을 절감하기 위해 지출과 수익을 계획하는 방식으로 이를 개발했으나 놀랍게도 처음에는 무시되었다.

칠판은 다른 사람들이 내 생각을 잘 따라오게 안내하는 이상적인 도구이다. 칠판이나 화이트보드에 직접 써가면서 설명할 때는 타자로 미리 입력한 내용을 보여줄 때보다 속도가 훨씬 느리기 때문에 새로운 개념을 처음 접하는 사람이 부담을 덜고 여유 있게 따라올 수 있다.

최적 운송 이론은 해석학 분야에서도 활발하고 빠르게 성장 중이다. 현재 이미지 처리, 경제학, 인구 역학 모형화, 사회 과학, 유체 역학, 기계 학습, 의료 영상 및 금융 등 다양한 과학 및 공학 분야에서 최적 운송 이론을 적용한다.

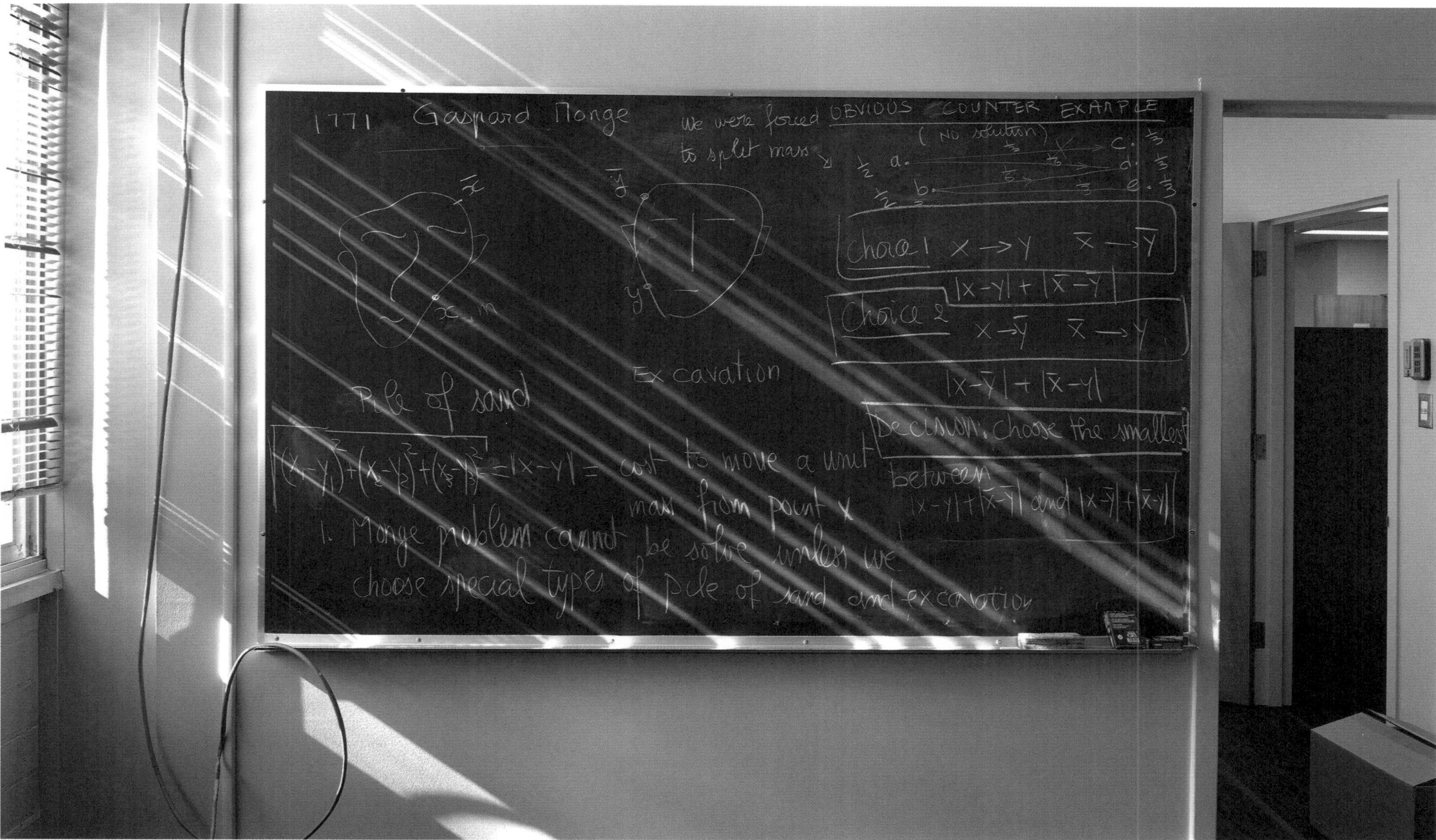

1771 Gaspard Monge
We were forced to split mass
OBVIOUS COUNTER EXAMPLE
(No solution)
Choice 1 x → y x̄ → ȳ
|x−y| + |x̄−ȳ|
Choice 2 x → ȳ x̄ → y
|x−ȳ| + |x̄−y|
Decision: choose the smallest
between |x−y|+|x̄−ȳ| and |x−ȳ|+|x̄−y|
Pile of sand
Excavation
√((x1−y1)²+(x2−y2)²+(x3−y3)²) = |x−y| = cost to move a unit mass from point x
1. Monge problem cannot be solve unless we choose special types of pile of sand and excavation

질 꾸르투와
GILLES COURTOIS

프랑스 국립과학연구원 책임 연구원이자 쥐시외 수학연구소 소속이다. 1987년에 그르노블 알프 대학교에서 박사 학위를 받았다.

칠판은 오래된 친구 같다. 나는 늘 이 친구에게 글을 쓰고 그림을 그려 보낸다. 이 친구의 침묵은 내 아이디어가 발전하는 특정 단계에서 나한테 가장 필요한 응원이다.

수학은 아름답고 심오하며 감동적인 세계다. 때로는 새로운 통로를 발견하거나 익숙한 것을 다른 눈으로 바라볼 때 새로운 풍경이 펼쳐지기도 한다.

나는 특히 몇 가지 간단한 단어로 표현하고 증명할 수 있는 추측과 정리를 좋아한다. 때로는 문제를 해결하기까지 오랜 시간이 걸리는 경우도 있다. 이는 현재의 수학이 그 문제를 다룰 적절한 개념을 아직 갖추지 못했기 때문이다.

그 대표적인 예가 '디도의 문제'이다. 둘레가 같은 평면도형 중에서 면적이 가장 넓은 것은 무엇일까? 고대 그리스 때부터 사람들은 원이 정답인 줄 알고 있었지만 많은 수학자가 그것을 증명해보일 방법을 찾아왔다. 제노도루스(기원전 200~140)는 동일한 둘레의 어떤 다각형보다도 원이 더 넓은 면적을 차지한다고 증명했다. 1834년에 야코프 슈타이너(Jakob Steiner)는 순수하게 작도로만 아름답게 이를 증명해 보였다. 그러나 최초의 완전한 증명은 1879년 카를 바이어슈트라스(Karl Weierstraß)가 해냈다. 이 증명은 바이어슈트라스 자신이 기여한 변분법이라는 신생 분야를 바탕으로 했다. 시간이 지나면서 다른 증거가 더 발견되었고 여러 수학 분야와의 뜻밖의 광범위한 연결고리가 밝혀졌다.

사진 속 칠판에서는 카르탕-아다마르 추측을 풀고 있다. 이 문제는 유클리드 공간이 아다마르 다양체라는 특정 유형의 비유클리드 공간(이 공간의 기하학은 유클리드 기하학과 달리 대칭이 아니다)으로 대체되는 특별한 환경에서 디도의 문제를 해결한다. 그 공간의 비유클리드적 특성에서 기인한 추가적인 세부 사항 덕분에 이 질문이 어려우면서도 매력적인 것이다. 사진을 찍은 직후 카르탕-아다마르 추측이 해결되었다는 공식 발표가 있었다.

그러나 간단한 증명으로 말하자면, 나는 미하일 그로모프의 것을 가장 좋아한다. 그로모프의 증명은 다음과 같은 간단한 관찰에서 비롯한다. "완벽한 구체가 아닌 행성에서는 지면에 수직으로 세운 막대가 균형을 잡지 못하고 항상 쓰러진다."

$$\begin{cases} \det \nabla^2 u = \chi_\Omega & u \text{ est convexe} \\ u \,|\, \partial\Omega = 0 & \Omega \subset \mathbb{R}^n \end{cases}$$

$u(x_{min}) \geq u(z) + \langle \nabla u(z), x_{min} - z \rangle$

$z \to \partial\Omega \,:\, + \sup_\Omega |u| \leq + |\nabla u(z)| \, D(\Omega)$

$$\mathrm{Vol}\,\Omega = \int_\Omega (\det \nabla^2 u)^{1/n} \leq \int_\Omega \frac{\Delta u}{n} \leq \int_{\partial\Omega} \frac{|\nabla u|}{n} \leq \sup_{\partial\Omega} |\nabla u| \, \frac{A(\partial\Omega)}{n} \leq \frac{\sup|u|}{D(\Omega)}$$

Donc : $(\;)^n$

$$(\mathrm{Vol}\,\Omega)^n \leq \left(\frac{\sup_\Omega |u|}{D(\Omega)}\right)^n \left(\frac{A(\partial\Omega)}{n}\right)^n$$

$$n^n \omega_n \leq \frac{A(\partial\Omega)^n}{\mathrm{Vol}(\Omega)^{n-1}}$$

Alexandrov : On veut mq. $B\left(x_{min}, \frac{\sup|u|}{D(\Omega)}\right) \subset \nabla u(\Omega)$

Faits : Tout minimum est atteint sur Ω

Unicité car

$P_z \circ \nabla u \quad M \to T_z M$

$\nabla u : M \to TM \quad \nabla u(z) = v = (z, v)$

$d \nabla u|_z (X) \in T_v TM$

$\xi = \xi^h + \xi^v$

$H_n(\Pi \# N) \to M \vee N$

$H_n(\Pi \# \Pi, N, \mathbb{R}) = \mathbb{R}^2$

$\xi^v = \frac{d}{ds}\Big|_{s=0} (z, w + s \nabla^2 u(z)(X))$

$dP_z(\xi^v) = \frac{d}{ds} P_z (w + s \nabla^2 u(z)(X))$

$|\nabla u(p)| \geq \frac{\sup|u|}{\mathrm{diam}\,\Omega}$

$\mathrm{Vol}\,\Omega$

매기 밀러
MAGGIE MILLER

MIT 수학과 박사 후 연구원. 프린스턴 대학교에서 박사 학위를 받았다. 유연한 형상을 다루는 수학 분야인 위상수학을 연구하며 그중에서도 그리거나 작도할 수 있는 수학적 대상을 주로 탐구한다. 수학 퍼즐과 게임에 관심이 많아 연구실에 루빅큐브 40종을 수집해 두었다.

나는 프린스턴 대학교 박사 과정 대학원생이다. 어려서부터 수학(가족이 함께 외출할 때마다 아빠가 수학 문제와 퍼즐을 내주시곤 했다)과 예술(수년간 정식으로 그림을 그렸고 텍사스주 박람회에 작품을 전시하기도 했다. 엄마는 내게 미대 진학을 권하셨다)에 관심이 있었던 나는 대학원에 진학하면서 두 관심 분야를 결합해 공간적 시각화를 주로 다루는 저차원 위상수학에 초점을 맞추었다.

구체적으로 말하면 나는 4차원 공간 속에 있는 3차원 물체를 연구한다. 사진 속 칠판에는 4차원 공간이 그려져 있다. 물론 원근법을 사용해 상하, 좌우, 안팎이 있는 3차원 공간밖에 그리지 못한다. 4차원은 시간으로 표현된다. 나는 보통 시간에 따라 서서히 달라지는 영화 속 프레임처럼 3차원 이미지를 그린다. 여기에서는 그러한 3차원 단면 몇 개를 볼 수 있다. 두 개의 특정 물체가 서로 교차하는지 확인하기 위해 확대해가며 조사하다가 보게 된 것이다. 나는 앞에서 생각했던 것이 뒤늦게 유용할지도 몰라서 습관적으로 칠판 전체를 꽉 채우고 난 다음에 지운다.

나는 칠판이 수학의 필수 도구라고 믿는다. 문제를 풀거나 해답을 찾을 때 대개는 잘못된 추측이나 실수가 선행된다. 칠판에 쓰면 언제든지 쉽게 수정할 수 있으므로, 문제를 해결하는 과정에서 사고를 정리하기에 유용하다. 종이 위에서는 설사 연필로 쓴 것이라도 지우기가 어렵고 그래서 틀린 생각으로 공간을 낭비하지 말아야 한다는 압박을 받게 된다. 그러나 그 "틀린" 생각이 사실은 아주 중요한 것일 때도 있고, 그렇지 않더라도 사고하는 과정에 영감을 줄 수 있다. 칠판에 쓴다는 것은 일시적 행위이므로 아이디어를 떠올리고 다음에 어떤 일이 일어나는지 부담없이 시도할 수 있다.

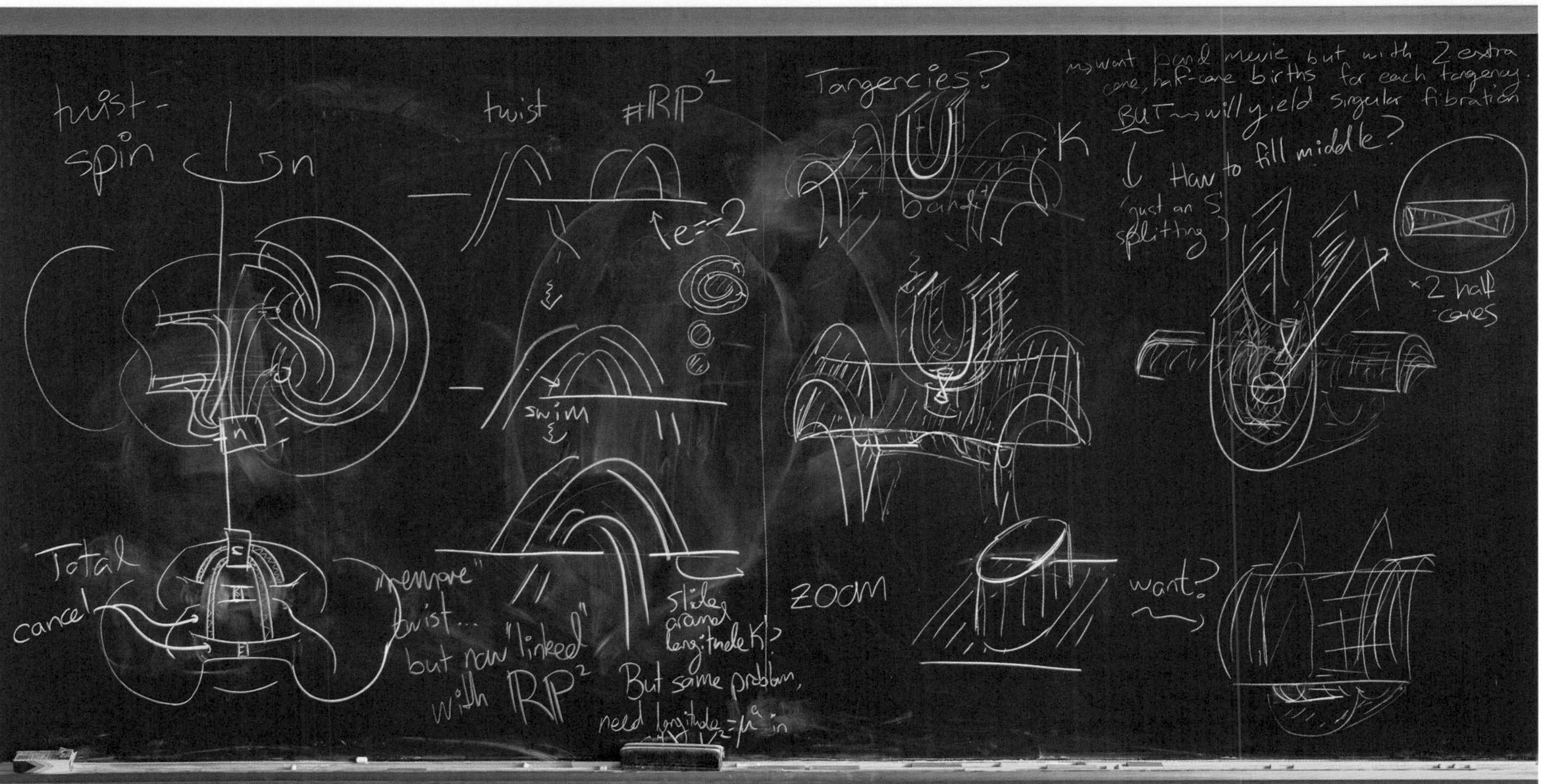

twist-spin
n
twist
#RP²
e=-2
swim
Total cancel
"memore" twist...
but now "linked" with RP²
slide around longitude K?
But same problem,
need longitude
Tangencies?
K
band
ZOOM
want band movie but with 2 extra cone, half-cone births for each tangency.
BUT will yield singular fibration
How to fill middle?
(just an S¹ splitting)
×2 half cones
want?

타다시 토키에다
TADASHI TOKIEDA

스탠퍼드 대학교 수학과 교수. 그전에 케임브리지 대학교에서 여러 해 재직했다. 개발도상국 지원 활동에 관심이 많으며 특히 아프리카 수리과학 연구소를 통해 적극적으로 봉사하고 있다.

수학을 설명하면서 흰 점이나 검은 점을 그릴 때가 많다. 그런데 대부분의 수학자가 검은색 칠판에 흰색 분필로 작은 동그라미를 그려 놓고 "흰 점"이라고 부르고, 동그라미 안을 흰색 분필로 칠한 다음 "검은 점"이라고 부른다.

우리 수학자들은 칠판에 수학을 그려나가는 과정을 보는 것을 좋아하는데, 이는 사람들이 음악을 실시간으로 한 음 한 음 들으며 즐기는 것과 같은 이유다. 과학, 적어도 수학은 정보 더하기 경험으로 구성된다. 현대인은 더 많은 정보를 전달하는 데 중독되어 절정에 올라도 다음 절정("결과")을 외쳐대지만, 사실은 그걸로도 충분치 않다. 수학자들은 거기에다가 추가로 경험까지 원한다. 결과가 나오게 된 과정을 직접 재연하고 싶어 한다. 오직 그럴 때 비로소 우리는 진정으로 과학을 창조할 수 있으며, 동시에 기쁨을 느낄 수 있다.

나는 화가로 성장했고 고전 문헌학자가 되었다가 뒤늦게 수학자로 전향한 경우다. 요새는 물리학을 여러 나라, 여러 언어로 생각하는 중이다. 이 과정에서 내가 익숙했던 세계가 잠시 낯설어지며, 예상치 못한 개념과 마주하게 된다. 마치 제2의 삶을 경험하는 기분이다.

ceci est
un point NOIR

BLANC

솨이 왕
SHUAI WANG

컬럼비아 대학교 수학과 박사 과정 학생.

수학은 겸손을 가르친다. 인간이라는 존재의 한계를 알려주고 다양한 관점의 중요성과 그 속에 숨겨진 신비를 보여준다. 종종 관점을 바꾸는 것, 예를 들어 지역적 관점을 광역적으로 바꾸거나, 해석학적 관점을 기하학적 관점으로 바꾸는 것이 해결책으로 이끌기도 한다. 물론 해결책이 존재한다면 말이다. 동시에 수학은 진한 위로를 주기도 한다. 세상의 많은 것들이 무작위적이지만 그렇더라도 완벽한 무작위성은 불가능하다. 수학은 필연적으로 패턴이 나타나게 마련이라고 가르친다. 모든 게 뒤죽박죽인 혼돈 가운데에서도 자연은 보편적이고 단순한 패턴을 따른다고. 소리와 빛, 열의 세계에 살면서 그것들을 깨닫게 되는 것이야말로 수학이 주는 멋진 선물이다.

수학의 계에서 가장 흥미로운 성질은 변화 속에서 변하지 않는 것들이다. 카드 한 벌을 가져와 잘 섞어보자. 카드의 한 상태가 어떻게 다른 상태로 진화하는지, 그리고 이 계의 가장 안정적인 상태가 무엇인지 알고 싶을 때 그 답을 찾는 한 가지 좋은 방법은 계의 대칭을 생각하는 것이다. 즉, 카드를 섞더라도 변하지 않는 숫자 데이터를 들여다보라는 말이다. 예를 들어 카드 한 벌 속 짝패와 숫자 8을 생각해 보자. 카드 한 벌에는 모두 네 종류의 짝패가 있다. 카드를 아무리 섞어도 짝패가 다섯 종류로 바뀔 리는 없고, 그 안에 들어 있는 숫자 8의 개수 역시 변하지 않는다. 계의 대칭을 조사함으로써 해당 질문의 영역이 한정지어진다.

사진 속 칠판은 이 단순하고 기초적인 원리를 그대로 적용했다. 정확히 말해 우리는 나카지마 화살집 다양체에서 등변 양자 코호몰로지의 양이안(Yangian) 대칭을 계산하고 있다. 그것은 다베쉬 마울리크(Davesh Maulik)와 안드레이 오쿤코프(Andrei Okounkov)가 처음 발견한 것이다.

수학 연구는 숲속에서 벌어지는 모험과 같다. 탐험가는 보물 지도를 보고, 또 선배 탐험가들의 시도를 바탕으로 저 안개 덮인 높은 산 정상 어딘가에 황금과 보석이 숨겨져 있다는 것을 배우게 된다. 칠판은 수학자의 보물 지도다. 자기가 무엇을 어떻게 발견했는지 공유하고 싶다면, 또 다른 탐험가가 같은 정상에 오르는 걸 돕고 싶다면 칠판은 더할 나위 없이 훌륭한 스토리텔링 장소이기도 하다. 아이디어와 경험은 명료해지고, (누군가는 증명이라 부르는) 경로가 재현된다.

순수한 수학 개념은 물질세계를 기술할 운명이라고도 볼 수 있다. 수학자들은 규칙을 창조한다. 처음에는 현실과 동떨어진 것처럼 보여도 결국 시간이 가면 그들이 흥미롭게 보았던 규칙이 자연의 선택과도 얼추 일치한다는 것이 밝혀진다. 수학에서 실수(實數)는 유리수에 무한성을 도입하는 무한한 방법 중의 하나이다. 실제로 모든 소수(素數) p에 대해 p진 세계가 존재한다. 인간을 둘러싼 물질세계는 실수로 효율적으로 설명될 수 있는데, 왜 자연은 특정한 소수나 실수를 선호하는 걸까? 가장 밑바닥에서 우리 세계는 진짜도 아니고 p진도 아닌 아델릭하다는 사실—가능한 모든 유리수의 연속성이 지니는 민주주의—은 현대판 판타지이다. 양자물리학과 일반상대성이론의 차이는 마치 플라톤의 꿈처럼 서로 다른 p진, 그리고 실재하는 장소에서 아델릭 세계의 국지화 때문에 발생하는 건지도 모른다. 다시 말하면 수학은 p진 세계의 드럼 소리에 우리의 귀를 열어둔다.

"excitations"
AD

필립 오르딩
PHILIP ORDING

세라 로런스 칼리지 수학과 교수이자 작가. 프린스턴 대학교 출판부에서 출간한 첫 저서 《증명의 99가지 변형(99 Variations on a Proof)》이 프로즈상 물리 및 수학 부문에 선정되었다.

트로엘스 외르겐센(Troels Jørgensen)의 사무실은 6층에 있었다. 사진 속 칠판을 자랑하는 수학 라운지에서 대형 맥킴, 미드 & 화이트 계단을 한 층 더 올라가면 된다. 현재 내 대학원생들의 개인 공간이 된 곳에서는 두 층, 내가 학부 근로장학생으로 일했던 도서관 대출 데스크에서는 세 층을 더 올라간다.

트로엘스가 내 졸업 논문 지도교수가 되어 주겠다고 했을 때, 기하학 분야에서 그의 이름이 어떤 의미였는지 나는 몰랐다. 그는 그저 키가 크고 친절하고 겸손한 덴마크 사람이었다. 무엇보다 인내심이 극도로 강한 교수였다. 질문에 대한 내 답변을 듣고 나면 트로엘스는 "자, 그럼 어디 한번 봅시다"로 시작하여 초대형 사무용 의자에서 일어나 분필을 들고 그림을 그리거나 한붓그리기를 하듯 뫼비우스 변환을 적었다. 티끌 하나 없는 칠판(분필 선반에도 가루 하나 남지 않았다) 위를 흘러가는 글씨의 자신감이 내 안에서 믿음을 불러왔다. 그것들을 이해하는 데는 시간이 걸렸다. 나는 문제에 어영부영 대답하는 대신 앉아서 칠판을 빤히 응시했고, 그는 그런 나를 지켜보았다.

"어렸을 때 어머니 때문에 피아노를 배운 적이 있다네." 마침내 그가 말했다. "첫 수업에 선생이 묻더군. '건반을 보면 무슨 생각이 드니?' 그리고 아주 긴 침묵 끝에, 한 30초쯤 되었으려나, 부드럽게 말하더군. '어떤 건반은 하얀색이고 어떤 건반은 검은색이지.'"

그게 트로엘스의 방식이었다. 그 자신은 확신하더라도 우리가 똑같이 느끼리라 기대하지 않았다. 우리가 답보 상태라는 걸 알면서도 답답해하거나 실망을 내비치지 않았다. 그는 자신을 학생과 동일시했다.

이듬해 봄, 이윽고 칠판에서 내 차례가 올 만큼 진전이 있었다. 칠판을 사용한다는 것이 묘하게 힘이 되었다. 가까이서 봐야지만 드러나는 위쪽 모퉁이 미세한 실금을 제외하면 이 칠판의 표면은 완벽하게 매끄러웠다. 강의실의 미닫이식 법랑 칠판과 비교하면 이 칠판 위에서 분필은 희한하리만치 균일한 소리를 냈다. 또 이 칠판은 학교의 다른 싸구려 메이소나이트 초록 칠판과도 달랐다. 트로엘스의 칠판은 슬레이트로 만든 것이었다.

그는 너그럽게 칠판을 엉망으로 만들지 않는 법도 알려주었다. 판서할 때 끼익 소리를 내지 않는 법과 그림 그리는 법도 가르쳤다. 원을 그리는 비결은 자세와 가속도에 있다. 먼저 칠판을 똑바로 보고 선다. 잠시 청중에게 등을 보여도 괜찮다. 그런 다음 팔꿈치를 돌려서 한 번에 그려야 한다. 구를 그릴 때는 원에 극점 두 개와 적도를 표시하라. 단, 원 위에 극점을 찍으면 안 된다. 극점은 적도면의 "무한 원점"을 제외하고는 동시에 나타나지 않으니까. 투명한 구라서 반대편이 보이는 것처럼 적도를 그린다. 반대편은 점선으로 그려도 좋다. 하지만 렌즈 모양처럼 양 끝에 꼭짓점이 있으면 안 된다. 칠판에 그리는 구체의 적도는 어디까지나 타원형으로 투사되어야 한다.

사진 속 칠판의 그림은 "구체를 이렇게 그리면 안 된다"의 좋은 예이다. 물론 트로엘스 자신을 포함해 누구도 칠판 위 작품의 예술성을 따져 묻지는 않을 것이다. (그림 그리기가 기하학자의 전제조건인가?) 그러나 다이어그램은 언어가 실패했을 때 생각을 이어나가는 또 다른 방식이다. 적어도 응시할 거리를 준다. 수학적으로 흥미로운지 흥미롭지 않은지를 알아내는 것은 간단한 예, 아니오의 문제가 아니다.

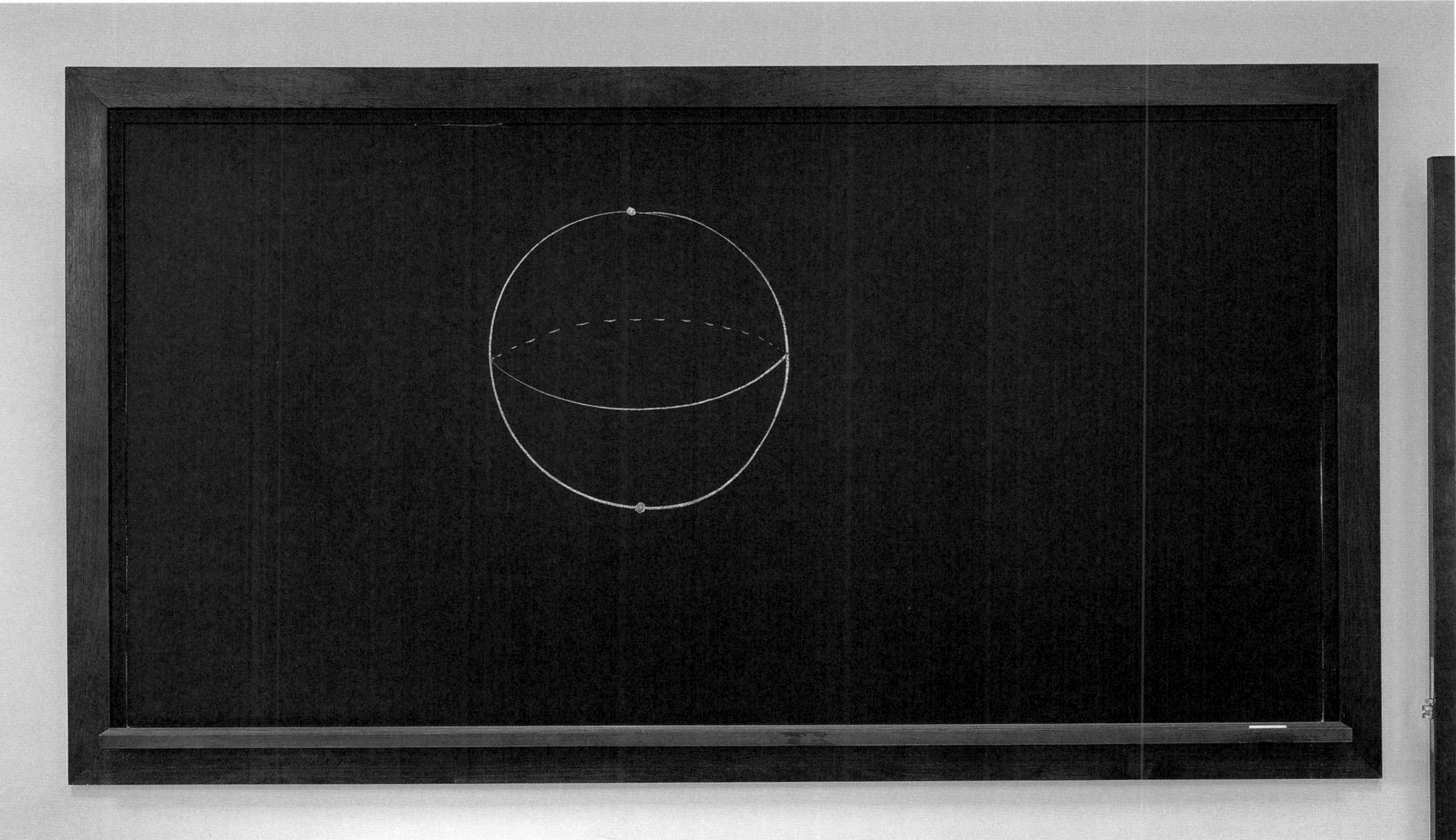

로라 발자노
LAURA BALZANO

미시간 대학교 전기공학 및 컴퓨터과학과 부교수. 미국 국립과학재단 신진 교수상, ARO 젊은 연구자상, AFOSR 젊은 연구자상을 수상했고 인텔과 3M에서 교수 펠로우십을 받았다. 통계적 신호처리, 행렬 인수분해, 최적화가 전문 분야이다. 라이스 대학교에서 전기공학 및 컴퓨터 공학으로 학사, UCLA에서 전기공학으로 석사, 위스콘신 대학교에서 전기공학과 컴퓨터공학으로 박사 학위를 받았다.

사진 속 칠판에는 기계 학습을 주제로 한 세 가지 공동 프로젝트와 이후 모순이라고 판단한 새 아이디어의 개요가 적혀 있다. 공동 연구자들과 함께 나는 다양한 데이터 문제의 수리 모델을 설계하고 연구한다. 연구의 주요 관심사는 미완성 데이터, 오류가 드러난 데이터, 미보정 데이터, 이질성 데이터 등 크고 복잡한 데이터를 모델링하고, 이를 네트워크, 환경 모니터링, 컴퓨터 비전에 적용하는 것이다. 총 여덟 명이 이 연구에 참가하여 직접 칠판에 쓰거나, 지켜보았다. 물론 왼쪽 하단에 있는 작품의 원작자인 두 살짜리 내 딸은 저 여덟 명에 포함되지 않는다. 지금은 코로나19 봉쇄 기간이라 다른 사람들 앞에서 칠판에 적어 가며 브레인스토밍하던 때처럼 쉽게 아이디어를 떠올리거나 다른 이들과 함께 일하기가 어렵다.

나는 공학박사 과정으로 들어갔지만 첫 학기 필수 과목인 학부 수학 강의를 들으면서 스물아홉 살의 나이에 비로소 내가 사실은 수학자라는 것을 깨달았다. 석사과정 중에 공학 연구를 하면서 매일 수학을 사용했는데도 이 수업을 듣고 나서야 정의에서 시작해 증명까지 이르는 수학의 방식을 제대로 이해하게 되었다. 마침내 순수 수학과 공학을 하나의 전체로 바라볼 수 있게 되었다.

DO NOT ERASE

엘렌 에스노
HÉLÈNE ESNAULT

파리에서 태어났고, 프랑스와 독일 국적을 가지고 있다. 에센 대학교 교수였고(1990~2012년), 2012년부터 지금까지 베를린 자유 대학교에서 아인슈타인 교수로 재직 중이다. 칸토어 메달 심사위원(2001), 세계 수학자 대회(ICM) 프로그램위원(2014), 필즈상 심사위원(2018), 쇼상 심사위원(2018-2020), 세계 수학자 대회 조직위원(2022)을 역임했으며 현재까지 12개 과학 저널에서 공동 편집위원으로 활동하고 있다. 수상 경력으로는 세계 수학자 대표 초청 연사(2002), 유럽 수학회상(2012), 프랑스 국립과학원의 폴 두이스토-에밀 블루테상(2001), 고트프리트-빌헬름-라이프니츠상(2003), 칸토어 메달(2019)이 있다. 노르트라인 베스트팔렌 학술원, 독일 레오폴디나 학술원, 베를린-브란덴부르크 학술원, 유럽 학술원 회원이며 하노이 베트남 학술원과 프랑스 렌 대학교에서 명예 박사 학위를 받았다.

어느 날 아침 우리는 떠난다. 불타는 듯한 머리와,
원한과 쓰라린 욕망으로 가득 찬 가슴을 안고.
우리는 간다. 유한한 바다 위에서
물결 따라 끝없이 흔들리는 마음을 안고.

—샤를 보들레르(1821-1867), 여행

어느 날 아침 우리는 수학의 여행을 떠났다. 우리는 이야기를 나누고 새로운 방식의 첫 단계를 그림과 기하학으로 표현했다. 혹여 범접할 수 없는 꿈을 꾸는 것은 아닐까 두려웠다. 가을, 슈프레강이 굽이쳐 흐르는 동안 우리는 베를린 박물관 섬의 역사적인 바위에 생각을 가라앉혔다. 이듬해 봄, 포인트 레예스에서 바람이 귀를 때리고, 말 없는 야생의 아름다움 속에 가정(假定)이 넘실거렸다. 여름과 함께 슈바르츠발트에 무더위가 찾아왔고 우리는 숨을 쉬기 위해 개울과 하나가 되었다.
그 순간, 더 정확한 모양이 저절로 모습을 드러냈다. 우리는 허기진 아이들처럼 필요한 단계들을 빠르게 집어삼켰고, 아이디어가 형체를 갖춰나갔다.

증명. 그것을 손에 넣는 순간은 기쁨의 영역이다. 그러나 동시에 작별의 순간이기도 하다. 증명이 완성되는 순간, 그것은 더 이상 우리만의 것이 아니다. 누구나 그것을 되풀이하고, 한층 더 발전시켜 사용할 수 있다. 그러나 아이디어와의 긴장된 싸움 끝에 찾아오는 평화는 우리의 몫이다. 그리고 이 평화를 다른 이들과 공유할 기회가 찾아오면, 그것은 모두의 작은 보물이 된다.

칠판은 우리가 마주했던 영광의 순간을 목격한다. 그러나 지금, 홀로 고립된 이 순간, 그것은 마치 지나간 시대의 기념품처럼 느껴진다.

이안 아델스타인
IAN ADELSTEIN

예일 대학교 강사이자 연구 교수로 닫힌 측지선과 라플라스 스펙트럼을 연구한다.

이 사진은 내 다변수 미적분학 수업을 듣는 학생들과 오피스아워(강의 시간 외에 학생이 교수와 면담할 수 있도록 지정된 시간—옮긴이)에 찍은 것이다. 우리는 매개변수곡선의 접선에 관해 얘기하고 있었다. 오피스아워에 학생들이 많을 때는 칠판을 활용해 모두가 참여하도록 하고, 학생이 적을 때는 서로 풀이를 요약하며 설명하게 한다. 나는 칠판이 강의실에서도, 오피스아워에서도 수학을 소통하는 훌륭한 도구라는 것을 깨달았다.

내가 수학자가 된 이유는 연구의 기쁨도 있지만, 무엇보다 수학을 소통하는 시간을 무척 좋아하기 때문이다. 예일대에서 나는 수학 교육의 가치를 깊이 이해하는 동료들과 함께, 학생들이 수학을 즐겁게 배울 수 있는 환경을 만들려고 애써왔다. 우리 과의 미적분학 수업은 능동적이고 매력적이며, 교수진은 학생들에게 도함수 계산법을 넘어 수학의 아름다움을 깨우쳐주고 싶어 한다.

나는 학부 수학 교육에서 교수의 지도 아래 학생들이 직접 연구를 시도해보는 경험을 매우 중요하게 생각한다. 나는 예일 대학교 여름 학부 수학 연구 프로그램(SUMRY)의 책임을 맡고 있다. 각 그룹은 배정받은 강의실에서 칠판을 활용해 프로젝트의 정의, 추측, 정리, 증명, 그리고 다양한 아이디어를 기록한다. 칠판은 그들이 맡은 연구의 역사를 기록할 뿐 아니라, 앞으로의 연구 방향을 모색하는 데도 중요한 역할을 한다.

$$\vec{c}(t) = \langle t, t^2, t+t^2 \rangle$$

$$\vec{c}\,'(t) = \langle 1, 2t, 1+2t \rangle$$

$$\vec{c}\,'(2) = \langle 1, 4, 5 \rangle$$

$$\vec{c}(2) = \langle 2, 4, 6 \rangle$$

$$\vec{r}(s) = \vec{c}(2) + s\,\vec{c}\,'(2) = \langle 2, 4, 6 \rangle + s\langle 1, 4, 5 \rangle$$

윌 사윈
WILL SAWIN

컬럼비아 대학교 수학과 조교수. 미국 코네티컷주에서 자랐으며 2016년 프린스턴 대학교에서 닉 캐츠(Nick Katz)의 지도로 박사 학위를 받았다. 이후 취리히 연방 공과대학교 이론연구소 박사 후 연구원을 거쳐 컬럼비아 대학교에 임용되었으며, 현재 클레이 수학연구소의 연구 펠로우이기도 하다.

프린스턴에서 대학원생일 때, 친구이자 동료인 피터 험프리스(Peter Humphries)가 에마뉘엘 코왈스키(Emmanuel Kowalski)의 블로그를 보라고 몇 번을 말했는데도 자꾸 잊어버리다가 어느 날 큰맘 먹고 들어가 그가 올린 글들을 읽기 시작했는데 이건 그냥 좀 재미있는 수준이 아니었다. 한 게시물에서 코왈스키가 무심코 어떤 문제를 언급했는데, 나는 그 문제를 해결하는 데 소실주기(vanishing cycles) 이론이 적합할 것이라고 생각했다. 이 이론은 매끄러운 형상이 뾰족한 모서리를 가진 형태로 변형되는 과정을 설명한다. 나는 코왈스키에게 이메일을 보내 내 생각을 전했고, 그는 즉시 나를 취리히로 초대해 함께 논의할 것을 제안했다. 취리히에서 그는 블로그에 언급한 내용을 자세히 설명했는데, 그건 당시 그가 필리프 미셸과 진행 중이던 공동 연구와 관련된 것이었다. 나는 소실주기 이론을 활용해 문제를 풀어낼 전략을 고안했고, 이후 함께 구체적인 내용을 연구했다. 우리의 논의는 혼란스럽고 복잡하며 매우 세부적이었지만, 결국 강력한 결과를 도출했다. 그리고 나중에는 소실주기 이론을 거의 사용하지 않는 단순한 방식까지 생각해 냈다. 사진 속 칠판에는 나와 필리프 미셸이 이 방식으로 보다 일반적인 결과도 증명할 수 있음을 확인한 계산이 적혀 있다.

내가 수학에서 가장 아름답게 생각하는 것은 동일한 대상을 여러 관점에서 한꺼번에, 또는 빠르게 연속적으로 볼 수 있다는 점이다. 이런 관점의 차이는 우리가 일상에서 "관점"이라는 단어를 사용할 때보다 훨씬 더 극단적이다. 나는 동일한 수학적 대상을 뒤틀린 기하학적 형태, 추상적 기호와 그 결합 규칙, 하나의 운동 유형, 또는 새로운 종류의 수 체계로서 바라본다. 그리고 가능한 한 모든 관점에서 동시에, 적어도 내가 처리할 수 있는 수준에서 최대한 빠르게 전환하며 본다.

칠판에 수학을 쓰는 것은 단순히 정보를 전달하는 목적 이상의 역할을 한다. 그것은 복잡한 다차원적 대상을 여러 관점에서 볼 수 있도록, 그 작은 그림자를 현실 세계로 불러와 우리의 사고 속에 고정시킨다. 전문가들이 주고받는 수학적 대화에서는 대충 갈긴 물결선이나 핵심 방정식의 일부만 있어도 이런 역할을 수행하는 데 충분한 경우가 많다.

$$\sum_{r_1, s_1, s_2} \sum_{x} \cdots \psi\left(f_{r, s_1, s_2, b}(x)\right)$$

$$S(b) = \sum_{r} \sum_{s_1 \neq s_2} \sum_{t \ldots} \psi\left(f_b(x, r, s_1, s_2) - h \quad h\right) = \sum_{t} \psi(\cdot\ t) + \sum_{r, s, s_2, t} f_b(x, r, s, s_2) = t$$

$\alpha = 1$ or 2

$$\psi(t)\, \chi_1(a_1) \cdots \chi_n(a_n) \cdot \sum_{\substack{t = f(\cdots) \\ a_i = f_i(\ )}} 1$$

$$\sum_{x \ldots x_n} \chi(\ )\chi(\ )\chi(\ )$$

$$\sum_{b} |S(b)|^{2k} = \sum_{\substack{r_1 \ldots r_{2k} \\ s_{1,1} \ldots s_{1,2k} \\ s_{2,1} \ldots s_{2,2k}}} \sum_{b} \prod K\left(s_{\alpha,i}(r_i + b_i)\right)$$

$$\prod_{i=1}^{2l} \sum_{b} \prod_{i=1}^{2k} K\left(s_{1,i}(r_i + b_i)\right) K\left(s_{2,i}(r_i + b_i)\right)$$

$$< q^{3l + 2k} + q^{6l + 4k}$$

$$q^{3k + 2l} + q^{6k + l}$$

$l = 3l \quad k = l/3$

Claim (lower bound) if on a stratum of dim d the trace function $S(b)$ has a component of weight w then $\limsup_{q \to \infty} \frac{\sum |S(b)|^{2k}}{q^{d + wk}} \geq 1$

$r_1 \quad s_1 \quad s_2 \qquad r \quad s_2 \quad s$

$d + w \cdot \frac{l}{3} \leq 3l$

weight 3 dim $2l$

weight 4 dim $2l - l/3$

weight 5 $2l - 2l/3$

weight 6 l

Assume K has big monodromy and is not isomorphic or dual to its conjugates under affine transformations

= only 1 dual, if for each $(s_{\alpha,i}, r_i)$ there is $(s_{\alpha',i'}, r_{i'})$ which is equal

$s_{1,i} \neq s_{2,i}$

this can only happen if i's are distinct

dim of the set of such r, s triples is $\leq 3l$

사하르 칸
SAHAR KHAN

컬럼비아 대학교에서 철학과 물리학으로 학부를 졸업했다. 로스쿨에 진학할 계획이다. 나노 기술 연구 경험이 있고, 과학과 윤리의 근본적인 문제를 탐구하는 것을 즐긴다.

5학년 때 나는 내 공간 지각 능력에 호기심이 생겼다. 그 계기는 핵 주위를 도는 전자의 파동 같은 행동을 수학적으로 기술하는 분자 궤도함수 이론을 배우면서 시작되었다. 이 "불확실성의 구름"을 이해하지 못해 한계에 이르렀을 때 나는 몹시 당황했다. 내가 과학에서 맨 처음 직관적으로 뭔가를 따라갈 수 없다고 느낀 순간이었다.

내게 수학은 자연의 개념을 깊이 파고들고 세계를 경험하는 방식을 결정하는 아름다운 도구였다.

내가 세상에서 경험하는 아름다움에는 수학의 용어로만 기술할 수 있는 압도적인 측면이 있다. 해변에 가면 바닷물을 보며, 파도의 움직임을 입자의 행동에 빗대어 생각하고, 이 물리 현상을 설명하는 수학적 개념에 몰입한다. 칠판 위의 수학 기호와 식은 이런 연관성을 반영하는 작은 조각들이다.

사진 속 칠판에는 매듭이론에서 매듭이라고 알려진 수학적 대상이 그려져 있다. 매듭이론은 여러 가지 흥미로운 응용 분야를 가지고 있지만, 내가 매듭을 생각할 때 제일 먼저 떠오르는 것은 단순함이다. 칠판 위의 매듭은 하얀 분필 가루로 단순하게 그린 곡선이므로 "이중점", 즉 교차점이나 방향성을 해독하기 어렵다. 그래서 칠판 위에서 수학을 탐구하는 것이 예술적인 시도라고 생각한다. 칠판에 그려진 이 구불거리는 선들은 언제든 지울 수 있는 평평한 표면 위에 존재하지만, 나는 그것들이 3차원 공간에서 실제로 존재하며 나를 향해 튀어나오는 모습을 상상한다. 이런 시각적 상상력이나 정돈에 대한 열망이 없다면, 수학은 얼마나 지루할 것인가. 그러나 수학은 기막힌 깨달음의 순간들로 가득 차 있으며, 이 여정은 언제나 칠판 앞에서 시작된다. 완벽한 수학적 대상을 생각할 때 현실은 한없이 멀게 느껴질 수도 있지만, 우리는 언제나 수학의 세계로 몰입할 수 있도록 도와주는 은유를 곁에 두고 있다.

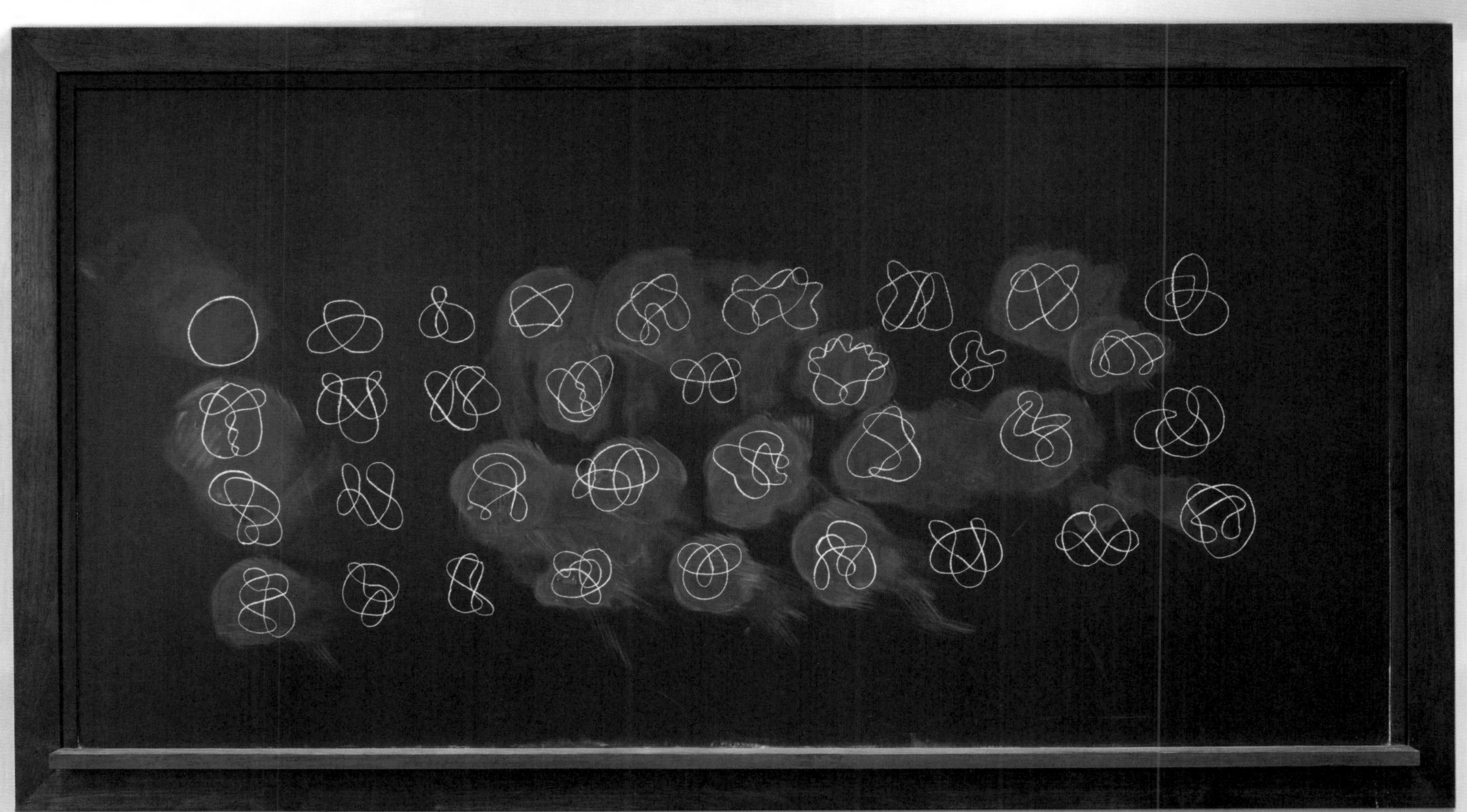

미하일 그로모프
MISHA GROMOV

러시아와 프랑스 국적을 가진 수학자. 기하학의 개념을 근본적으로 바꾼 혁신적인 연구로 잘 알려졌다. 현재 프랑스 고등과학연구소 IHÉS 종신회원이며, 뉴욕 대학교 쿠란트 수학연구소 수학과 교수로 재직 중이다. 2009년 아벨상을 비롯해 여러 상을 수상했다.

수학이란 무엇인가?

이 질문에 비수학자라면 수학이 예술인가 과학인가를 따져보겠지만, 수학자들은 수학이 발명된 것인가 발견된 것인가를 묻는다. 첫 번째 문제는 인류 문화에서 수학이 차지하는 위치에 대한 것이고, 두 번째는 철학적 문제다. 두 질문 모두 명확하고 지적인 해답에 도달하길 기대하는 건 순진한 생각이겠지만, 끝없는 논의를 통해 얻는 바는 클 것이다.

"수학이란 무엇인가?" 이 질문에 답을 내릴 수 있는 형식이 있기는 할까?

ADIOS
Edelman Shimon

알렉세이 보로딘
ALEXEI BORODIN

MIT 수학과 교수. 적분가능한 확률을 연구한다. 1992년에 모스크바 국립대학교에서 학부를 졸업하고 2001년에 펜실베이니아 대학교에서 박사 학위를 받았다. MIT에 합류하기 전에는 클레이 수학연구소 펠로우(2001~2005년), 캘리포니아 공과대학교 교수(2003~2010년)로 재직했다. 조합론, 무작위 행렬이론, 적분가능계와 연결된 표현론 및 확률론의 접점에 관한 문제를 연구하고 있다.

사진 속 칠판에는 이른바 '색깔 꼭짓점 모형(Color Vertex Model)'이 그려져 있다. 이 모형은 정사각형 격자 위에서 서로 겹치지 않는 임의의 색깔 경로를 그리는 방식이다. 겉보기에는 단순해 보이지만, 그 안에 깊은 수학적 원리가 숨겨져 있다. 요소의 수가 늘어나고 격자의 크기가 작아지면, 모형(그리고 그림)은 결정론적 성질과 무작위적인 성질을 동시에 나타내며, 수학과 물리학의 여러 영역을 연결한다. 예를 들어, 평면에서 임의의 지점 아래를 지나는 경로의 수를 정확히 예측하는 것이 가능하다. 예측값의 편차에는 가장 보편적인 확률론 법칙 하나가 숨어 있는데, 이 법칙은 천천히 타들어 가는 종이, 네마틱 액정, 커피가 얼룩지는 과정에서도 관찰된다.

나는 늘 이런 기만적인 단순함에 끌렸다. 가장 아름다운 수학적 구조는 수학자들이 겉보기에 간단해 보이는 문제를 이해하려는 시도에서 발전해왔다. 나는 개인적으로 칠판을 뛰어난 연구 도구라고 생각한다. 내 연구 분야에서는 좋은 문제를 5분 안에 칠판 위에 설명할 수 있다. 지금 내가 운 좋게 즐기는 여러 공동 연구도 바로 그 5분에서 시작했다.

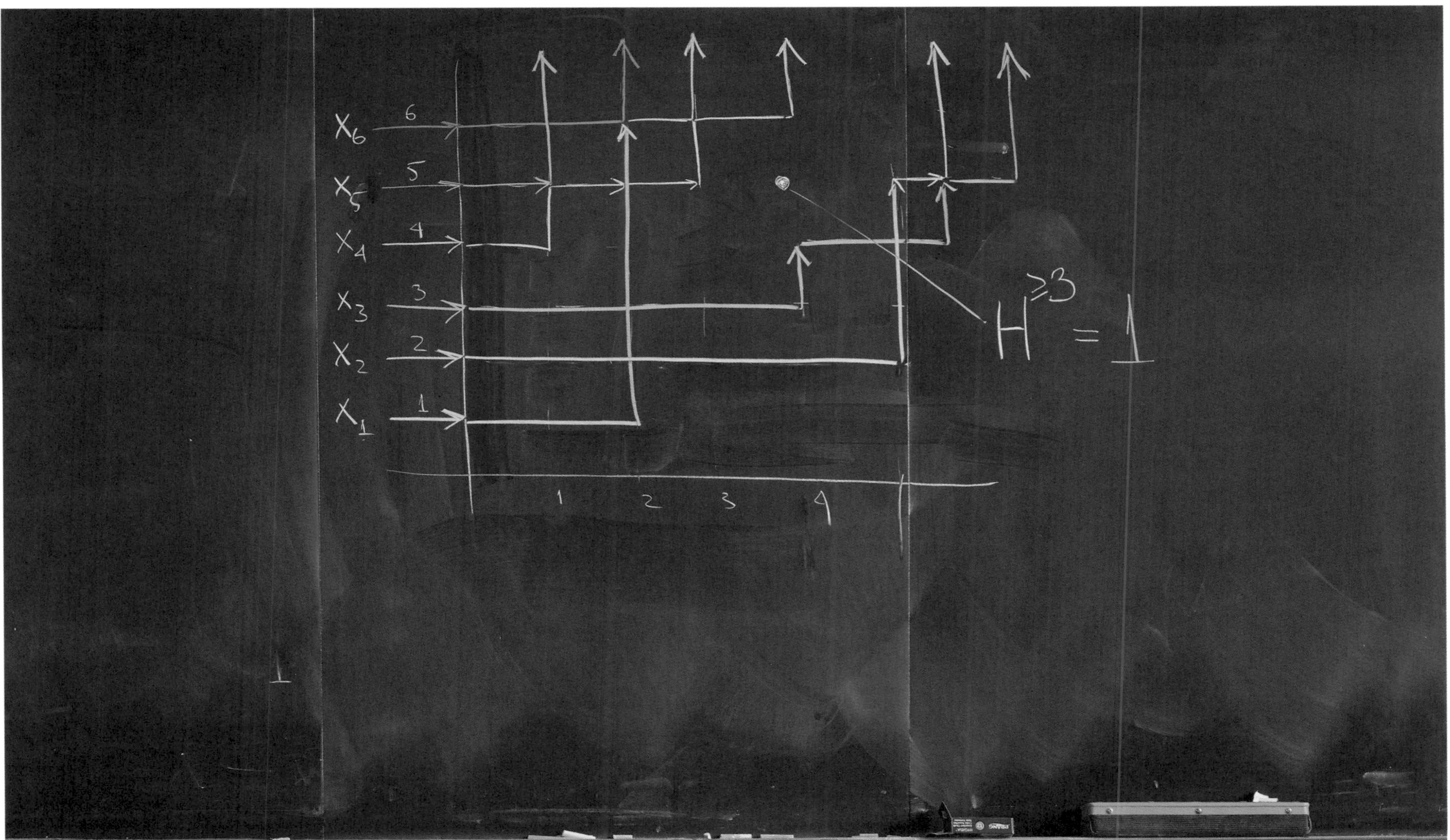
X6
6
X5
5
X4
4
X3
3
X2
2
X1
1
1
2
3
4
H^{≥3} = 1

매튜 에머턴
MATTHEW EMERTON

시카고 대학교 수학과 교수. 오스트레일리아에서 태어나고 자랐으며, 대학원 과정부터 미국에서 공부했다. 1998년 하버드 대학교에서 박사 학위를 받았고, 미시간 대학교에서 박사 후 연구원(1998~2000년), 시카고 대학교에서 조교수(2000~2001년), 노스웨스턴 대학교에서 종신 교수로 10년 동안 재직했다. 2011년, 시카고 대학교로 돌아와 현재까지 교수로 재직 중이다. 테레즈 칼레가리와 결혼해 시카고 하이드 파크 인근에 살고 있다.

나는 다른 사람과 협력하는 연구를 즐기고, 실제로도 지금 내가 하는 거의 모든 연구가 공동으로 진행된다. 공동 연구자와는 다양한 방식으로 일한다. 인터넷을 통해 원격으로, 카페에서 만나 공책이나 노트북에 쓰면서. 하지만 아마 연구실 칠판 앞에 가장 많이 서 있을 것이다. 연구팀 중 한 사람이 토론을 주도하며, 칠판 앞에서 생각을 정리하고, 아이디어를 적어가며, 다른 사람들의 요청에 따라 더 자세히 설명하거나 명확하게 정리한다. 이 과정에서 나머지는 앉아서 지켜보며 논의의 흐름을 따라간다. 가끔은 두 사람이 동시에 칠판에 쓰면서 주거니 받거니 한다. 이렇게 되면 지켜보는 사람은 마치 화면이 분할된 듯한 경험을 하게 된다. 칠판에 아이디어를 적어 내려가는 것은 단순한 기록을 넘어서, 머릿속에서 이루어지는 사고 과정을 외부로 끌어내어 공동의 공간에서 공유하는 중요한 역할을 한다. 창의적인 아이디어와 상상력의 도약처럼, 칠판 위에 쓰인 기호와 단어들은 영구적인 듯하지만, 언제든 수정되거나 덮어쓰이거나 그냥 지워질 수 있다.

사진 속 칠판에는 정수론에서 중요한 개념이 적혀 있다. 소수(素數)를 정의역으로 하는 여러 단순 산술 함수(예: p를 p로 보내는 항등함수, 스리니바사 라마누잔의 유명한 타우함수)는 갈루아 군(群) 표현에서 유도된 값으로 나타난다. 구체적인 함수와 보다 추상적이고 구조적인 대수학 개념(군, 표현 등) 사이의 대응 관계는 현대 정수론 연구의 출발점 중 하나이다. 칠판 위의 그림은 그런 대응의 사례를 보여준다.

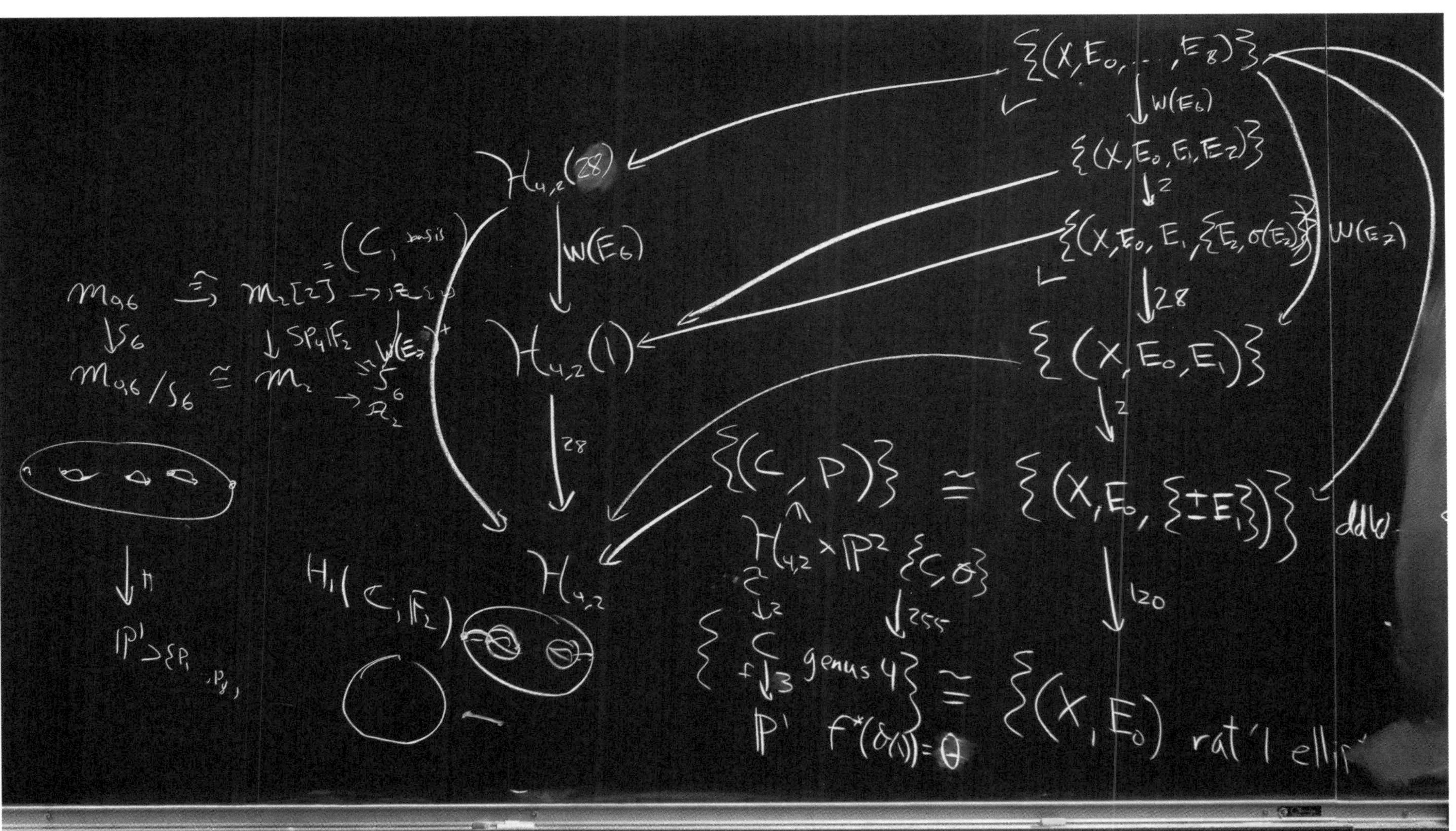
{(X, E0, ..., E8)}
W(E6)
{(X, E0, E1, E2)}
{(X, E0, E1, {E2, σ(E2)})}
W(E7)
28
{(X, E0, E1)}
2
{(C, P)} ≅ {(X, E0, {±E1})}
120
{C genus 4} ≅ {(X, E0) rat'l ellip
H4,2(28)
W(E6)
H4,2(1)
28
H4,2
H4,2 × P2
{C, θ}
255
P1
f*(O(1)) = θ
H1(C, F2)
M0,6 ≅ M2[2]
S6
Sp4 F2
M0,6/S6 ≅ M2
P1 ⊃ {P1, ..., P8}

오희
HEE OH

예일 대학교 수학과 에이브러햄 로빈슨 석좌 교수. 브라운 대학교, 캘리포니아 공과대학교, 프린스턴 대학교에서 교수직을 역임했다. 2018년 호암상, 2015년 새터상을 수상했으며 2017년에는 구겐하임 펠로우로 선정되었다.

초등학교 3학년 때 처음으로 삼각부등식을 배웠다. 당시 나는 삼각형의 두 변의 합이 항상 나머지 한 변보다 크다는 사실을 이해하기가 너무 어려웠다. 그리고 끝내 받아들이지 못했다. 내 손으로 직접 변의 길이가 5, 5, 10인 완벽한 삼각형을 그릴 수 있었으니까. 아니, 그렇게 믿고 있었다는 표현이 더 정확할 것이다. 어린 나는 매일 밤 아버지에게 내가 새로 그린 삼각형을 보여주며 투덜댔다. 사실상 똑같은 삼각형을 매번 새롭게 그리면서 말이다. 그때 내게는 두 가지 가능성이 떠올랐다. 하나는 내가 수학에 소질이 없어서 다른 사람에게는 너무도 명백한 사실을 나만 이해하지 못하는 것일 수도 있다는 생각이었다. 또 하나는 수학이 현실과는 완전히 동떨어진, 뜬구름 잡는 학문이라는 것이었다. 어느 쪽으로든 나는 수학을 좋아하지 않기로 했다.

수학에 본격적으로 흥미를 느끼게 된 것은 증명을 배운 다음이었다. 두께가 0인 선이 존재하는 추상적이고 이상적인 세계와 자와 연필, 그리고 측정 오차가 존재하는 현실 세계가 내 안에서 화해했고, 삼각부등식의 반례를 찾으려 했던 시도가 사실은 처음부터 잘못이었음을 깨달으면서 수학에 대한 내 관점이 바뀌었다.

사진 속 칠판에서 왼쪽에 있는 그림은 아폴로니안 개스킷이다. 페르게의 아폴로니오스(기원전 262~190년)는 평면 위에 서로 접하는 세 개의 원이 있을 때, 그 세 원에 모두 접하는 원이 정확히 두 개씩 존재함을 보여주었다. 칠판 속 그림에서 서로 접하는 가장 큰 세 원으로 시작해 아폴로니오스의 정리에 따라 세 원에 접하는 원 두 개를 추가할 수 있다. 이런 방식으로 새로운 원을 무한히 추가하면, 결국 무한개의 원으로 채워진 패턴이 형성되는데, 그것이 아폴로니안 개스킷이다. 이때 가장 큰 원 안에 있는 모든 원에서 내부를 모조리 제거하면 남는 것이 프랙탈이다.

오른쪽 그림 속 우주의 모든 행성에서 내부를 제거하는 상황을 상상해 보자. 단, 이 안에는 서로 접촉하지 않으면서도 가장 큰 구 내부에 존재하는 작은 행성이 훨씬 많다고 가정해야 한다. 그때 남는 것은 무한 부피를 가진 4차원 쌍곡 다양체의 극한 집합이다. 이제 우주선을 타고 그림의 붉은 선을 따라 여행하는 중이라고 상상해 보자. 푸른 행성에 진입할 때 우리는 이 4차원 다양체의 "플레어" 영역에 들어가게 된다. 반면, 푸른 행성의 밖에 있을 때는 다양체의 "콤팩트 코어" 안에 있는 것이다. 이 4차원 다양체의 콤팩트 코어 안에는 복잡한 숲이 존재한다. 이 숲에서 얼마나 빈번하게 빠져나올 수 있는지를 계산하는 것이야말로 내 수학 연구에서 가장 치열한 전투 중 하나였다.

시각화는 내가 사고하는 과정에서 아주 중요한 부분이다. 이 행성의 그림을 수없이 그리고 들여다보면서 때로는 깊은 숲속에서 길을 잃고 헤매는 나그네가 되었고, 때로는 복잡한 그림을 완성하기 위해 다음번 붓을 댈 곳을 고심하는 화가가 되었다. 나는 나에게 허용되는 것과 안 되는 붓질의 규칙을 염두에 두면서 내가 알아내고 싶은 것의 근사치를 칠판에 최선을 다해 그린다. 전투에서 승리하고 나면 나는 완벽하게 아름다운 한 폭의 그림을 완성한다.

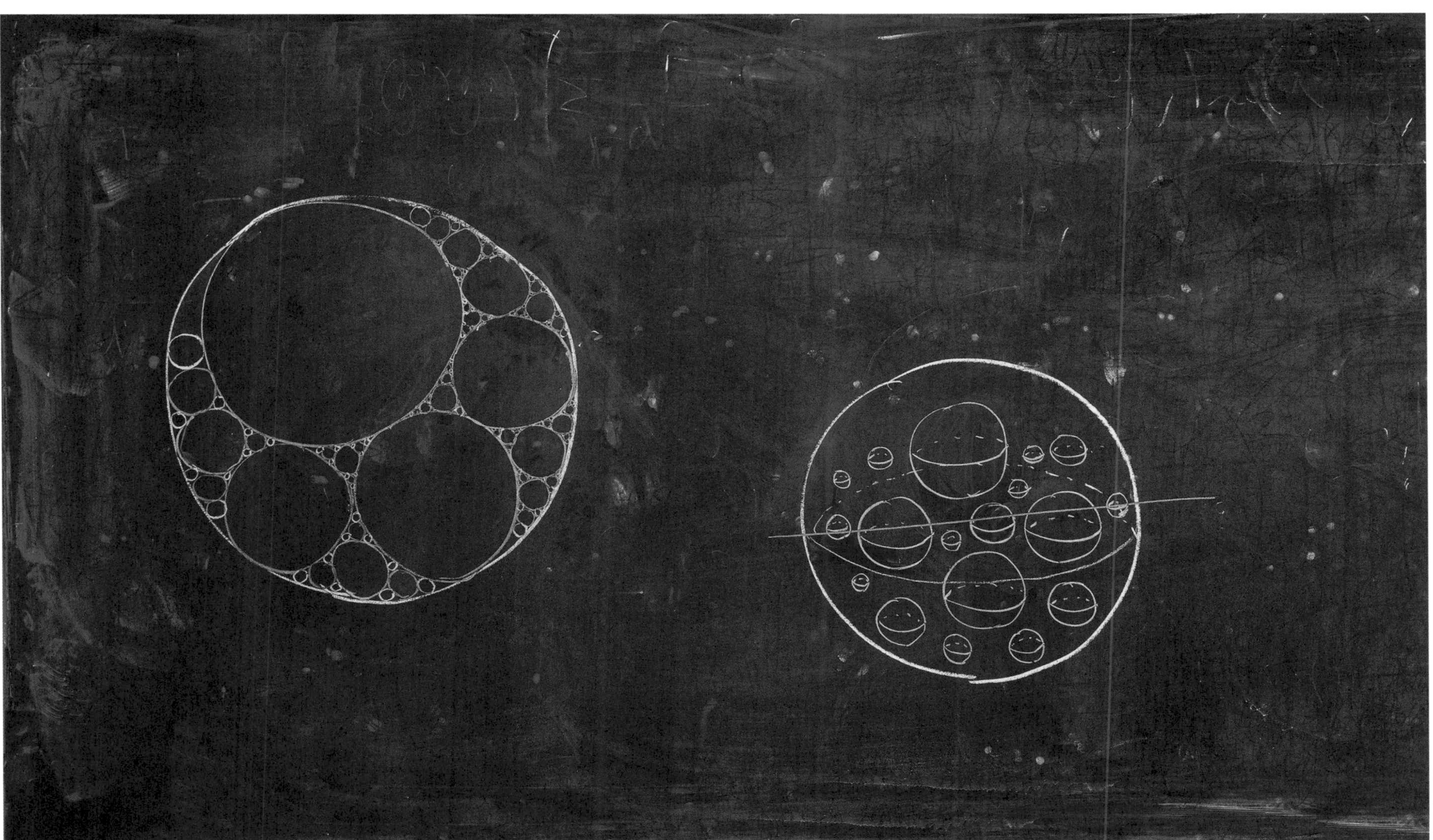

카소 오쿠주
KASSO OKOUDJOU

터프츠 대학교 수학과 교수. 서아프리카 베냉 공화국에서 나고 자랐다. 1998년에 미국으로 갔고, 2003년에 조지아 공과대학 수학과에서 크리스토퍼 하일의 지도로 박사 학위를 받았다. 코넬 대학교, 메릴랜드 대학교 칼리지 파크, 베를린 공과대학교, 미국 수리과학연구소, MIT 등에서 재직했다.

서아프리카 베냉에서 자란 나에게 수학 공부란 곧 칠판에 쓰는 것이었다. 지금은 대부분 공책이나 메모지, 종이에 작업하지만 친구와 칠판으로 공부하던 대학 시절이 그립다. 우리는 수학 문제를 풀거나 강의 노트를 복습할 때 칠판에 쓰곤 했다. 내 기억이 맞다면 집집마다 칠판이 있었지만 베냉 포르토노보의 베한진 고등학교 칠판이 최고였다. 그 칠판 덕분에 우리는 함께 공부할 기회를 가질 수 있었다.

고등학교를 졸업하면서 가장 친한 친구인 아멜 켈롬(Armel Kelome)의 설득으로 수학을 전공하게 되었다. 그리고 둘 다 수학으로 조지아 공과대학에서 박사 학위를 받았다. 아멜과 나, 그리고 몇몇 친구들은 함께 모여서 칠판에 문제를 풀고 증명을 썼다.

사진 속 칠판은 지난 몇 년간 응용 및 계산 조화해석학에서 우리가 하는 연구, 그중에서도 하일-라마단-토피왈라(HRT) 추측과 p번째 프레임 퍼텐셜의 개념이 일부 적혀 있다. 칠판에서 작업할 때 나는 칠판지우개보다는 분필 가루가 사방으로 날리지 않고 쉽게 닦을 수 있는 천을 선호한다.

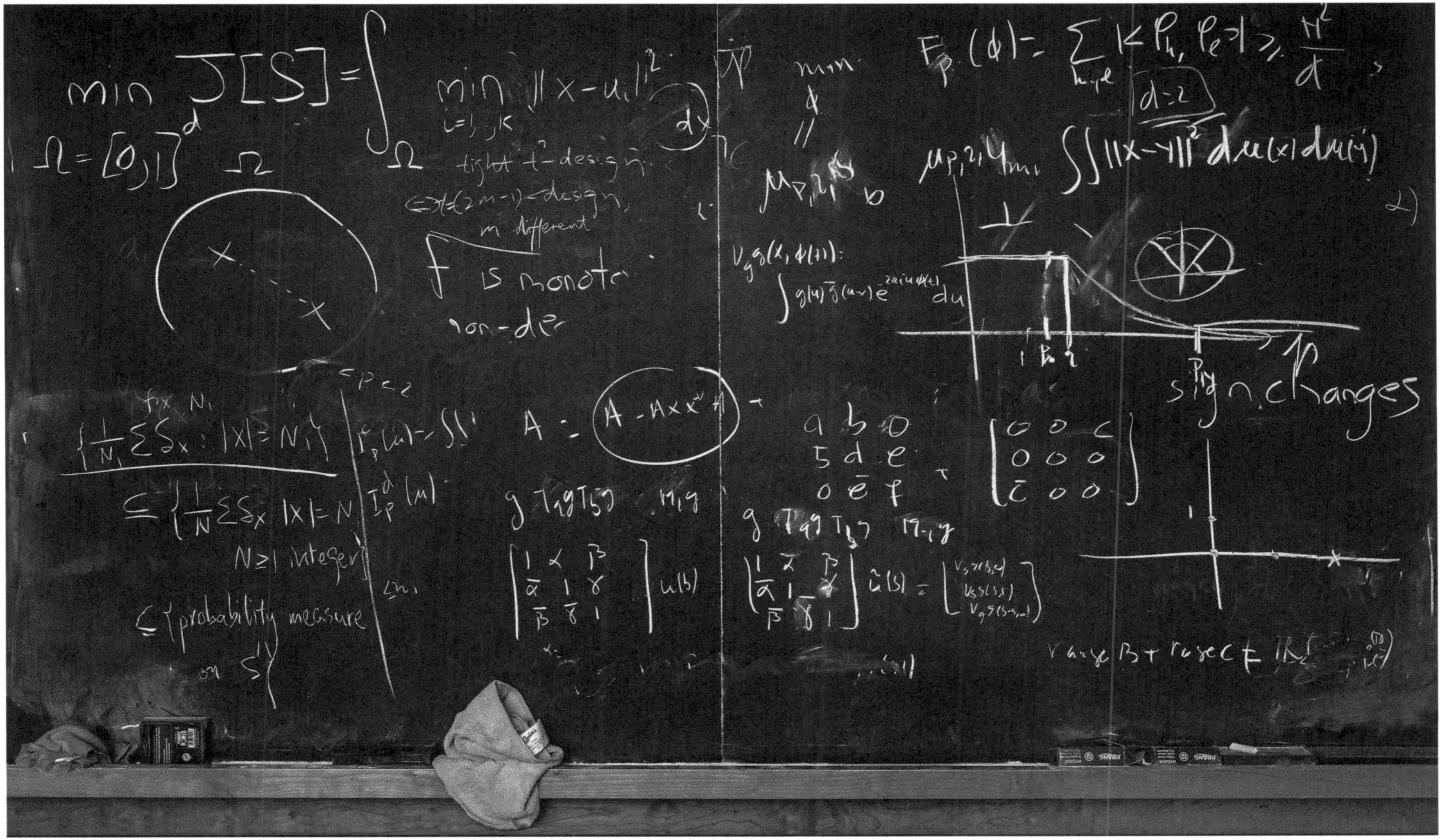

min J[S] = ∫ min ‖x − u_i‖² dx

Ω = [0,1]^d

tight t-design

⟺ (2m−1)-design, m different

f is monotone

non-de

{probability measure on S}

N ≥ 1 integer

min d

sign changes

a b 0
5 d e
0 ē f

잘랄 샤타
JALAL SHATAH

뉴욕 대학교 수학과 실버 석좌 교수. 1983년 브라운 대학교에서 응용 수학 박사 학위를 받고, 뉴욕 대학교 쿠란트 수학연구소에서 박사 후 연구원으로 근무하다가 1993년 뉴욕 대학교 교수가 되었으며 2003년부터 2008년에 수학과 학과장을 지냈다. 미국 예술과학아카데미 펠로우이고 슬로안 연구 펠로우십과 젊은 과학자 대통령상을 받았다.

나는 레바논 트리폴리에서 태어났고, 11학년 때 수학을 공부하고 싶다는 걸 깨달았다. 고등학교를 졸업하고 내전 중인 레바논을 떠나 미국 텍사스 대학교 오스틴에서 수학과 공학 전공으로 학부를 마쳤다.

내게 수학의 아름다움은 서로 다른 분야들이 특정한 문제를 조명하기 위해 상호작용하는 방식에 있다. 문제 해결에 필요한 참신한 아이디어가 어디에서 불쑥 튀어나올지 예상하기는 힘들다. 누군가는 순수 수학이라고 생각하는 주제가 현실 세계의 문제를 해결하는 데 핵심 역할을 하면서 응용 수학의 영역으로 확장될 수도 있다. 해양파 기상에 사용되는 파동 난류에 관한 내 최근 연구가 그런 경우이다. 처음에는 전공을 살려 편미분방정식을 적용하면 될 줄 알았다. 그러나 파동 난류와 해양파 연구를 시작한 직후 나는 해석적 정수론, 수리물리학, 그리고 확률론의 도구를 배우고 사용하고 개발해야 한다는 걸 깨달았다. 그리고 그 과정이 수학과 함께한 36년의 연구 인생에서 가장 즐거운 프로젝트가 되었다. 나는 다시 한번 학생이 되어 전문가들에게 배웠다. 여기서 전문가란 나이 든 동료만이 아니라 나보다 20~30년이나 어린 후배들도 포함된다. 참으로 신나고 즐거운 경험이었다.

내 현재 연구는 슈뢰딩거 방정식으로 표현되는 비선형파(칠판 왼쪽)에 중점을 둔다. 특히 진동수가 서로 정수배인 파동 간의 상호작용을 연구한다. 이런 종류의 상호작용을 공진 상호작용이라고 하는데, 파인먼 유사 다이어그램으로 추적하고(칠판 중간) 희박한 영역에서의 격자점을 세어 크기를 추정한다. 공진 상호작용은 1940년 워싱턴 터코마 다리 붕괴 사고 같은 재앙을 불러오거나 해양 난류 같은 복잡한 물리 현상으로 이어질 수 있다.

$$i u_t - \frac{1}{2\pi}\Delta_\beta u + \lambda^2 |u|^2 u = 0 \qquad x \in \mathbb{T}_L$$

$$u(x,0) = u_0(x) = \sqrt{\phi(x)}\, e^{i\theta_\omega(x)}$$

$t \to \infty$, $L \to \infty$ $\lambda \to 0$ $u \to ?$

$$u = \frac{1}{L^d} \sum a_k e^{2\pi i\, k \cdot x - Q(k)t}$$

$$i \dot{a}_k = \sum a_{k_1} \bar{a}_{k_2} a_{k_3} e^{-2\pi i \Omega t}$$

Expand in the data $\Leftrightarrow$ normal forms calculation (IBP)

$$a_k(t) = \sum_n^N J_n(t) + R_{N+1}$$

$k_{0,1}$, $k_{1,1}$, $k_{1,2}$, $k_{1,3}$, $k_{2,1}$, $k_{2,2}$, $k_{2,3}$, $k_{2,4}$, $k_{2,5}$, $k_{3,1}$, $k_{3,2}$, $k_{3,3}$, $k_{3,4}$, $k_{3,5}$, $k_{3,6}$, $k_{3,7}$

Poisson $\sum \hat{f}(n) = \sum f(n)$

Counting lattice points for Quadratic forms

Theorem Bourgain (Pair Correlations)

$$\sum_{\substack{a < Q(p) - Q(q) < b \\ |q|, |p| \le L}} 1 \sim L^{2d} \int_{\frac{a}{L^2} < Q < \frac{b}{L^2}} 1 \, dz$$

알랭 콘
ALAIN CONNES

콜레주 드 프랑스, 프랑스 고등과학연구소 교수이자 오하이오 주립대학교 석좌교수. 1947년에 프랑스 드라기냥에서 태어났다. 1982년에 필즈상을 받았다. 프랑스, 덴마크, 노르웨이, 러시아, 미국 국립과학원 회원이다.

사진 속 칠판의 공식은 굉장히 다른 두 세계의 관계를 표현한다. 왼쪽은 알렉산더 그로텐디크(Alexander Grothendieck)가 처음 발견한 "토포스(topos)"의 세계에 속해 있다. 이 특정 토포스는 반직선 위에서 정수의 곱셈으로 얻어진다. 이는 음악에서 특히 익숙한 개념으로, 반직선의 점들은 진동수를 나타내고, 정수의 곱셈은 자연의 조화를 의미한다. 예를 들어 2로 곱하면 진동수가 두 배로 증가하며, 이는 같은 음을 한 옥타브 위에서 연주하는 것과 같다. 마찬가지로 3으로 곱하면 (귀에 즐겁게 들리는) 다음 키로 조옮김을 하면서 한 옥타브 올라가는 효과를 낸다.

오른쪽은 비가환 기하학이라는 전혀 다른 세계이다. 이 세계에는 평면에서 펜로즈 타일링 공간 같은 아주 까다로운 공간들이 들어 차 있다. 이러한 공간의 특징은 유한한 정보만으로는 그 요소를 구별할 수 없다는 점이다. 예를 들어 펜로즈 타일링에서 특정한 패턴이 나타나면, 같은 패턴이 다른 타일링에서도 반복해서 나타난다. 그런 공간은 고전 역학으로는 이해할 수 없고, 양자 역학이 적절한 이론적 틀을 제공한다. 오른쪽에 있는 비가환 공간은 내가 1996년에 리만 제타 함수에서 영점에 연결한 공간이다. 칠판에 적힌 등식은 2014년에 카티아 콘사니(Katia Consani)와의 공동 연구로 발견한 것이다. 이 공식은 리만 제타 함수에서 영점 위치를 다루는 두 가지 전혀 다른 접근법 사이에 다리를 놓는다.

칠판(허연 모방품인 화이트보드 말고)은 수학자들에게 없어서는 안 되는 도구이다. 칠판은 수학자가 떠오르는 생각을 자유롭게 표현하게 한다. 수학자의 머릿속에서 형성된 개념들은 칠판을 통해 언제든 시각화할 수 있다. 그리고 이런 정교한 사고 과정이야말로 연구자에게는 매일의 일용할 양식이다.

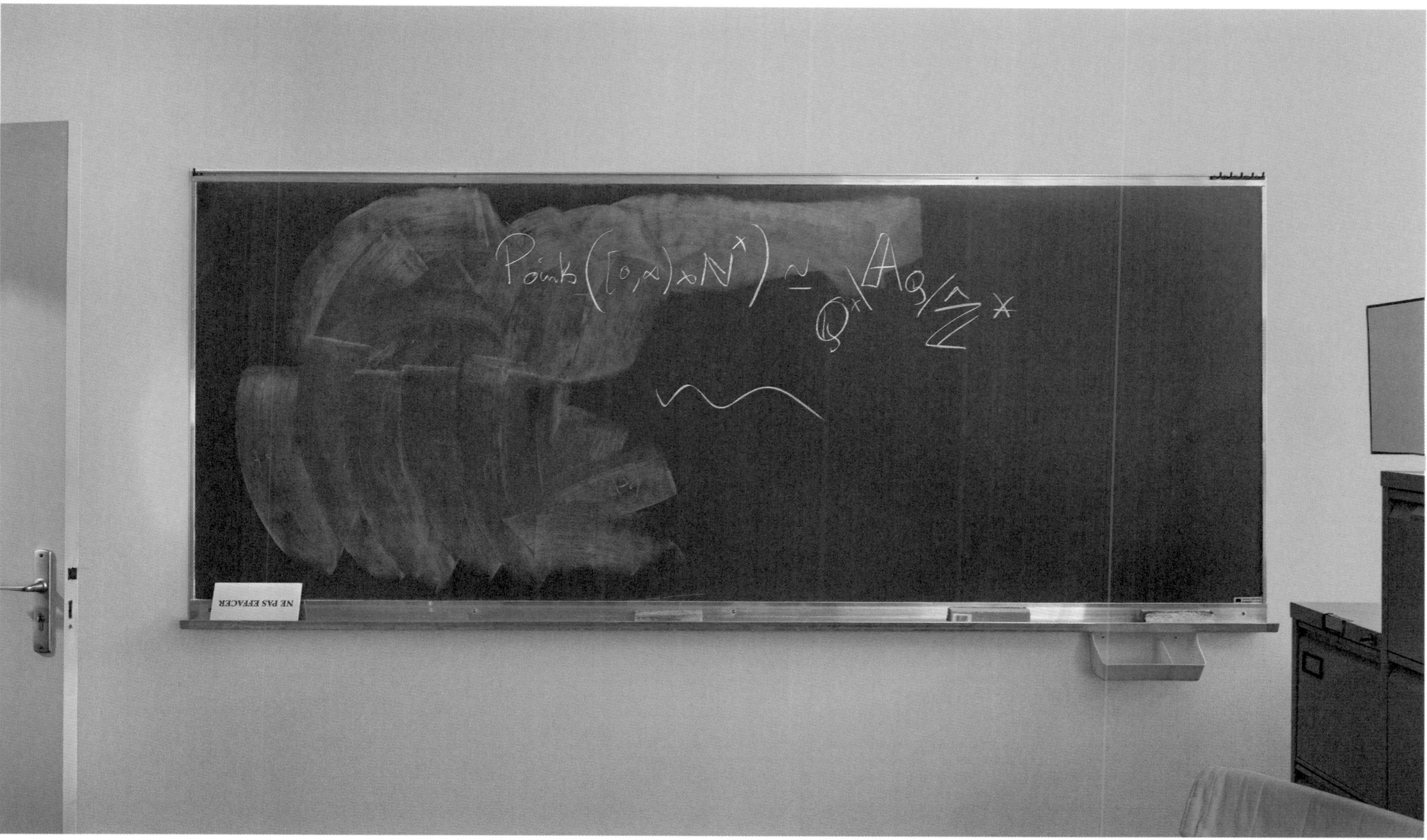
Points([0,∞)×N^×) ≃ Q^×\A_Q/Ẑ^×
NE PAS EFFACER

딘 양
DEANE YANG

뉴욕 대학교 쿠란트 수학연구소 수학과 교수. 브루클린 공과대학교 수학과에서 25년간 교수로 재직했고, 그전에는 라이스 대학교와 컬럼비아 대학교 교수였다. 현재 어윈 루트왁(Erwin Lutwak), 가용 장(Gayong Zhang)과 함께 볼록 기하해석학 공동 연구를 진행하고 있다. 아내와 두 검은 고양이, 이지와 헨리와 함께 뉴욕에 산다.

처음부터 수학자가 될 생각은 없었다. 좀 해보다가 다른 쉬운 직업으로 바꿀 생각이었다. 자라면서 나는 아버지의 동료들이 종신 교수가 된 후에도 그 자리에 갇혀 불행하게 사는 것을 보았다. 나는 그렇게 살고 싶지 않았다. 하지만 지금 나는 수학과 교수의 삶을 퍽 즐기고 있다. 나는 행복하게 갇혀 있다.

연구자로서 내가 가진 기술은 아주 제한적이다. 어떤 질문에 답을 하거나 문제를 풀겠다고 마음먹어도 항상 비참하게 실패한다. 내가 지금까지 이루어 놓은 것들은 하나같이 같은 방식으로 진행되었다. 어떤 주제를 공부하다가 다른 사람이 해놓은 방식이 마음에 들지 않게 될 정도로 그것을 잘 이해하는 때가 오면 나만의 수학적 언어와 기표를 사용해 재공식화하려고 시도한다. 그리고 성공하면 내 손에는 내가 정말 잘 사용할 수 있는 망치가 들려 있게 된다. 그때부터는 망치질이 필요한 못을 찾아다닌다.

사진 속 칠판에는 거의 동일한 수학 문제 두 개가 있다. 수학에 관심 있는 고등학생이라면 약간의 설명으로 이해할 수준이다. 둘 중의 하나는 120여 년 전에 헤르만 민코프스키(Hermann Minkowski)가 제기했고 스스로 풀었다. 다른 문제는 나와 공동 연구자가 고작 7년 전에 던진 질문이고 아직 풀리지 않았다. 이 두 문제를 해결하고 일반화하는 동안, 기하학이 바탕이지만 다른 많은 영역에서 깊은 통찰을 제공한 아름다운 수학 분야가 탄생했다.

뭔가를 아주 잘 알게 된 다음에 나는 그것을 신중하게 정리한다. 옛날에는 펜과 종이를 주로 사용했고, 요즘에는 이맥스(Emacs)와 레이텍(LaTeX)을 이용해 컴퓨터로 정리한다. 그러나 그전에는 칠판에서 하는 수학을 훨씬 더 좋아했다. 나는 어떤 계산을 하고 어떤 표기를 사용할지 수시로 마음이 바뀐다. 또 늘 실수한다. 그리고 수시로 지우고 다시 시도한다. 마침내 맞는 답을 찾은 것 같은데 이 다음에는 어디로 가야 할지 막막할 때면 의자에 기대고 앉아 그저 칠판을 멍하니 바라본다.

분필로 쓰는 느낌이 주는 만족감도 무시할 수 없다. 글씨를 똑바로 또박또박 쓰기 위해 필요한 마찰과 매끄러움 사이에는 적당한 균형이 있는데 내 경우는 종이에 펜으로 쓸 때보다 칠판에 분필로 쓸 때 그 균형을 찾기가 훨씬 쉽다. 또 나는 모든 게 제대로 보여지는 것이 좋다. 그래서 정답을 찾았더라도 칠판이든 종이든 겉모습이 마음에 들지 않으면 다시 쓰고 싶어진다. 종이에 쓸 때는 잘못 쓴 것을 구겨버리고 새 종이에 다시 써야 하지만, 칠판에서는 지우고 다시 쓰면 되니 훨씬 덜 낭비하는 방법이 아닐까.

Minkowski Problem (1903)

P = compact convex polytope

$F_1, \dots, F_N$ = faces of P

$$\left.\begin{aligned} A_i &= \text{area of } F_i \\ u_i &= \text{outer unit normal to } F_i \end{aligned}\right\} (*)$$

Minkowski asked: Given $A_1, \dots, A_N > 0$ and $u_1, \dots, u_N \in S^{n-1}$, when does there exist a compact convex polytope P satisfying $(*)$. Minkowski himself solved this.

Logarithmic Minkowski Problem (2002, 2012)

P = compact convex polytope

$F_1, \dots, F_N$ = faces of P

C_i = cone with base F_i and vertex at O

$$\left.\begin{aligned} V_i &= \text{volume of } C_i \\ u_i &= \text{outer unit normal to } F_i \end{aligned}\right\} (**)$$

Stancu (2002) and LYZ (2012) asked: Given $V_1, \dots, V_N > 0$ and $u_1, \dots, u_N \in S^{n-1}$, when does there exist a compact convex polytope P such that $(**)$ holds. STILL UNSOLVED!

실비아 기나시
SILVIA GHINASSI

워싱턴 대학교 박사 후 연구원. 이탈리아 로마의 사피엔자에서 태어나 학부를 마치고 2019년 뉴욕 주립대학교에서 박사 학위를 받았다. 프린스턴 고등연구소 수학부 회원이었다.

사진 속 칠판은 프린스턴 고등연구소의 내 연구실 칠판이다. 나는 기하측도론을 연구한다. 내 박사 학위 논문은 유클리드 공간에서 집합을 부드러운 곡선이나 함수로 매개화할 수 있는 충분조건을 제시했다. 간단히 말해, 평면 위에 여러 점이 주어졌을 때 그것들을 모두 연결하면서 뾰족점이 없는 곡선을 만들 수 있는 특성을 찾아낸 것이다.

프린스턴 고등연구소에 처음 왔을 때는 과연 이 조건이 필요조건도 될 수 있는지를 집중적으로 파헤쳤다(그렇게 된다면 수학자들이 좋아하는 "특성화"를 얻을 수 있었을 것이다). 하지만 사진 속 칠판은 필요조건은 아니라는 반례를 보여준다. 수학자로서 실망하지 않았느냐고? 하지만 반례를 찾는 것에도 즐거움이 있다. 물론 수학자의 가장 큰 목표는 정리를 증명하는 것이다. 하지만 반례에도 증명이 주지 못하는 만족감과 뿌듯함이 있다. 수학자가 아닌 사람한테는 이상하게 들릴지도 모르겠지만, 반례를 발견하면 내가 뭔가를 해낸 것 같은 구체적인 기분이 든다.

이 칠판을 사용한 지, 아니 본 지도 두 달이 다 되었다. 코로나 팬데믹이 세상을 정지시켰고, 그건 수학자들도 예외가 아니었다. 사람들은 종이와 펜만 있으면 수학을 할 수 있는 줄 알지만 내 집에 아무리 종이와 펜이 넘쳐나도 그걸로는 족하지 않다.
수학에서 "사람"이라는 요소는 함부로 지워버릴 수 없는 필수적인 것이다. 협업을 하든 아니든, 단순히 커피 한잔하면서 수다를 떠는 것이든 상관없다. 많은 사람과의 교류가 칠판 앞에서 일어난다. 나는 요새 화상 회의를 많이 한다. 화면 앞에서 세미나도 참석하고 공동 연구자와 회의도 하고 발표도 한다. 하지만 나는 항상 슬라이드 발표가 싫었다. 나는 우리들끼리 하는 말로 "분필 토크" 쪽이다. 최근에 한 화상 회의에서 내 화면을 공유하면서 발표한 적이 있다. 하지만 한 시간쯤 지나서 결국엔 집에 있던 화이트보드를 화면 앞에 끌고 왔다. 나는 내가 주로 몸짓으로 정보를 전달한다는 것을 깨달았다(그도 그럴 것이 나는 수학자이면서 이탈리아인이니까). 그 화이트보드는 신의 한 수였다. 나는 그때부터 손짓발짓을 해가며 그림을 가리키고 손으로 모양을 만들었다. 그래도 어딘가 2퍼센트 부족한 기분이 들었다. 그러다가 마침내 깨달았다. 아차, 손에 분필이 아닌 마커가 들려 있구나.

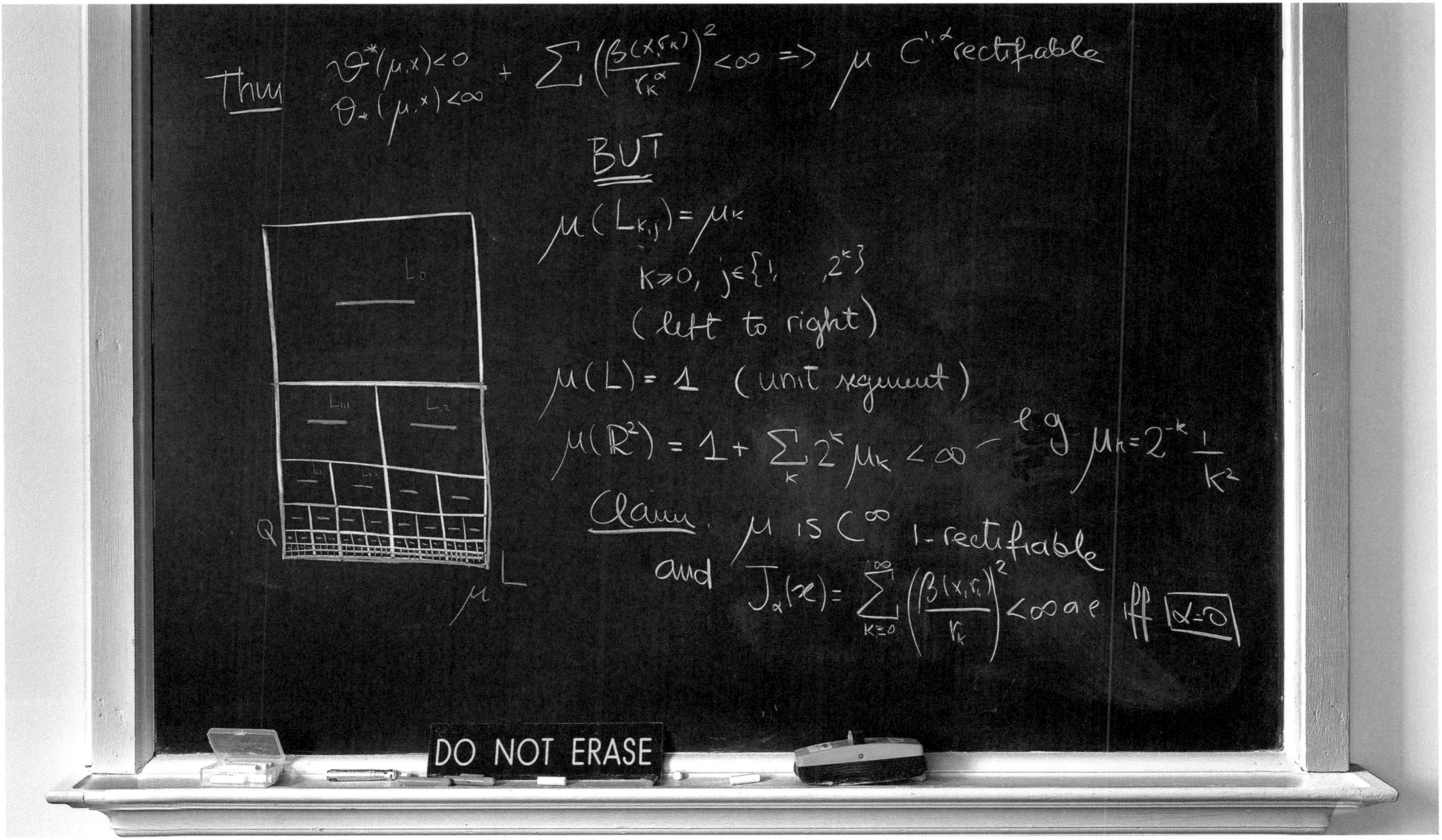

Thm $\vartheta^*(\mu,x) < 0$ [sic]
$\vartheta_*(\mu,x) < \infty$ $+ \sum \left(\frac{\beta(x,r_k)}{r_k^{\alpha}}\right)^2 < \infty \Rightarrow \mu$ $C^{1,\alpha}$ rectifiable

BUT

$\mu(L_{k,j}) = \mu_k$

$k \geq 0$, $j \in \{1, \ldots, 2^k\}$

(left to right)

$\mu(L) = 1$ (unit segment)

$\mu(\mathbb{R}^2) = 1 + \sum_k 2^k \mu_k < \infty$ e.g. $\mu_k = 2^{-k} \frac{1}{k^2}$

Claim μ is C^{∞} 1-rectifiable
and $J_{\alpha}(x) = \sum_{k=0}^{\infty} \left(\frac{\beta(x,r_k)}{r_k}\right)^2 < \infty$ a.e. iff $\boxed{\alpha = 0}$

L_0, $L_{1,1}$, $L_{1,2}$, Q, $\mu \llcorner L$

DO NOT ERASE

데니스 오루
DENIS AUROUX

하버드 대학교 수학과 교수. 1993년에 파리 고등사범학교에서 수학 공부를 시작했고, 1999년에 에콜 폴리테크니크에서 박사 학위를 받았다. 2018년에 하버드 대학교에 임용되기 전에 프랑스 국립과학연구원(2000~2003년), MIT(2002~2004년 조교수, 2004~2009년 부교수), 캘리포니아 대학교 버클리(2009~2018년)에서 근무했다. 전공은 심플렉틱 기하학이고, 특히 호몰로지 거울 대칭 추측에 초점을 두고 있다.

수학자마다 연구에 영감을 얻는 방법이 저마다 다르다. 기하학자인 나는 시각적으로 나타낼 수 없는 것을 생각하기가 힘들기 때문에 내 사고 과정은 언제나 그림으로 시작한다. 물론 내 연구의 추상적인 특성상 수학적 대상을 정확하게 그려내는 것이 불가능할 때가 많다. 예를 들어 사진 속 칠판의 그림은 호몰로지 거울 대칭 추측과 관련된 기하학을 나타내며, 6차원 공간 속 3차원 물체를 표현한 것이다. 호몰로지 거울 대칭 추측은 현대 기하학, 대수학, 수리물리학의 경계에서 핵심적인 문제이다. 이 그림은 "바지 한 벌(pair of pants)"이라는 곡면의 복잡한 3차원 거울 공간을 묘사한 것이다. 나는 이 그림을 지난 10년 동안 수없이 다시 그려왔다. 그것은 내가 이해하려는 심오하고 아직도 미스터리한 기하학적 현상을 구체적으로 보여주는 예시이기 때문이다.

크기와 다양한 용도 때문에 칠판은 개인 연구든, 소그룹 협업이든, 학생과의 만남이든 내가 가장 좋아하는 작업 공간이다. 칠판의 물리적 판형은 한 번에 많은 정보를 전시하고 다룰 수 있게 해 줄 뿐 아니라 협업을 자연스럽게 유도한다. 수학자들은 칠판에 나란히 서서 끄적거리거나 번갈아 가면서 공식을 적기도 하고, 아니면 그저 그림 하나를 함께 응시하면서 미스터리를 해독한다.

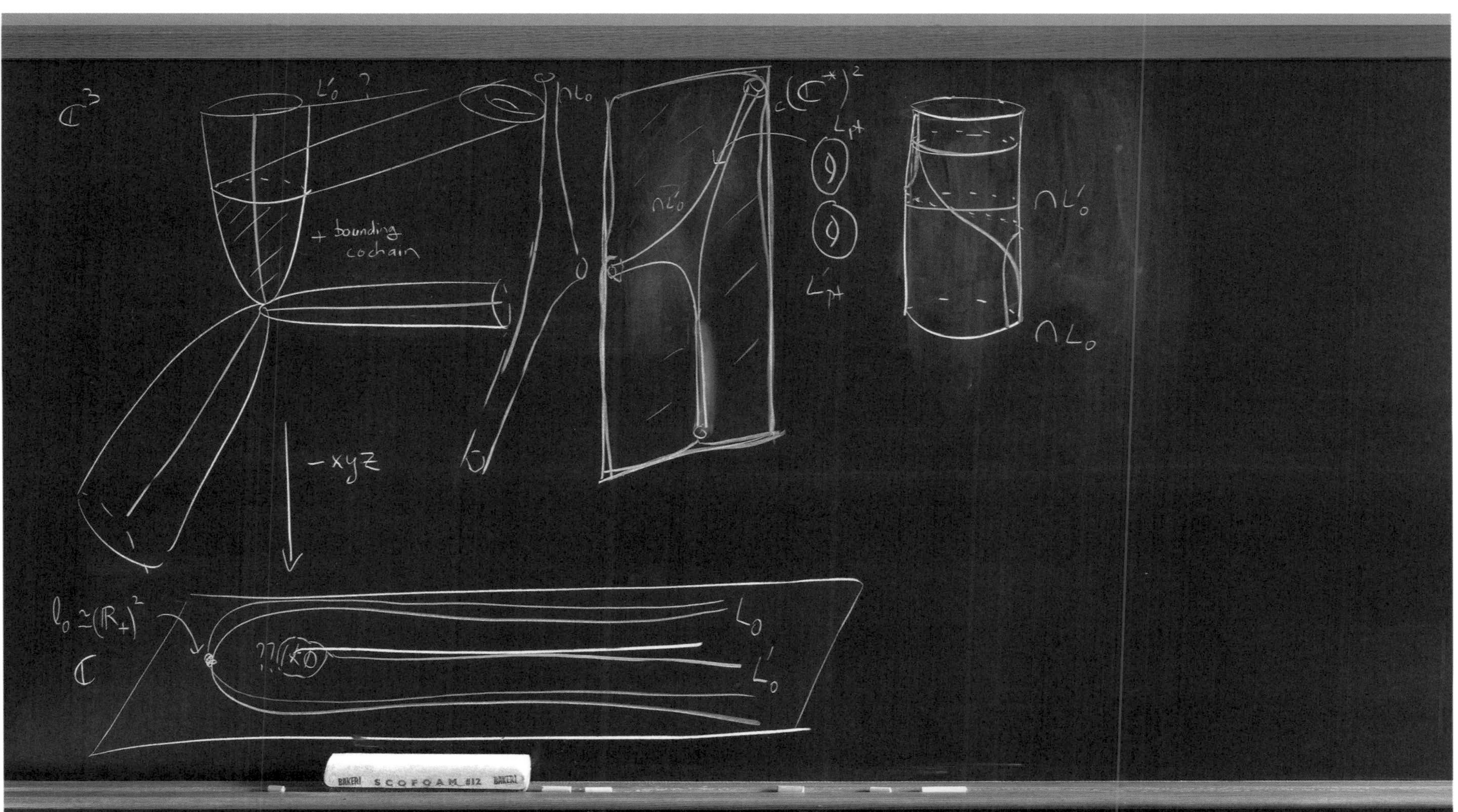

$\mathbb{C}^3$
L_0' ?
$\cap L_0$
$c(\mathbb{C}^*)^2$
L_{pt}
$\cap L_0'$
L_{pt}'
+ bounding cochain
$\cap L_0'$
$\cap L_0$
$-xyz$
$l_0 \simeq (\mathbb{R}_+)^2$
$\mathbb{C}$
L_0
L_0'
SCOFOAM #12

노가 알론
NOGA ALON

프린스턴 대학교 수학과 교수이자 텔아비브 대학교 수학과 및 컴퓨터과학과 명예교수이다. 조합론과 그래프 이론을 연구하며 이를 이론 컴퓨터과학에 적용한다. 이스라엘 국립과학원, 유럽학술원, 헝가리 국립과학원 회원이고, 폴리아상, 괴델상, 이스라엘상, 에메트상을 포함한 다수의 상을 받았다.

나는 이스라엘의 하이파에서 자랐고 어려서부터 수학 퍼즐에 관심이 많았다. 수학의 역사를 다루는 책을 탐독했고 수학 경연 대회에 참가했다. 고등학교에서 마지막 2년간 훌륭한 수학 선생님께 배웠으며, 특히 졸업반이었을 때 전설적인 헝가리 수학자 폴 에르되시를 만난 것이 큰 영향을 미쳤다. 에르되시는 전 세계를 돌며 조합론, 그래프 이론, 정수론에서 해결되지 않은 난제에 관해 강연했다. 나는 유한한 객체를 다루는 조합론이 근사하다고 생각했고, 지금까지 이쪽에서 일하며 이론 컴퓨터과학, 정보 이론, 정수론과 기하학에 적용할 방법을 연구한다. 이 분야의 문제들은 대개 간단하게 기술되고 이해할 수 있지만, 해결하려면 엄청난 독창성을 발휘해야 하는 것은 물론이고 정교하고 복잡한 도구를 적용해야 하는 경우가 많다. 사진 속 칠판은 조합론에서 중요한 주제인 그래프 채색 문제를 다루고 있다.

내가 가장 끌리는 수학의 측면은 객관성이다. 열두 살 때 유로비전 노래 경연이 열리는 동안 부모님의 친구들이 집에 놀러 왔다. 그들은 참가국의 투표로 결정되는 최종 결과를 예측하며 점수를 계산하는 공식을 만들었고, 발표된 점수를 보면서 계산을 맞춰보았다. 그런데 결과를 확인하자 모든 점수가 짝수였고, 이 현상이 항상 일어날 수밖에 없는지에 대한 토론이 시작되었다. 우리 어머니는 직관적으로 항상 점수가 짝수일 것이라고 생각했지만, 손님 중 한 공학자는 그렇지 않다고 주장했다. 끝내 의견을 좁히지 못하자 어머니는 나에게 이 문제를 해결할 수 있겠냐고 물었다. 어머니는 내가 수학을 좋아하는 걸 알았고 비록 어린 나이지만 그 문제를 해결할 수 있을 거라고 믿었다. 나는 곰곰이 생각한 끝에 점수가 항상 짝수일 수밖에 없는 이유를 찾아냈다.

내가 이 일을 기억하는 이유는 단순히 증명을 해냈기 때문이 아니다. 열두 살짜리 아이가 어른 공학자를 설득할 수 있었다는 점에서, 수학의 객관성이 얼마나 강력한지 실감했기 때문이었다. 정치적인 논쟁에서는 상대방이 "당신이 옳고 내가 틀렸소"라고 인정하는 경우가 거의 없지만, 수학에서는 그것이 가능하다.

이 경험은 내가 수학자가 되기로 결심하는 결정적인 계기가 되었다. 수학적 정리의 타당성은 논쟁의 여지가 없으며, 칠판에 적힌 수학의 아름다움은 문외한이 보았을 때 느끼는 것보다 훨씬 깊은 경지에 이를 수 있다.

내 연구에서 칠판은 단순히 수업을 하거나 강연을 할 때 사용하는 도구가 아니다. 칠판은 동료 수학자와 함께 아이디어를 주고받을 때 가장 효과적인 방법이기도 하다. 팬데믹 여파로 2020년 3월 중순부터 우리는 전통적인 칠판을 현대적인 전자 기기로 대체해야 했다. 하지만 이 경험을 통해 나는 칠판이 결코 전자 기기로 완전히 대체될 수 없으며, 앞으로도 내 연구와 동료들의 연구에서 중요한 역할을 할 것이라는 확신을 갖게 되었다.

5 OPEN
1 LIST COLORING CONJ (VIZING AND ...)
∀ LINE GRAPH G
χ_ℓ(G) = χ(G)
KAHN
χ_ℓ(G) ≤ (1+o(1)) χ(G)
2 ALGORITHMS?
IN PARTICULAR:
GIVEN CUBIC, PLANAR
BRIDGELESS G = (V, E) WITH
A LIST L_e OF 3 COLORS
∀ e ∈ E, CAN WE FIND AN
EDGE COLORING f: E → ∪_{e∈E} L_e
f(e) ∈ L_e ∀ e, PROPER, EFFICIENTLY?
{1,2,3}
{1,2,4}
(0,0)
(0,1)
(1,0)
∀ LINE GRAPH G OF CUBIC, PLANAR
BRIDGELESS GRAPH χ(G) = 3
LINE GRAPH OF H HAS VTS = EDGES OF H,
TWO ADJACENT ⇔ INCIDENT IN H
THM ∀ SUCH LINE GRAPH G,
χ_ℓ(G) = 3 ?
(APPEL)

엔리케 푸잘스
ENRIQUE PUJALS

뉴욕 시립대학교 대학원 교수. 이전에는 리우데자네이루 순수 및 응용 수학 연구소 교수였다. 주요 연구 분야는 동역학계와 에르고딕 이론 및 응용이다. 브라질 국립과학원과 세계과학원 회원이며 구겐하임 펠로우였다. 브라질 과학 공로 훈장을 받았으며 2009년 제3세계 과학원 수학상, 2008년 국제 이론물리센터 라마누잔상, 2004년 라틴아메리카 및 카리브해 수학 연합상을 받았다. 2002년에 베이징 세계 수학자 대회 초청 연사로 강연했다.

1980년대 아르헨티나에서 고등학생이었던 나는 수학에 전혀 관심이 없었다. 그리고 1984년, 내 조국에 마침내 민주주의가 회복되던 해에 고등학교를 졸업했다. 그 시기의 정치적, 사회적 사건들은 나를 포함한 많은 사람들에게 영향을 주었고, 나는 사회 과학에 몰입했다. 처음에 사회학으로 시작해 경제학으로 옮겨갔는데 경제학을 깊이 탐구할수록 더 강력한 도구가 필요하다는 것을 깨달았다. 그래서 수학과에서 몇 강의를 듣기 시작했다. 시간이 지나 내가 수학자의 길을 걷고 있다는 걸 깨달았을 때는 이미 되돌릴 수 없었다.

가끔 나는 우리가 증명하는 정리들이 오로지 칠판에 처음 갈겨쓴 낙서를 이해하기 위해서 존재한다는 기분이 들 때가 있다. 사진 속 칠판의 결과는 실뱅 크로비지에와의 공동 연구에서 나온 것이다.

일단 혼돈 행동을 보이는 시스템에서 결과를 증명하고 나니 물리학, 생물학, 경제학, 사회학을 가리지 않고 단순한 시스템에서 혼잡한 시스템으로의 전이가 궁금해지기 시작했다. 그 전환을 설명할 보편적 메커니즘을 이해하고 질서와 완전한 혼돈 사이에서 작동하는 저 시스템을 수학적으로 기술하고 싶었다. 이후 찰스 트레서(Charles Tresser)가 합류한 연구에서, 우리는 “혼돈의 가장자리”에 존재하는 시스템은 무한히 재정규화할 수 있다는 사실을 증명했다.

무한히 재정규화하는 객체를 설명하려면, 수많은 곤돌라가 회전하는 대관람차를 멀리서 보고 있다고 상상하면 된다. 이 관람차를 각 곤돌라 안에서 가까이 보면 사실은 개별 곤돌라가 각각 제2의 대관람차라는 것을 알게 된다. 이 과정은 무한히 반복되지만 점점 더 깊이 들여다볼수록 결국 대관람차에는 두 개의 곤돌라만 남게 된다.

일반적으로 과학에서 “혼돈으로 가는 경로”라는 표현은 물리학, 생물학, 경제학, 사회학 등에서 질서를 보이는 시스템이 무작위성(또는 혼돈)으로 전환되는 과정을 설명하는 비유로 사용된다. 우리는 농담 삼아 이렇게 말한다. “혼돈의 가장자리에 머무는 방법은 단 하나뿐이다. (이곳이야말로 생명이 번성할 수 있는 유일한 장소이기 때문이다.) 재정규화하거나 죽거나.”

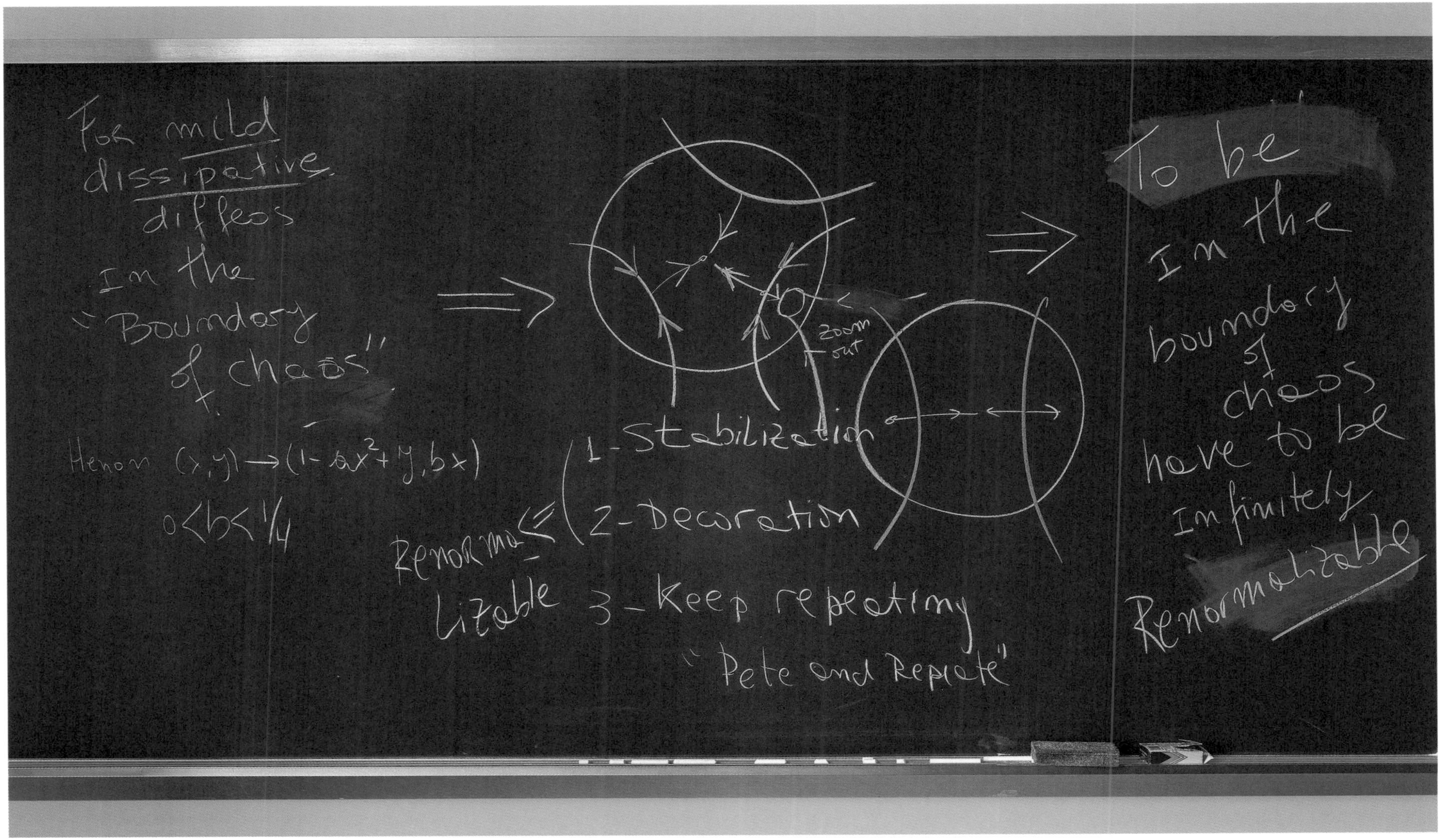

For mild dissipative diffeos
In the "Boundary of chaos"

Henon $(x,y) \to (1-ax^2+y,\ bx)$

$0<b<1/4$

⟹

Zoom out

⟹

Renormalizable ⟸
1 - Stabilization
2 - Decoration
3 - Keep repeating
"Pete and Repete"

To be In the boundary of chaos have to be Infinitely Renormalizable

실뱅 크로비지에
SYLVAIN CROVISIER

프랑스 국립과학연구원 책임 연구원. 빠히-싸끌레 대학 오르세 수학연구소에 재직 중이다. 위상 및 미분 동역학계와 그 섭동을 연구한다.

동역학계는 진화의 법칙에 따라 움직이는 시스템의 장기적인 행동을 연구하는 수학의 한 갈래이다. 동역학계 이론은 물리적 시스템과 인위적 시스템 모두에서 시간에 따라 일어나는 변화를 보여주는 것이 목적인데, 예를 들면 천체의 움직임, 인구 성장, 주식 시장, 시계 진자, 관을 통과하는 물의 흐름 등이 그 대상이다.

1970년대에 미셸 에농(Michel Hénon)는 대기 대류를 기술하는 아주 단순화된 모델로서 평면 방정식 하나를 제안했다. 그 시스템으로 다른 많은 것들도 기술하게 될 줄로 기대했지만, 막상 뚜껑을 열어 보니 쉽지 않은 일이었고 결국 아직 많은 것이 밝혀지지 않았다.

그런 동역학을 이해하는 한 가지 방법은 주기 궤도를 분석하는 것이다. 엔리케 푸잘스와 나는 최근에 주기 궤도가 에농의 시스템 내에서 풍부하게 나타난다는 것을 발견했다. (이 사실은 원래 다른 문제를 연구하다가 우연히 알게 되었다.)

사진 속 칠판에서 나는 “닫힘 보조정리”라고도 불리는 이 증명의 핵심 개념을 예시하고 있다.

칠판은 아이디어를 나누는 매체이자 창조적인 사고를 뒷받침하는 도구로서 수학 연구에 없어서는 안 되는 필수적인 도구이다.

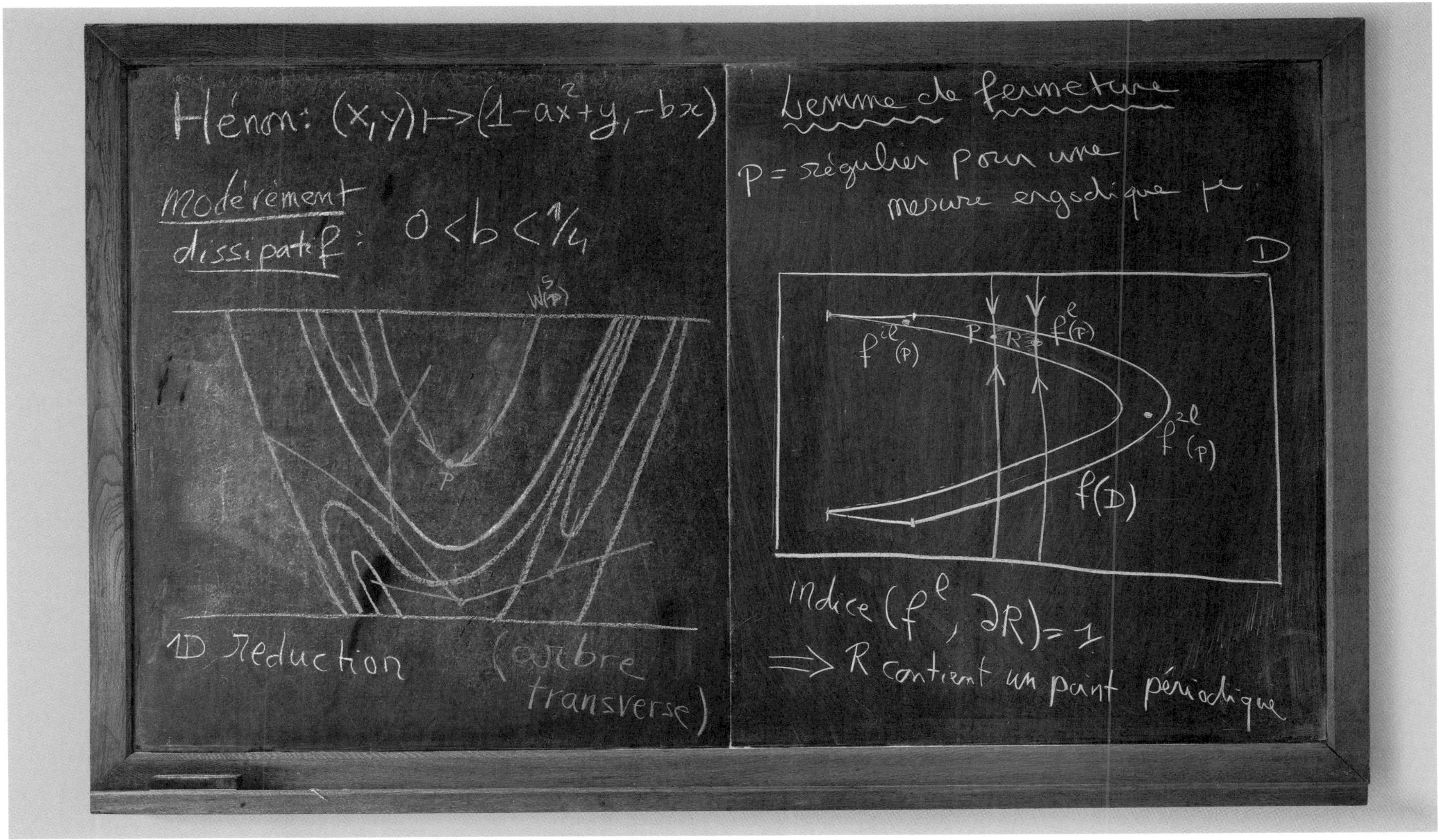

Hénon: $(x,y) \mapsto (1 - ax^2 + y, -bx)$

Modérément dissipatif: $0 < b < 1/4$

$W^s(P)$

P

1D Réduction (arbre transverse)

Lemme de fermeture

P = régulier pour une mesure ergodique μ

D

$f^{-l}(P)$ P R $f^l(P)$

$f^{2l}(P)$

$f(D)$

Indice$(f^l, \partial R) = 1$

$\Longrightarrow$ R contient un point périodique

디미트리 Y. 실리악텐코
DIMITRI Y. SHLYAKHTENKO

UCLA 수학과 교수이자 UCLA 순수및응용수학연구소 연구소장. 1993년 캘리포니아 대학교 버클리에서 박사 학위를 받았다. 미국 수학회 및 슬로언 펠로우이고, 2010년에 세계 수학자 대회에서 초청 강연을 했다. 자유확률론과 작용소 대수를 연구한다.

사진 속 칠판의 그림은 평면 대수 코호몰로지를 나타낸다. 내가 스테판 바에스(Stefaan Vaes), 소린 포파(Sorin Popa)와 공동으로 연구하면서 밝힌 것이다. 필즈상 수상자 본 존스(Vaughan Jones)는 자신이 평면 대수학이라고 부른 아주 다양한 수학 객체를 그 요소에 대한 작용과 그림을 연합하여 기술할 수 있음을 처음으로 발견했다. 이러한 그림들은 곱셈 같은 기본적인 연산이 객체와 함께 어떻게 수행되는지를 보여준다. 칠판의 오른쪽 상단에 그 예가 있는데, 행렬을 곱하는 방식을 보여준다. 그러나 다른 그림도 가능하다. 각각은 수학 연산을 나타내고 평면 대수 구조의 풍부함과 유연성을 보여준다.

본 존스는 우리 연구에 보다 직접적인 영감을 주었다. 칠판의 일부 다이어그램은 내가 마우이섬에서 그가 카이트 보드를 타는 모습을 보고 떠올린 것들이다.

칠판은 놀라운 협업 도구이다. 동료나 학생이 한 번에 따라올 수 있는 적절한 양의 정보를 제공하기에 딱 맞는 크기이다. 칠판이 글과 그림, 그래프 같은 다양한 정보를 전달하는 소통의 도구가 될 수 있다는 점은 진심으로 놀랍다. 나는 컴퓨터 슬라이드 발표보다 칠판 앞에서 하는 발표를 훨씬 선호한다. 상대가 칠판에 설명해 나가는 과정을 지켜보면서 무의식적으로 더 많은 정보를 얻기 때문이다. 수학자들에게 칠판은 진정한 마법의 물건이다.

S. Popa & S. Vaes
V. Jones - Planar algebras
"patch in" dots
rule:
λ - fixed number

양 리
YANG LI

프린스턴 고등연구소 박사 후 연구원. 미분기하학을 연구한다. 수학과 물리학 밖에서는 철학, 신학, 역사에 관심이 있다.

사진 속 칠판의 오른쪽은 유교 경전인 《시경》에서 발췌한 내용이다.

> 저 기수의 세찬 물굽이를 바라보니
> 푸른 대나무 아름답게 우거졌네
> 문채가 빛나는 군자여
> 옥을 칼로 자른 듯하고 줄로 썬 듯하며,
> 끌로 쪼는 듯하고 숫돌로 간 듯하다!

전통적인 해석에 따르면, 옥을 광내는 과정은 개인이 지적·도덕적으로 수양하는 과정을 은유한다. 이 글은 프린스턴 고등연구소와 같은 속세의 엘리시움에서 학문을 정진하는 모습을 잘 묘사한다고 알려졌다.

칠판의 왼쪽에는 관례에 따라 시를 지은 때를 적었다. 경자(庚子)년의 봄이라는 뜻이다. 경자의 "경"과 "자"는 각각 일곱 번째와 첫 번째 글자를 나타내며 경은 천간, 자는 지지에 속한다. 천간과 지지는 각각 10개와 12개의 주기를 이루며, 이 두 주기가 맞물려 반복되는 주기가 60년(10과 12의 최소공배수)이다.

인간이 추구하는 학문으로서의 수학은 발견과 발명 사이 어디쯤 있다. 심오한 문제에 대한 해답은 대개 개인의 표현으로 물들어 자기만의 경로를 결정하고, 자기만의 도구를 설계하며, 자기의 문제를 숲속으로 가져간다. 정답을 수색하는 과정은 외롭고 갈피를 잡을 수 없고 예측할 수 없으며 심지어 금욕적이기까지 하여 고작 몇 개의 단서와 약간의 조언을 듣고 밤길을 걷는 것 같다. 그렇게 완성된 결과물은 개인 고유의 특성을 보인다. 이런 의미에서 수학은 가장 창의적인 인간 활동의 하나다. 그러나 겉으로는 전혀 다른 경로로 접근한 것이 같은 결과로 이어지고 난데없이 나타난 아이디어가 우주의 틀에 깊이 얽혀 들어가는 것은 수학에서 반복되어 나타나는 현상이다. 이런 의미에서 최고의 수학이란 한 개인의 사고를 초월하는 예정된 통일체의 일부로서, 사람들로부터 감탄은 받을지언정 스스로 시작이 될 수는 없다. 수학의 아름다움이란, 수많은 노력을 거쳐 보이든 보이지 않는 것이든 자연과의 긴밀한 연결성을 깨닫고 외적이면서 내적인 진실을 숙고하는 데 있다.

瞻彼淇奥绿竹
猗猗有斐君子
如切如磋如琢
如磨

庚子春

DO NOT ERASE

Crayola CHALK

키스 번즈
KEITH BURNS

노스웨스턴 대학교 수학과 교수. 뉴질랜드에서 태어나 오스트레일리아에서 자랐다. 영국 워릭 대학교에서 박사 학위를 받고 미국에 가서 30년 동안 노스웨스턴 대학교에서 연구하며 30명이 넘는 공동 연구자와 논문을 썼다.

그림은 언제나 내 사고의 중요한 일부였다. 계산이 필요할 때도 있지만, 대개 계산 과정은 그림이 안내한다. 정신적으로든, 실제로든.

사진 속 칠판의 왼쪽 그림은 동료 베르너 볼만(Werner Ballmann), 마이클 브린(Michael Brin)과 함께 쓴 논문에 실린 것이다. 이 논문은 저명한 독일 수학자 에버하르트 호프(Eberhard Hopf)가 70년 전에 주장한 내용의 반례를 드는 것이 목적이었다. 우리 논문에는 그 논증의 여러 부분이 어떻게 작동하는지를 보여주는 그림이 여럿 실렸는데, 특히 칠판의 그림은 그것들이 어떻게 하나로 들어맞는지를 보여준다. 공룡의 두 혹은 그 중심을 통과하는 곡선에 영향을 주기 위해 세심하게 구성되었다. 다리는 가운데 혹을 위한 “공간을 만드는 데” 필요하다. 이 그림 때문에 우리의 반례는 “공룡”이라는 별칭으로 알려졌다.

이 반례의 역사는 호프가 잘못된 주장이 들어 있는 논문을 처음 쓴 1943년으로 돌아간다. 이 논문은 그해에 독일에서 게재가 확정되었으나 공습으로 소실되었다. 전쟁 후 그 사실을 알게 된 호프가 마침내 미국에서 1948년에 논문을 발표한다.

이 논문에서 호프는 공액점이 없는 곡면을 정의하는 야코비 방정식(불안정한 해)의 특정 해를 고찰했다. 그가 그것이 측지선에 의존한다는 사실을 지적하고 활용한 부분은 옳았다. 또한 그는 괄호를 치고 “좀 더 긴 논증을 거치면 연속성까지 증명할 수 있다”고 언급했다.

그로부터 40년 뒤, 친구이자 동료인 게르하르트 크니에퍼(Gerhard Knieper)가 이 괄호 속 내용을 사용할 생각에 우리에게 확인을 부탁했다. 우리는 크니에퍼에게 곧 증명해서 보내주겠다고 약속했으나 막상 작업해 보니 호프의 주장이 옳지 않다는 것을 알게 되었다.

에버하르트 호프는 뛰어나고 세심한 수학자였다. 내 연구의 대부분은 그가 쓴 논문에서 나온 개념들에 바탕을 둔다. 나는 그가 직접 논증을 시도했더라면 그 안에 허점이 있다는 것을 금세 알았을 거라고 확신한다. 신중한 수학자는 오직 괄호 안에서만 실수하는 법이니까.

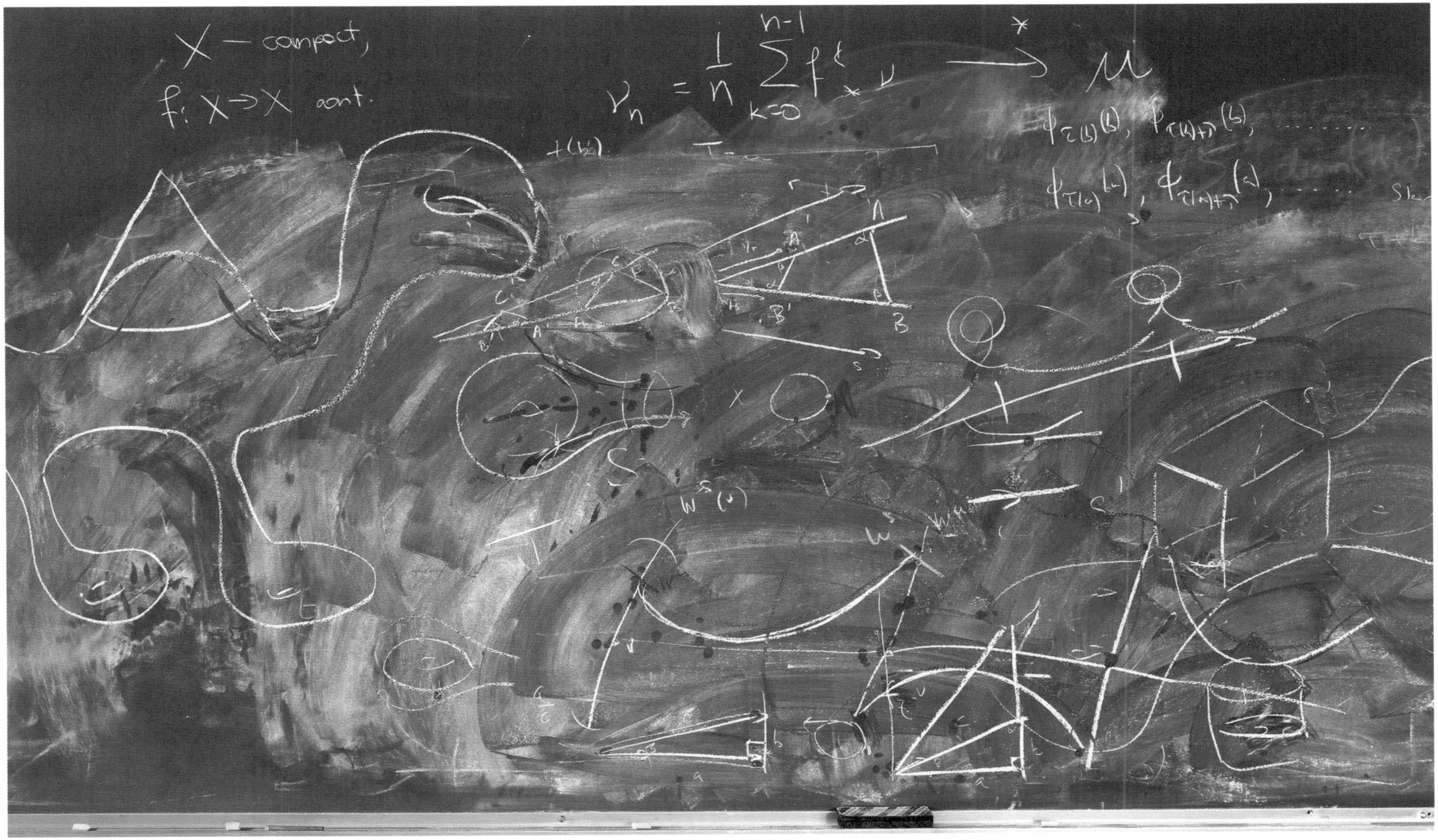

X — compact,

f: X → X cont.

$$\nu_n = \frac{1}{n}\sum_{k=0}^{n-1} f^k_* \nu \xrightarrow{\ *\ } \mu$$

$\phi_{\tau(b)}(b),\ \phi_{\tau(b)+n}(b),\ \ldots$

$\phi_{\tau(c)}(c),\ \phi_{\tau(c)+n}(c),\ \ldots$

마이클 해리스
MICHAEL HARRIS

컬럼비아 대학교, 파리 제7대학교 교수. 소피 제르맹 과학원 최고상(2006), 클레이 연구상(2007), 시모네 & 치노 델두카 과학원 최고상(2009, 공동수상)을 받았다. 유럽학술원과 미국 예술과학아카데미 회원이다.

컬럼비아 대학교 대학원생 유쉥 리(Yu-Sheng Lee)가 내 논문의 한 문단을 설명해달라고 찾아왔다. 나는 공용실의 커다란 칠판으로 그를 데려갔다. 그 문단은 정수론에서 두 개의 정교한 구성 사이의 관계를 기술한 것이었다. 첫 번째 구성은 왼쪽에서 두 번째 칠판의 하단에 LFg으로 시작되는 공식을 사용한다. 두 번째는 세 번째 칠판의 가운데 있는 방정식에서 좀 더 추상적으로 암시된다.

$$\Theta^{s}_{\psi,\chi}(\pi)\otimes\gamma_1 = \Pi^{s}_{\chi^{-1}}(\check{\pi}\times 1)\otimes\gamma_1$$

식의 왼쪽은 첫 번째 구성이고 오른쪽은 두 번째 구성을 나타내며 둘 사이를 연결하는 등호는 두 식의 값이 같다고 말한다. 유쉥은 두 구성이 서로 다른 양의 정보를 나타내는 것처럼 보인다는 사실에 관심이 있었다. 칠판에 적은 것은 양쪽의 정보가 어떻게 일치하는지를 보여준다. 두 식에서 그리스 문자는 서로 다른 장식으로 꾸며진다. 왼쪽 식의 π는 오른쪽 식에서 위에 체크 표시를 달고 나타난다. 그리고 왼쪽의 χ는 오른쪽에서 -1을 얻었다. 이런 종류의 변형은 혼란스러울 뿐만 아니라 불안을 일으킬 수 있는, 바로 우리가 칠판 앞에서 피하려고 했던 위험이다.

수백 페이지에 달하는 깊은 사고가 수학 문헌 속에서는 단 몇 개의 공식으로 압축된다. 여기 제시된 식이 대표적인 예이다. 이 식을 증명하려면 전 세계 수십 명의 수학자가 수천 쪽에 걸쳐 추론해야 한다. 그리고 그 영향력은 한계가 없다. 일부는 공식에서 나와 칠판 주변으로 소용돌이를 그리며 퍼져나가고, 나와 유쉥이 교류한 것처럼 다음 세대의 의식으로도 들어간다.

내 학문적 여정 속에서, 몇 차례 황홀한 깨달음의 순간이 있었다. 어떤 X가 사실은 Y이기도 하다는 갑작스러운 깨달음이 내 인생의 방향을 바꿔 놓았던 순간들이다. 하지만 그러한 깨달음은 언제나 순전히 개념적인 사건이었을 뿐, 그 순간에 칠판이 있었는지는 기억나지 않는다. 그럼에도 불구하고 우리는 물질적 존재이기에, 개념을 공유하려면 물질적인 형태가 주어져야 한다. 내가 연구하는 수학은 시각적 자극이 풍부한 분야가 아니다. 재료라고 해봐야 문자, 숫자, 그리고 기호들이 전부다. 그것을 칠판 위에 가시적으로 만드는 행위는 우리가 서로에게 계속해도 된다고 허락하는 방식 중 하나이다.

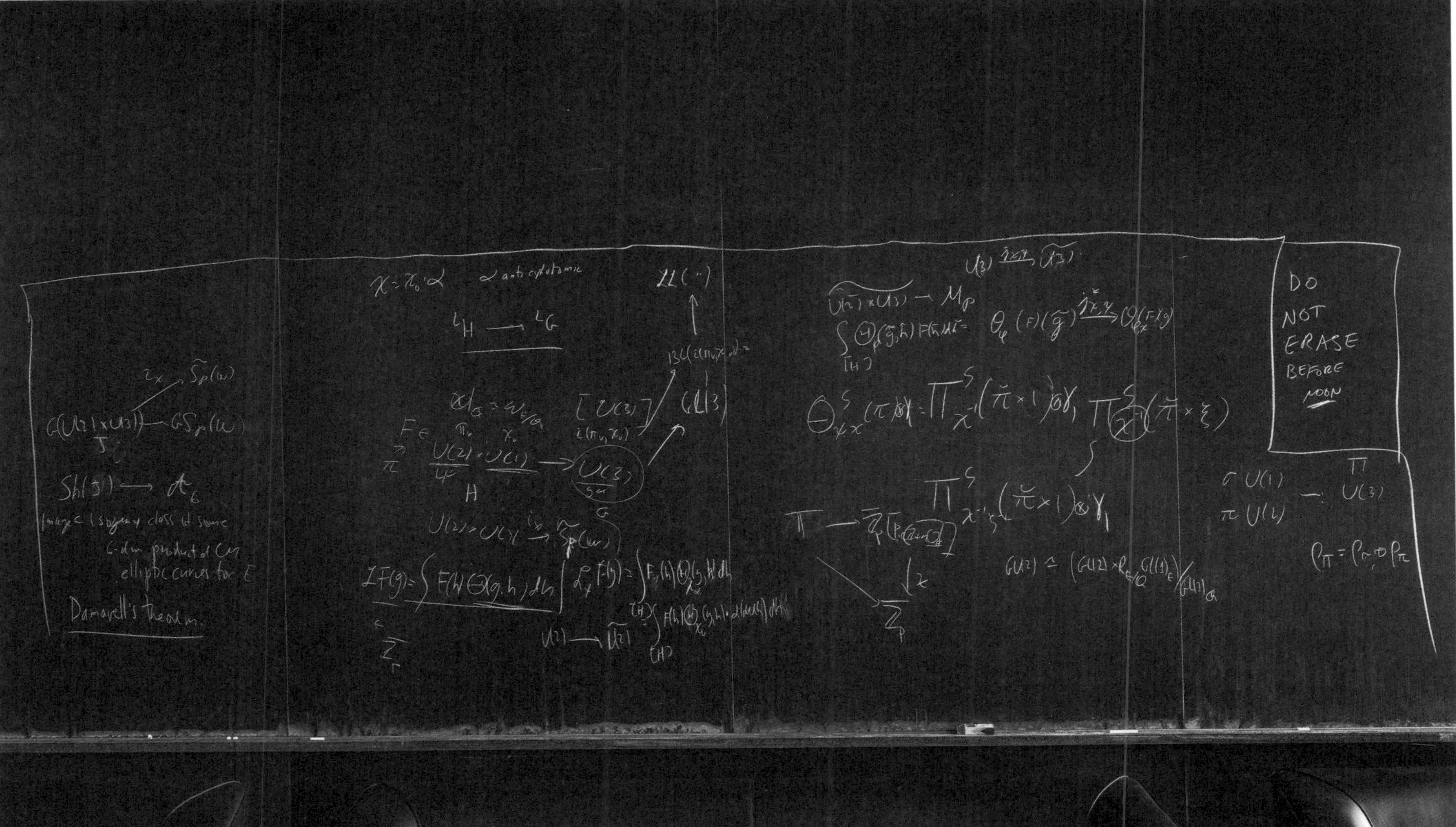
DO
NOT
ERASE
BEFORE
NOON

조너선 팡
JONATHAN FENG

캘리포니아 대학교 어바인 물리학 및 천문학과 교수. 미국 국립과학재단 신진 교수상, 중국 물리학자 및 천문학자 국제 협회 젊은 연구자상, 슬로언 연구 펠로우십, 구겐하임 펠로우십, 사이먼스 펠로우 및 연구자상을 받았다. 캘리포니아 대학교 어바인에서 교수와 교직원이 경험과 그 과정에서 배운 교훈을 공유하는 "나에게 무엇이, 왜 중요한가" 강연 시리즈를 기획했다.

이 칠판에는 내가 오랫동안 연구해 온 주제들이 적혀 있다. 한때는 크게 주목받지 못했지만, 이제는 중요한 연구 분야로 자리 잡은 것들이다. 우주를 하나의 전체로 설명하려는 과정에서 우리는 우리가 현재까지 알았던 우주의 구성요소가 사실은 우주의 전부가 아님을 깨달았다. 실제로 우주의 대부분은 원자가 아니라 암흑물질이라고 부르는 정체 모를 다른 입자들로 구성되어 있다. 내가 연구를 시작했을 당시 이러한 사실은 이미 알려져 있었지만, 어디까지나 천문학자의 영역으로 여겨졌다. 하지만 시간이 지나면서 물리학자와 수학자들, 특히 기본 물리 법칙을 연구하는 이론 물리학자들도 이 문제에 기여할 수 있다는 점이 밝혀졌다. 이론 연구에 따르면, 원자와 원자핵의 내부 구조를 탐구하는 실험을 통해 암흑물질을 실험실에서 생성할 수도 있다.

이제 암흑물질은 중요한 주제가 되었다. 사진 속 칠판은 내 이론 중에서 새로운 실험에 동기를 부여한 몇 가지를 소개한다. 우리는 이 실험들이 지금껏 누구도 본 적 없는 입자를 만들어 내어 우주가 무엇으로 이루어졌는지 처음으로 일별할 수 있기를 바란다.

어렸을 때 우리 부모님은 지인이자 위대한 수학자인 싱선 천(Shiing-Shen Chern)에게 나를 소개해 주셨다. 나는 그에게 연구를 어떻게 해야 하는지 조언을 구했다. 그는 모두가 중요하게 생각하는 연구를 하는 것도 의미가 있지만, 관심을 끌지 못하는 주변부 주제를 공부하는 것도 그에 못지않게 중요하다고 했다. 당시 나는 생빅토르의 위그(Hugh of Saint Victor)가 남긴 유명한 격언, "Omnia disce, videbis postea nihil esse superfluum"를 떠올리며 그의 조언을 무시했다. 대충 해석하자면 "무엇이든 닥치는 대로 배워라. 언젠가는 필요할 테니"라는 뜻이다. 그러나 결국에 그것은 내 인생 최고의 조언이 되었고 이제 나 역시 학생들이 찾아와 물으면 똑같이 대답한다. 그러면서 "내 말을 가벼이 듣지 마시오. 나도 그대들 나이에는 쓸데없는 말이라 생각했지만 결코 그렇지 않았소"라고 덧붙인다. 하지만 그 친구들이 내 말을 믿지 않는다는 건 나도 안다.

칠판은 긍정의 마음을 불러일으킨다. 우주가 무엇으로 만들어졌는지조차 알지 못하는 인간의 심각한 무지를 마주할 때마다 자신을 북돋아 줄 것이 필요하다. 커다란 칠판을 지우고 그 앞에 서 있으면 곧 일어날 대단한 일을 기다리는 기분이 든다.

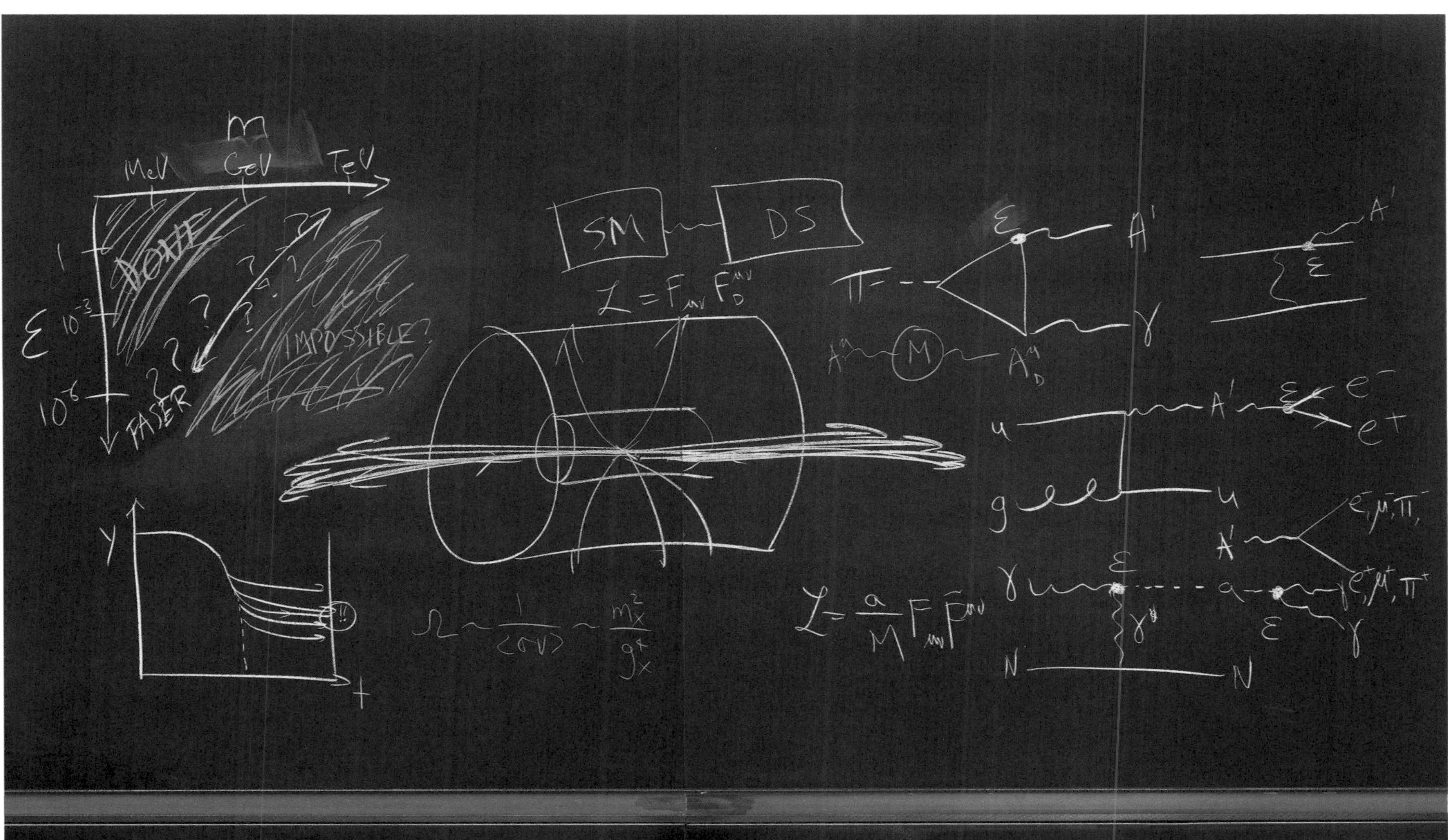
m
MeV
GeV
TeV
DONE
IMPOSSIBLE?
FASER
SM
DS

로넨 무카멜

RONEN MUKAMEL

수학자이자 유전학자. 하버드 의과대학과 보스턴 브리검 앤드 위민스 병원에서 일한다. MIT, 스탠퍼드 대학교, 시카고 대학교, 라이스 대학교에서 12년 동안 순수 수학을 공부했다. 현재 인간 게놈의 반복서열이 인간의 유전병에 미치는 영향을 연구한다.

오각형, 팔각형, 또는 L자 모양의 낯선 기하 구조로 이루어진 당구대를 상상해 보자. 당구대 위에 공 하나가 있다. 특정 방향으로 움직이기 시작한 공은 익숙한 물리 법칙대로 마찰이나 회전이 없는 이상적 경로를 따라 이동한다. 수학자들은 이런 종류의 계에서 가능한 궤도를 분류하는 데 관심이 있다. 그중에서도 공이 마침내 처음 시작한 위치와 방향으로 돌아올 가능성이 있는데 그렇게 되면 지금까지 움직인 궤도를 계속해서 반복할 것이고 결국 궤도는 닫힌다. 또 다른 가능성은 공이 당구대 구석구석을 정신없이 방문하여 전체 테이블에서 균일하게 궤도가 배분되는 것이다. 이 둘 사이에 엄청나게 많은 다른 가능성이 존재한다. 가능성의 범위는 당구대의 모양에 따라 달라진다. 사진 속 칠판의 기호는 수학의 당구대에서 발생하는 기하 구조를 기술하는 방정식들 사이의 놀라운 대수 공진과 관련이 있다.

칠판은 현대식 소통방식이 빠지기 쉬운 함정에 해독제를 제공한다. 칠판에서 이루어지는 커뮤니케이션은 발표자가 보드에 직접 글씨를 써야 하므로 자연히 인간의 사고 처리와 속도를 같이한다. 엉망으로 만든 파워포인트에 꾸역꾸역 채운 정보의 직격탄을 맞아본 사람이라면 내 말을 이해할 것이다. 동시에 칠판은 발표자가 전통적인 인쇄 매체의 제약에서도 벗어나게 해준다. 발표자는 기호, 텍스트, 그림이 보드에 나타나는 순서를 뜻대로 조율할 수 있는데 이는 책이나 논문에서는 불가능하다. 연구 발표나 수업에서 칠판은 나와 청중 사이의 간극에 다리를 놓는다. 분필 가루 범벅이 된 손가락은 발표가 잘 끝났다는 물질적 증거이다.

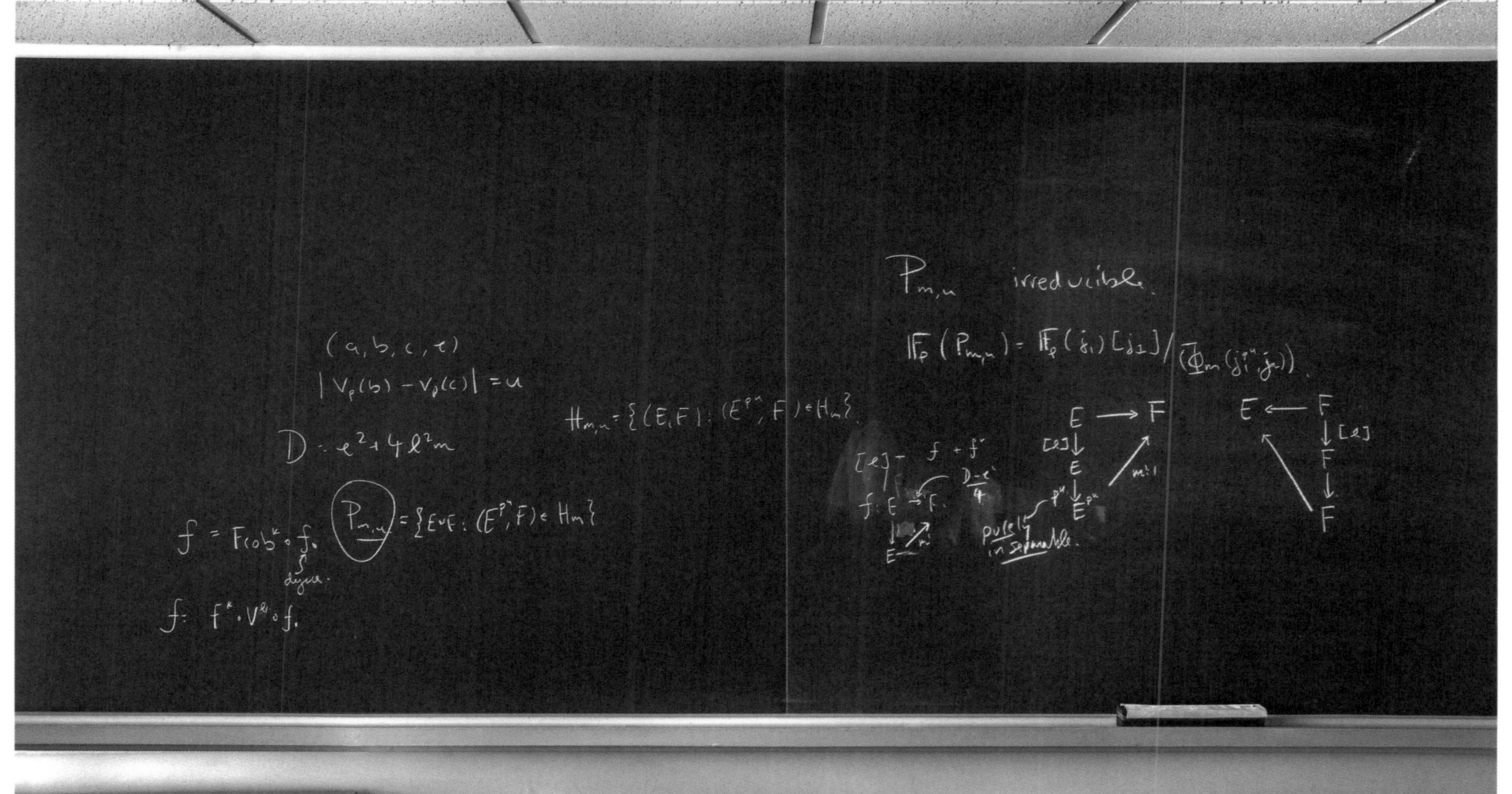

(a, b, c, t)
| v_p(b) - v_p(c) | = n
D = e^2 + 4 l^2 m
P_{m,n} irreducible
E → F
E ← F

네이선 돌린
NATHAN DOWLIN

컬럼비아 대학교 리트 조교수. 매듭이론을 연구한다. 2016년에 프린스턴 대학교에서 졸탄 스자보(Zoltan Szabo)의 지도하에 박사 학위를 받았다.

수학자들이 칠판을 선호하는 이유는 종이에 쓴 생각은 영구히 고정되지만 칠판 위에서는 사람의 머릿속에서처럼 사고가 점차 진화할 수 있기 때문인 것 같다. 처음부터 완벽할 필요도, 정답을 써야 한다는 압박도 없다. 어차피 한두 시간이 지나면 지워질 테니까.

사진 속 칠판의 그래프는 3차원 공간에서 매듭진 끈의 정보를 나타낸다. 이 정보를 토대로 4차원에서 기하학이 어떻게 작동하는지를 알 수 있다. 수학의 이 분야는 복잡한 기하학적 내용을 셀 수 있는 간단하고 구체적인 대상으로 바꾸는 일을 추구한다. 여기에서 나는 그래프에서 특정 유형의 경로를 세고, 그것을 각각 대응하는 매듭과 연관된 기하학적 양과 연관 짓는 일을 한다.

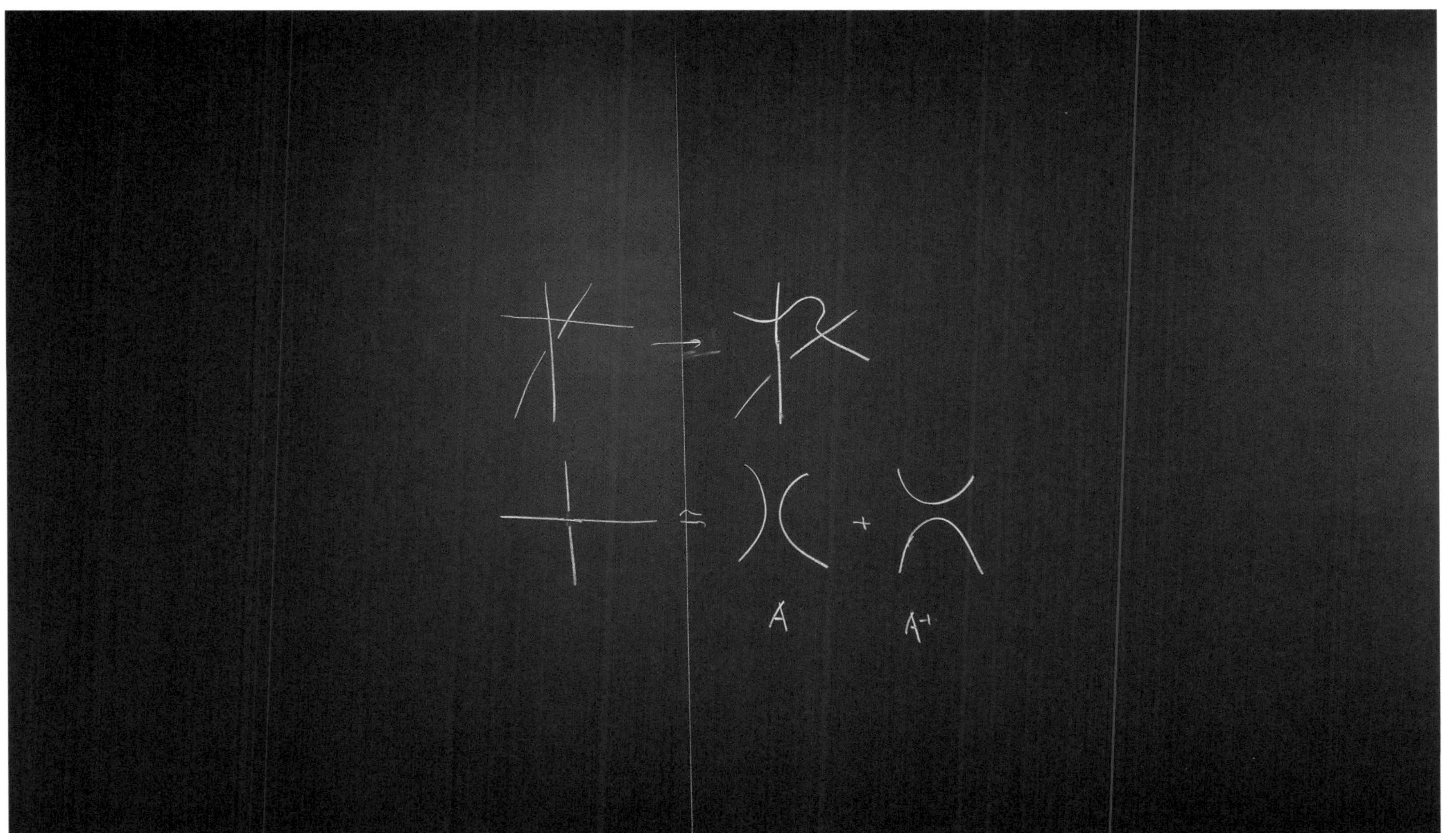
A
A-1

시미온 필립
SIMION FILIP

시카고 대학교 수학과 부교수. 클레이 수학연구소 펠로우십을 받았다(2016~2021년). 2016년에 젊은 수학자를 위한 동역학계상, 2020년에 유럽 수학협회상을 받았다.

내가 칠판만 사용하는 일은 별로 없지만 분명 칠판은 다른 수학자와의 소통에 없어서는 안 되는 도구이다. 다른 사람한테서 배울 때든, 남에게 설명할 때든 나는 다른 어떤 매체보다 칠판을 선호한다.

사진 속 칠판은 집단 간의 상호작용을 보여준다. 이는 서로 다른 대상의 대칭과, 대상이 변화하는 과정을 모두 기술한다. 칠판 속 두 대상은 서로 성격이 다르다. 하나는 무한하지만 명확한 곡면의 대칭성을 기술하고, 다른 하나는 고차원 공간의 연속적인 대칭군이다. 이 두 집단을 연결하는 사상(mapping)은 곡면 기하학을 좀 더 복잡하고 풍부한 고차원 공간 속에 포함시키는 역할을 한다.

칠판은 변화할 준비가 되어 있고 어떤 발상도 기꺼이 전달하는 능동적 공간이다. 글로 적은 텍스트의 제한적 선형 특성에 얽매이지 않고 사용자로 하여금 재료의 자연스러운 공간적 특성에 따라 자유롭게 조직하게 한다. 종이에 쓰는 것과 비교했을 때 칠판은 더 폭넓은 제스처와 더 큰 상징으로 사람들을 초대한다. 이 광범위한 물리적 공간 덕분에 칠판에서의 작업이 심리적 만족감을 준다. 간단한 제스처와 칠판지우개만 있으면 앞에서 말한 생각을 수정하고 실수를 고치고 문제를 진전시킬 수 있다. 칠판에서는 좋은 것은 그냥 두고 아닌 것은 쉽게 버릴 수 있다. 종이 위에 적힌 텍스트와 달리, 칠판의 내용에는 정해진 끝이 없다.

아마도 칠판의 용도 중에서 으뜸은 협업일 것이다. 수학의 도전 과제를 해결하기 위해 합심하는 과정 말이다. 협업 중에 칠판은 각자가 기여하여 논증이 발전할 수 있는 모두의 공간을 제공한다. 가르치고 배우는 과정 역시 칠판과 잘 들어맞는다. 칠판에서 하는 강의는 슬라이드를 보여줄 때보다 더 느리게 진행되므로 청자가 내용을 더 깊이 받아들일 수 있다. 강의의 흐름은 칠판의 표면 위에서 기록되므로 청자는 단기 기억이 확장되는 셈이다. 물론 칠판은 강의자의 실수를 노출할 수도 있다. 하지만 오히려 좋은 일이다. 실수가 발견되면 즉시 수정할 수 있고, 교육적으로도 유익하다. “tabula rasa to tabula inscripta(빈 석판을 채워가는)” 이런 밀물과 썰물 같은 과정이야말로 배움의 본질이 아니겠는가?

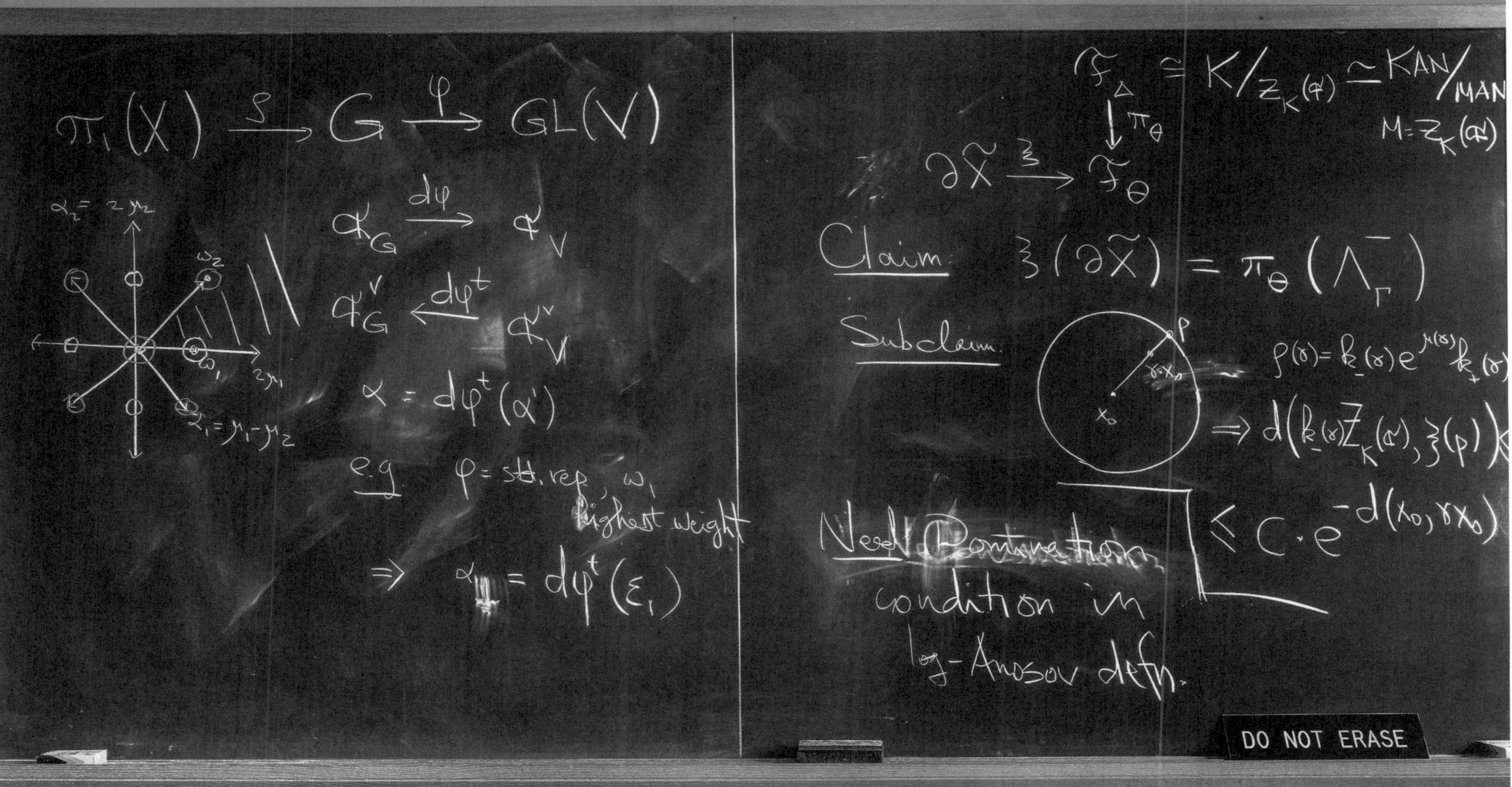

Claim
Subclaim
e.g.
highest weight
condition in
Anosov defn.
DO NOT ERASE

파트리스 르 칼베즈

PATRICE LE CALVEZ

소르본 대학교 교수. 1992년에서 2008년까지 파리 제13대학교의 교수였다. 2018년부터 프랑스 대학 학사원 원로 회원이다. 1995년에 프랑스 국립과학연구원의 샤를 드 프레시네상을 받았고, 2006년에 마드리드에서 열린 세계 수학자 대회에서 초청 강연을 했다.

이 칠판에 그린 곡선은 평면 위상동형사상의 브라우어 선이고, 그림은 이 곡선으로 자연스럽게 정의되는 위상학적 말편자이다. 이런 수학적 대상은 동역학계에서 나타나는 혼돈(chaos)의 가장 큰 특징이며 결정론적 시스템에서 확률적 행동이 나타나는 방식을 보여준다. 칠판에 적힌 내용은 내가 상파울루 대학교 파비오 탈(Fabio Tal)와 함께 진척을 보인 최근 결과의 한 증거로서 곡면 위상동형사상에서 말편자가 존재하기 위한 간단한 기준을 제시한다. 이 기준은 곡면상에 주어진 동역학계가 혼돈임을 보장하는 충분조건이다.

나는 동역학계 중에서도 특히 한 곡면에서 정의된 사상(mapping)의 동역학을 위상학적 관점에서 파헤치는 데 관심이 있다. 그래서 칠판이 내 연구에서 중요한 일부인 건 당연하다. 칠판은 공동 연구자와 이야기할 때는 물론이고 나 혼자서 생각을 정리하는 데도 도움이 된다. 나는 칠판에 공식을 적기보다 주로 그림을 그린다. 사진 속 칠판처럼 색색의 분필로 복잡한 그림을 그릴 때도 있다. 이는 몇 가지 색만 사용할 수 있는 화이트보드로는 불가능하다. 보통은 대강 그리고 지우고 다시 그리고 지우기를 짧은 시간 안에 반복하며 사고를 정리한다. 어떤 문제에 집중할 때는 의자에 앉아 칠판을 바라보곤 한다. 칠판에는 점과 곡선이 난무하는 경우가 대부분이지만 점 하나만 덜렁 찍혀 있을 때도 있다. 그래도 보고 있다 보면 새로운 아이디어가 생각난다. 이상하게도 화이트보드에서는 생각이 잘 떠오르지 않는다.

칠판 오른쪽에 보이는 목발은 칭화대학교에 한 달간 머물렀을 때의 기념품이다. 베이징에 도착하고 며칠 안 되어서 도심을 걷다가 작은 구멍에 발이 걸려 넘어졌다. 살짝 접질린 정도인 줄 알았는데 골절 진단을 받고 내내 목발과 전기 자전거 신세를 져야 했다. 자전거는 베이징에 두었고 목발만 가져왔다. 그리고 이제 내 연구실의 장식품이 되었다.

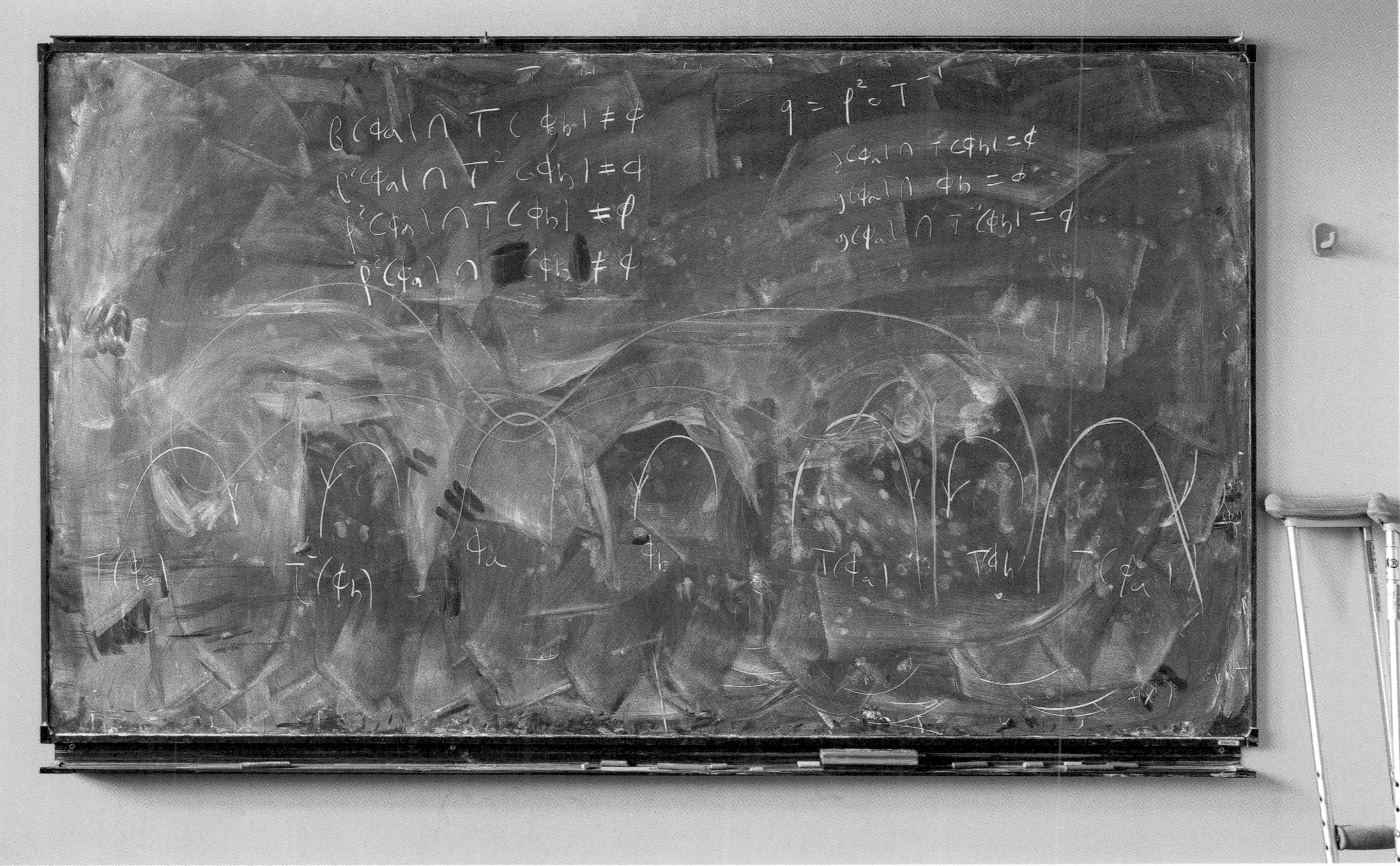

g = f² ∘ T⁻¹
ϕa
ϕb
T(ϕa)
T(ϕb)

존 테릴라
JOHN TERILLA

퀸스 칼리지 수학과 교수. 위상수학, 변형이론, 확률론, 양자 컴퓨터, 기계 학습 분야를 연구한다. 뉴욕 시립대학교 대학원 박사 과정 교수진이다.

수학자이자 내 벗인 야니스 블라소폴로스(Yiannis Vlassopoulos)가 말하길, 언어란 1차원적 그림이라고 하였다. 나는 그 생각이 정말 마음에 들었다. 이 칠판을 찍을 당시 나는 자연어로 쓰여진 수학 구조를 연구하고 있었다.

영어에서 말할 때나 글을 쓸 때 사용하는 문장은, 짧은 구를 조합해 더 긴 표현을 만들 수 있는 성질을 가지고 있다. 이런 성질을 합성성이라고 한다. 또한 언어는 통계적이다. "빨간 소방차"가 "초록 소방차"보다 자주 사용된다는 사실은 "소방차"의 본질을 반영한다. 합성성과 통계성 모두 지극히 수학적인 개념으로, 나는 이런 개념이 결합해 자연어에서 기호와 소리의 나열로부터 의미가 탄생하는 과정을 연구해 왔고, 지금도 연구 중이다.

학부 시절부터 나는 모눈 노트에 샤프심이 가는 샤프로 작게 노트를 적곤 했다. 복잡한 아이디어가 작은 기호, 그리스 문자, 논리 양화사의 선으로 표현된다는 사실이 그렇게 즐거울 수 없었다. 그러다가 대학원에 가서 지도교수인 마이클 슐레진저(Mike Schlessinger)로부터 글씨를 크게 쓰는 법을 배웠다. 강의 시간에 마이크는 거대하고 구불구불한 글씨로 칠판을 채우곤 했다. 사방에 분필 가루가 날렸다. 그는 책상 전체를 커다란 전지로 덮고 그 위에서 아무 데나 썼다. 종이가 다 채워지면 한 장을 뜯어내고, 그 아래 깔려 있는 새로운 빈 종이에 다시 필기를 이어갔다. 나도 비슷한 대형 스케치북을 사서 바닥에 누워 굵은 펜이나 심이 가장 부드럽고 굵은 연필로 가득 채우곤 했다. 또 나는 그림(또는 가환 다이어그램)이 천 마디 말보다 더 많은 것을 전달할 수 있다는 걸 알게 되었다. 작가 테드 창(Ted Chiang)의 《네 인생의 이야기(The Story of Your Life)》(영화 〈컨택트〉의 원작)에 나오는 외계 헵타포드처럼, 스케치북이나 칠판에서 작업하는 수학자들은 1차원적 선으로 쓴 기호의 나열보다 훨씬 소통에 유리한 일종의 2차원적 언어를 사용하는 셈이다.

1차원적인 자연어의 구조를 이해하기 위해 2차원적 수학 언어를 사용한다는 사실은 흥미로운 역설이 아닐 수 없지만, 인간이 만든 구어나 문어는 인간의 뇌, 더 정확히 말하면 상호작용하는 많은 인간의 뇌에서 형성된 더 깊고 높은 차원의 구성물에 대한 1차원 그림자에 가깝다는 측면에서 똑같이 타당하다고 볼 수 있다.

$\mathcal{L} \hookleftarrow$ Free monoid on $\mathcal{A}$

$\pi_n : \mathcal{A}^n \to [0,1]$

$\pi_n \longrightarrow \pi_{n+1}$

or

$\pi : \mathcal{L} \longrightarrow [0,1]$

$\pi_n(\beta|\alpha)\,\pi_k(\gamma|\beta)$

$= \pi_k(\gamma|\alpha)$

$\pi(\beta\beta' \mid \alpha\alpha')$

$\mathcal{D}b = \mathcal{L}$

α, β with

$[0,1]$ closed, monoidal $\mathrm{Mor}(\alpha,\beta)$

$\exists$ Functor $F : \mathcal{L}_{,\pi} \longrightarrow \mathcal{D}$

$\mathcal{C}_{[0,1]}$

$\hom(\alpha,\beta) \in [0,1]$

$\hom(\alpha,\beta) \otimes \hom(\beta,\gamma) \longrightarrow \hom(\alpha,\gamma)$

$+ \, id_\alpha \in \hom(\alpha,\alpha)$

$+$ associativity

$z^x = \begin{cases} \frac{z}{x} & \text{if } z \le x \\ 1 & \text{otherwise} \quad z > x \end{cases}$

$\mathcal{L} \subseteq k \oplus V \oplus V^{\otimes 2} \oplus \cdots \oplus V^{\otimes n}$

$\pi_n(\beta|\alpha)$ $\beta \in \mathcal{A}^n$

$\pi(\beta|\alpha)$

$\pi(\alpha) := \sum$

closed

(co)complete

α = red

β = redhot chilipepper

β' = are not as hot

폴 아피사
PAUL APISA

위스콘신 대학교 매디슨 수학과 조교수. 2018년에 시카고 대학교에서 알렉스 에스킨(Alex Eskin)의 지도로 박사 학위를 받았다. 예일 대학교와 미시간 대학교 조교수였다.

다른 건 몰라도 이 짧은 에세이에서 빌 서스턴(Bill Thurston)의 말을 빌린 다음 구절은 꼭 기억하길 바란다. "수학의 궁극적인 목표는 정리(定理)를 축적하는 것이 아니라 인간의 이해를 키우는 것이다." 이 말이 칠판이나 분필과는 무슨 상관이 있느냐고?

아마도 반대하는 사람이 없을 공리 두 개를 투척해볼까. 첫째, 수학은 복잡하다. 둘째, 인간은 천천히 생각한다. 두 번째 공리를 조금 덜 거창하게 표현해 보자면, "나는 천천히 생각한다." 누구에게나 복잡한 수학을 흡수할 시간이 필요하다. 수학을 전달할 때 내가 가장 바람직하지 않게 보는 것은 텍스트가 전자(電子)의 속도로 정신없이 몰아닥치는 것이다. 기술이 발전하면서 데이터 전송 속도는 빨라졌지만, 인간의 뇌가 정보를 처리하는 속도는 여전히 그대로다. 분필을 사용하는 강연이 가지는 중요한 미덕 중 하나는, 청자의 이해력을 배려하지 않고 화자 혼자 너무 많이 전달하려는 이카로스의 욕망을 억제한다는 것이다.

그러나 아마도 분필의 가장 중요한 장점은 나쁜 그림을 허락한다는 게 아닐까. 수학의 세계는 얼마든지 끝없이 복잡해질 수 있다. 예를 들어 하수구로 소용돌이치면서 내려가는 물을 수학적으로 설명하려면 매초 수없이 충돌하는 셀 수 없이 많은 분자를 기술해야 한다. 그러나 아이들에게 분필 한 자루를 주고 칠판에 하수구로 내려가는 물을 그려보라고 시킨다면 아마 한 점을 향해 내려가는 나선 곡선을 보게 될 것이다. 수많은 입자가 복잡하게 상호작용하는 현상이, 1차원적인 나선 곡선이라는 익숙한 궤적으로 단순화되는 것이다.

내가 분필에 친밀감을 느끼는 이유도 그것이다. 칠판과 분필은 복잡한 시스템에서 가장 핵심적인 특징만 포착한 그림을 그리도록 강요하며, 그것이 정확히 무엇인지 깊이 생각하게 만든다.

이제 사진 속 칠판에 그린 것이 무엇인지 설명할 차례다.

칠판에는 모두에게 익숙한 다각형이 그려져 있다. 그러나 이 다각형은 단순한 도형이 아니다. 내가 이 주제를 연구하게 된 가장 결정적인 계기가 있다면, "리만 곡선상의 정칙 1-형식"이라는 복잡한 수학적 대상이 사실은 다각형으로 해석될 수 있다는 깨달음이었다. 이러한 관점의 이동은 다각형을 직관적으로 이해한 다음에만 물을 수 있는 새로운 수학적 질문을 만들어냈다. "리만 곡선상의 정칙 1-형식"이 다각형이라는 것이 보여지면, 대상의 본질은 변하지 않지만, 관점의 이동만으로 새로운 수학의 세계가 열린다.

칠판의 그림은 이 분야에서 함께 일하는 동료와 이야기를 나누던 중에 그린 것이다. 이 만화 같은 그림은 분필의 물리적 한계가 허용하는 만큼의 속도로만 칠판에 추가되었다. 이것은 분필로 단순한 대상을 천천히 그려서 인간의 이해를 높여나간 대화의 흔적이다.

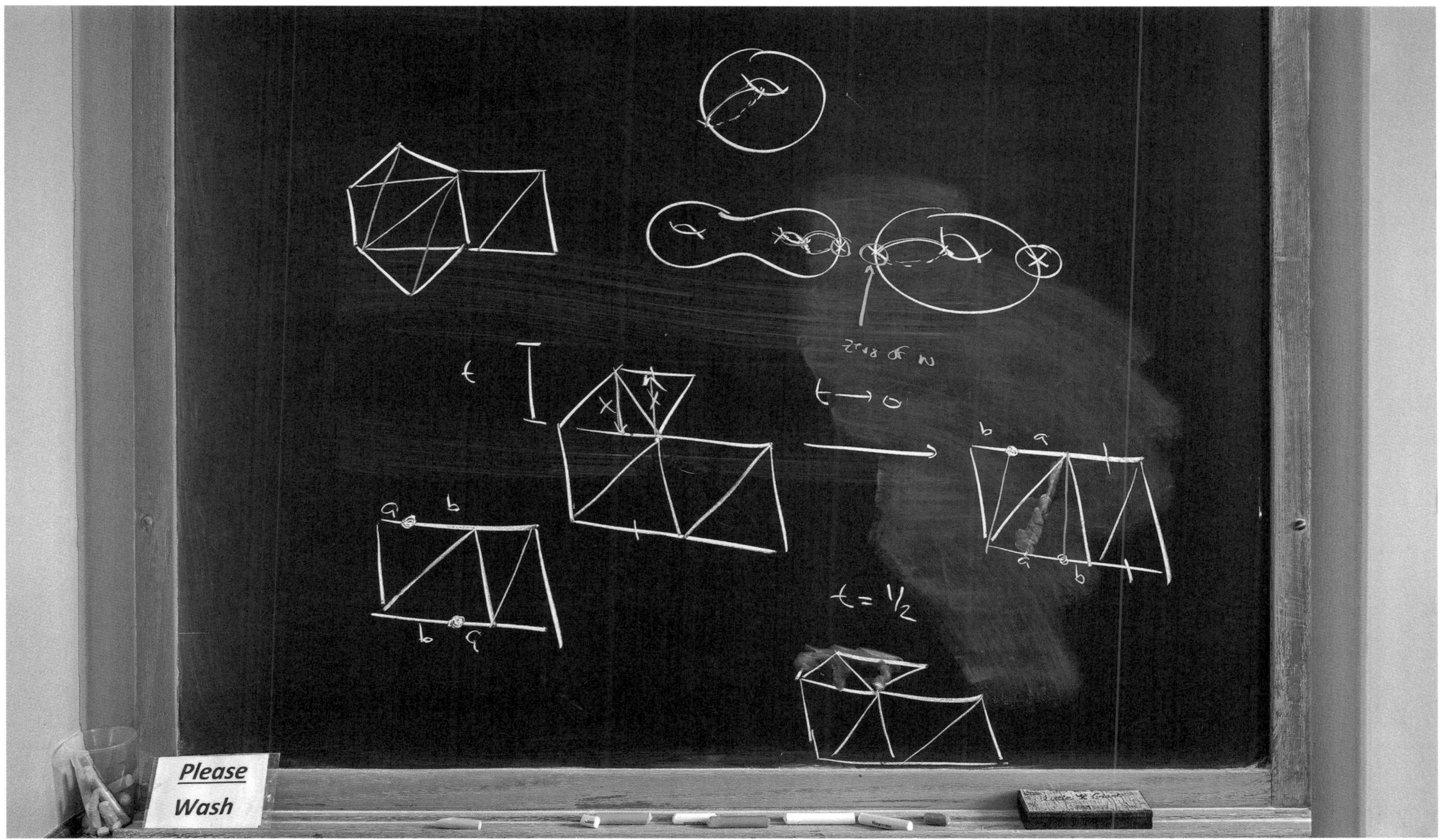

t
$t \to 0$
$t = 1/2$
a b
b a
Please
Wash

로렌조 J. 디아즈
LORENZO J. DIAZ

리우데자네이루의 교황청 가톨릭 대학교 교수. 1990년에 리우데자네이루 순수 및 응용 수학 연구소에서 자코브 팔리스(Jacob Palis)의 지도로 박사 학위를 받았다. 2012년에 브라질 국립과학원 회원, 2018년에 세계과학원 회원으로 선정되었다. 2018년 세계 수학자 대회 초청 연사였다.

나는 원래 수학자가 될 생각이 없었다. 이 진로는 인생이 나 대신 정한 것이다. 수학의 아름다움과 구조에 관심이 있기는 했지만, 세상에는 다른 흥미로운 주제도 많지 않은가. 수학은 그저 때를 맞춰 나타났을 뿐이다. 나는 가끔 식물학이나 물리학, 역사 분야를 연구하는 다른 삶을 상상하곤 한다.

나는 딱히 방식을 정해놓고 연구하지는 않는다. 다른 수학자들과 이야기하는 게 즐겁기에 수학을 사교 활동으로 즐긴다. 자주는 아니어도 가끔 이런 토론이 새로운 질문과 협업으로 이어질 때가 있다. 문제의 해결책은 예상치 못한 순간에 찾아온다. 산책하거나 요리하거나 샤워할 때 갑자기 떠오르기도 한다. 문제를 강박적으로 고민해 보는 것도 방법의 하나다. 반면에 한번은 박사 과정 중에 영 문제가 풀리지 않아 논문 주제를 바꾸려고 지도교수와 상담을 잡았는데, 약속 시간이 늦춰져서 기다리는 동안 불현듯 풀이법이 떠올랐다.

내 연구는 동역학계와 혼돈 동역학의 생성 과정을 위상학적, 기하학적, 확률론적 관점에서 다룬다. 사진 속 칠판에서 나는 혼돈 동역학을 생산하는 두 가지 핵심 메커니즘인 이종 차원 주기와 블렌더, 그리고 동역학에서 내가 가장 좋아하는 주제의 하나인 빗곱을 그렸다. 이 세 가지 개념은 지금까지 내 연구 인생에서 가장 중요했고, 앞으로도 그럴 것이다.

분필과 칠판에 관하여 말하자면, 몇 년 전부터 가끔 분필 가루 알레르기가 도져서 되도록 칠판을 사용하지 않고 있다. 대신 화이트보드의 아름다움을 발견하려고 부단히 애쓰는 중이다.

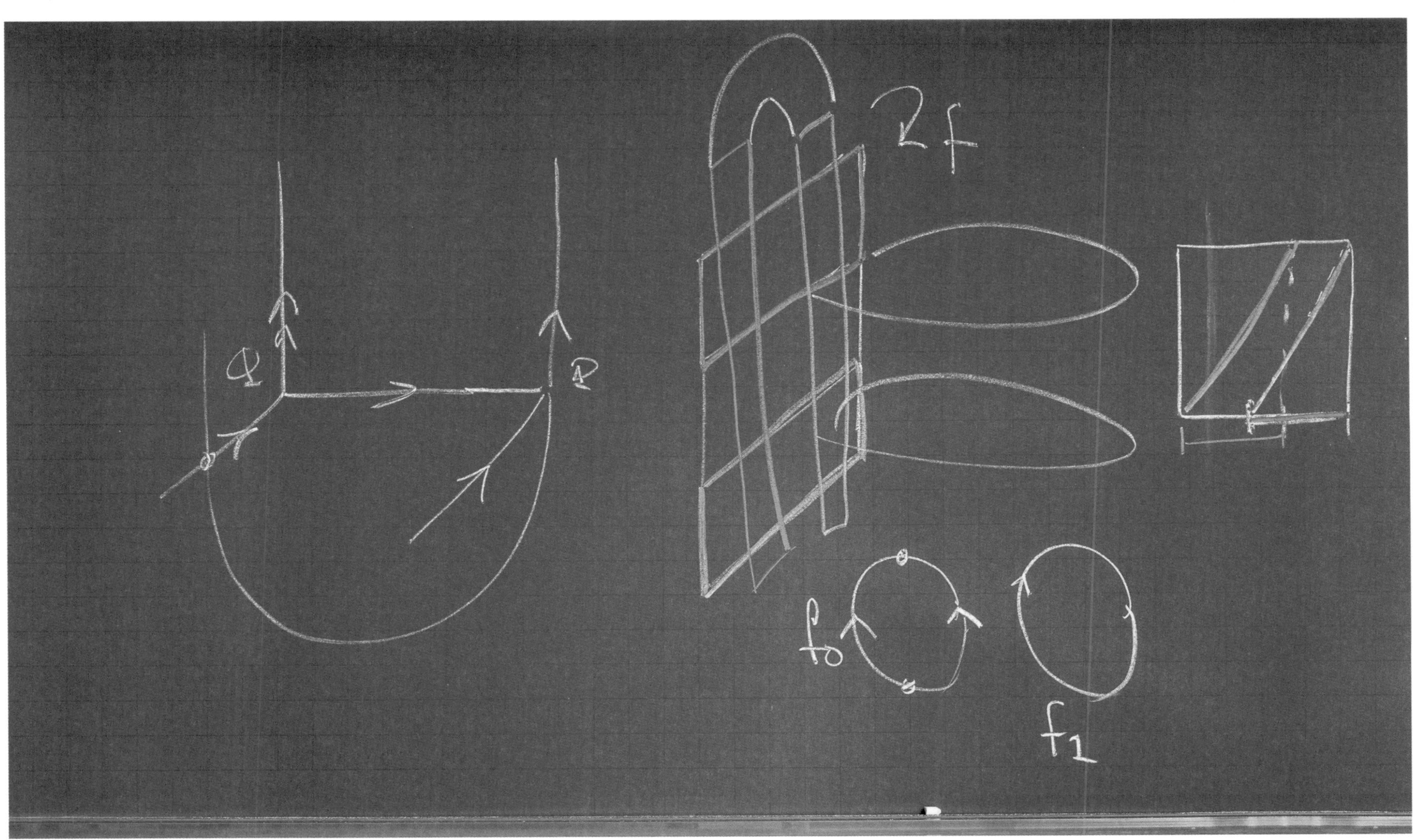
f0
f1

타이-다내 브래들리
TAI-DANAE BRADLEY

뉴욕 시립대학교 대학원 수학과 박사 학위를 받은 수학자. 범주론, 양자물리학, 기계 학습의 교차 지점을 연구한다. 유명 수학 블로그 Math3ma를 운영한다.

내게는 글을 쓰는 과정은 수학자로서 느끼는 가장 큰 스릴 중 하나다. 나는 글을 쓰면서 종종 나 자신이 신중하게 선택한 단어를 매개로 수학의 그림을 그린다고 상상한다. 그래서 당연히 손으로 쓴 수학의 그림도 사랑한다. 그것들은 특히 내가 운영하는 블로그 Math3ma에서 두드러진 역할을 해왔다. 블로그에는 기사의 내용뿐만 아니라 전반적인 웹사이트 디자인에서 내 글씨체가 등장한다. 나는 수학이 이처럼 예술적이고 유기적으로 전달되는 느낌이 너무 좋다.

소녀 시절에는 수학을 인간에게 좌절과 혼동을 주기 위해 만든 수수께끼 상형문자라고만 생각했다. 하지만 난해한 기호를 극복하고 그 이면의 개념적 아이디어를 이해하게 되면서, 이 기호들이 소중하게 여겨지기 시작했다. 이제 수학자로서 나는 머릿속의 아이디어를 손끝으로 전달하여 다른 사람이 단어와 기호를 보고 이해할 수 있도록 생명을 주는 행위가 대단히 특별하다고 믿는다. 그 아이디어를 공유하는 것이 내게는 수학을 연구하는 가장 큰 기쁨의 하나이다. 고급 분필을 손에 들고 딱딱한 칠판 위에서 아이디어가 형체를 갖추어 가는 모습을 보고 있으면 정말 색다른 기분이 든다.

덧붙여, 아이디어가 하나로 합쳐지는 방식은 사진 속 칠판의 수학과 다르지 않다. 칠판에 그려진 그림은 큰 복합 시스템의 상태를 재구성하는 알고리즘을 나타낸다. 여기서 작은 구성 요소들의 상태와 그들 간의 상호작용 정보가 주어지면, 이 정보들을 조합하여 더 크고 복잡한 시스템을 유추할 수 있다. 이는 수학을 배우는 과정과 유사하다. 처음에는 각각의 개념과 작은 정보들을 차곡차곡 쌓아 나가고, 이후에는 이러한 요소들이 조합되면서 더 크고 전체적인 이해의 틀을 형성하게 된다. 사진 속 다이어그램이 단순해 보이는 이유도 같은 맥락이다. 이 다이어그램들은 수학적 개념이 결합되는 단순한 원리를 반영한다. 또한 칠판에 포착된 아이디어 역시 더 큰 수학 이야기의 한 조각일 뿐이다.

카이 응
KA YI NG

컬럼비아 대학교 겸임 조교수. 금융수학 석사 과정을 가르친다. 핀테크 산업에서 22년간 몸담았으며 그중에서도 파생 상품 가격 및 시장 리스크 관리 전문이다. 현재 핀치 리드의 수석 컨설턴트로 있으면서 재무부 및 자본 시장의 금융 기관에 조언한다. 컬럼비아 대학교에서 수학 박사 학위를 받았다.

사진 속 칠판은 기계 학습을 수리금융에 적용하려는 현재의 내 관심을 보여준다. 수십 년간 파생 상품의 가격, 거래 및 위험관리에는 블랙-숄즈 옵션 모형과 그 변형 모델들이 사용되어 왔다. 이 옵션 모형은 델타 헤지 전략을 사용해 기초 시장 가격에 대한 옵션 포지션의 민감도를 줄이거나 제거함으로써 리스크를 신속하고 역동적으로 관리하는 방식을 제공한다. 그러나 수치 방법이나 시뮬레이션이 필요한 복잡한 모형에서는 델타 헤지 전략을 감당할 만큼 계산이 빠르지 못할 때가 있다. 기계 학습과 빅 데이터의 활용이 가능해지면서, 기계가 실시간으로 최적 헤지 전략을 예측하는 날이 오길 바란다.

수학에 대한 관심은 중학교 때 시작되었다. 나는 복잡해 보이는 수식을 기본적인 대수 연산과 인수분해로 간단하게 정돈하여 문제를 풀기 쉽게 만드는 것이 너무 재밌었다. 고등학교에서는 선생님이 수업 시간에 가르쳐주시기 전에 부분적분 공식을 찾아낸 적이 있는데, 그때 나 같은 일개 고등학생도 전문 수학자가 수 세기 전에 발견한 아이디어를 재발견할 수 있다는 것을 깨달았다. 그런 뿌듯한 경험과 소소한 기쁨의 순간이 내가 수학 공부를 계속하게끔 격려했던 것 같다.

수학은 탐구심이 넘치는 사람들이 함께 만들어가는 공동 작업이다. 수학은 사람들이 구조적인 방식으로 아이디어를 소통하는 공통의 언어이며, 많은 다른 학문에서도 문제를 이해하고 푸는 데 꼭 필요한 도구로 기능한다. 수학적 능력이나 수준에 상관없이 누구나 수학을 즐길 수 있고, 수학이 만들어내는 결과에 놀라고 매료될 수 있다. 수학과 떠나는 여행은 개인적인 경험이며 저마다 고유하지만, 수학이 아름답고 중요하다는 깨달음만큼은 모두 공감할 것이다.

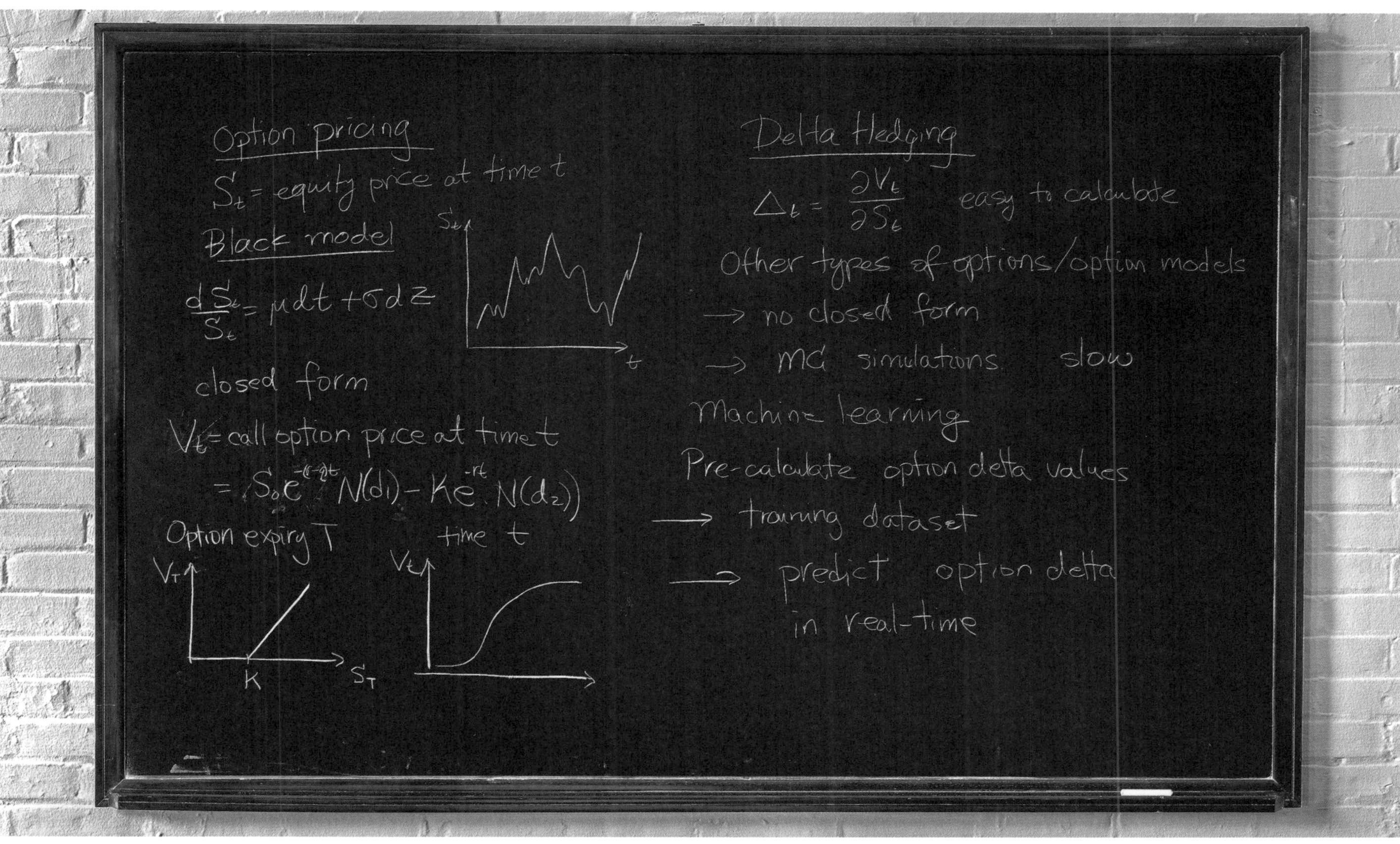

Option pricing
S_t = equity price at time t
Black model
dS_t / S_t = μdt + σdz
closed form
V_t = call option price at time t
= S_0 e^{-(r-q)t} N(d1) - K e^{-rt} N(d2))
Option expiry T
time t
V_T
K
S_T
V_t
S_t
t
Delta Hedging
Δ_t = ∂V_t / ∂S_t
easy to calculate
Other types of options/option models
→ no closed form
→ MC simulations
slow
Machine learning
Pre-calculate option delta values
→ training dataset
→ predict option delta in real-time

두사 맥더프
DUSA McDUFF

컬럼비아 대학교 바너드 칼리지 수학과 헬렌 리틀 키멜 석좌 교수. 런던에서 태어나 에든버러에서 자랐고, 케임브리지 대학교에서 박사 학위를 받았다. 모스크바에서 이즈라엘 M. 겔판트(Israel M. Gelfand)와 연구하고, 그레임 시걸(Graeme Segal)과 위상수학 분야를 연구한 후 1980년대에 심플렉틱 기하학 분야로 옮겨갔다. 요크 대학교, 워릭 대학교, 뉴욕 주립대학교에 재직했었다. 100편 이상의 연구 논문을 냈고, 1998년 세계 수학자 대회에서 기조 연설을 했다. 런던 왕립학회 펠로우, 미국 국립과학원 회원이고 2018년에 왕립학회 실베스터 메달을 받았다.

나는 40년 가까이 심플렉틱 기하학을 연구했다. 심플렉틱 구조는 유클리드 기하학에서처럼 길이와 각도를 재는 대신, 2차원 곡면의 면적을 측정한다. 다소 낯선 이 측정이 움직이는 입자의 위치와 속도 좌표 사이의 얽힘과 같은 가장 기본적인 물리 현상을 포착하는 방법이었음이 밝혀졌다. 19세기 중반에 탄생한 이후로 심플렉틱 기하학은 물리학의 개념과 발달, 그리고 가장 최근에는 거울 대칭 현상까지 물리학과 밀접하게 연관되었다.

나는 물리학과의 연관성은 무시하고, 어디까지나 수학적 관점에서 심플렉틱 기하학을 연구한다. 내가 주로 다루는 문제는 이런 구조를 보존하는 기하학적 변환이 어떻게 작용하는지 이해하는 것이다. 예를 들어 고차원 공간에서 모든 심플렉틱 측정이 보존될 때, 공과 같은 단순한 기하 도형이 어떻게 움직일 수 있는지 연구한다.

그와 관련해 대단히 흥미롭다고 밝혀진 한 문제에서는 4차원 타원을 언제 4차원 공 안에 넣을 수 있는지를 연구한다. 그런 타원은 표준적인 2차원 타원의 4차원적 유사체로 그 모양은 (2차원인) 두 축의 면적의 비율에 따라 결정된다. 이 모양을 고정하려면 공의 반지름은 얼마가 되어야 하는가? 놀랍게도 그 답은 모양 매개변수의 수치적 특성에 따라 미묘하게 달라지는 것으로 드러났다. 또한 이 문제에는 유효 차원을 절반으로 나누도록 활용할 수 있는 숨겨진 대칭이 있는 것으로 밝혀졌다. 따라서 4차원이 2차원이 되고, 내 칠판에서 예시된 것 같은 다이어그램을 그려서 훨씬 적절한 정보를 얻을 수 있다. 이런 관점에서 4차원 타원은 빗변이 있는 2차원 직각삼각형에 대응한다. 그렇다면 타원을 공 안에 넣지 못하게 가로막는 장애물은 이 삼각형이 더 작은 일련의 “표준” 삼각형으로 절단되는 방식에 따라 결정된다.

때로는 문제의 형태가 아주 모호해서 포착하고 정의하고 분석할 수 있는 특징을 발견하기까지 오랫동안 머릿속에서 굴려야 한다. 한번은 버클리 거리를 걸으면서 공동 연구자의 이메일을 생각하던 중, 우리가 연구하던 공이 사실상 얇은 막으로 연결된 두 부분으로 나뉘어 있을 수 있으며, 이것을 비틀고 조작하면 원하는 곳에 넣을 수 있겠다는 생각이 갑자기 떠올랐다.

어떤 프로젝트는 8차원으로 시작해 4차원에서 상상해야 하는 대상이 주제였는데 그 기하 구조를 생각할 방식을 알아내는 데만 1년이 넘게 걸렸다. 이번에도 돌파구는 공동 연구자와 이야기하던 중에 찾게 되었다. 그는 우리가 명명하고 이해하려는 구조적 특징에 단서를 주는 핵심적인 예를 발견했다.

나는 이런 기하학의 문제를 머릿속이나 종이 위에서 주로 작업한다. 그러나 가르칠 때는 칠판이 필수적인데, 논증을 설명할 때 칠판에 한 단계 한 단계 써나가면서 시각적으로 보여줄 수 있기 때문이다. 쓰고 그리는 물리적, 시각적 과정은 사고의 과정을 좀 더 구체적이고, (바라건대) 좀 더 직관적으로 접근할 수 있게 한다.

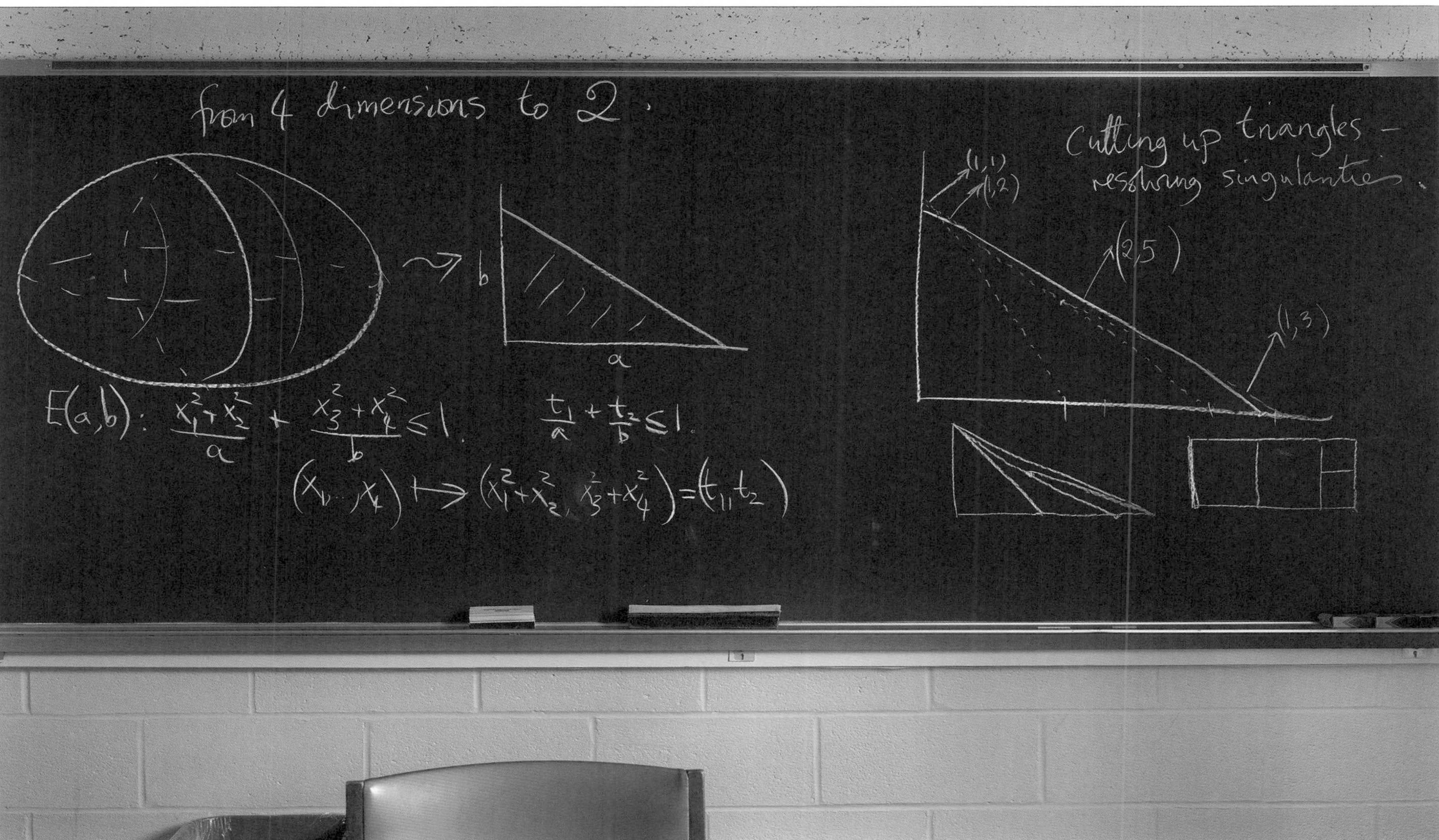

from 4 dimensions to 2.
Cutting up triangles – resolving singularities.
(1,1)
(1,2)
(2,5)
(1,3)
b
a
$E(a,b): \frac{x_1^2+x_2^2}{a} + \frac{x_3^2+x_4^2}{b} \leq 1.$
$\frac{t_1}{a} + \frac{t_2}{b} \leq 1.$
$(x_1, \ldots, x_4) \longmapsto (x_1^2+x_2^2, x_3^2+x_4^2) = (t_1, t_2)$

니콜라스 G. 블라미스
NICHOLAS G. VLAMIS

뉴욕 시립대학교 퀸스 칼리지 조교수. 1986년 펜실베이니아 스트라우즈버그에서 태어났다. 2015년에 보스턴 대학에서 박사 학위를 받았다. 미시간 대학교에서 펠로우십을 마친 후 2018년에 뉴욕 시립대학교에 임용되었다. 주요 연구 분야는 위상수학, 기하학, 기하군론이다.

수학은 오랜 역사와 전통을 지닌 학문이며, 전 세계적인 연구자들의 헌신적인 지원을 받아 발전해 왔다. 현대 사회에서 공동체의 형태가 빠르게 변화하는 가운데, 수학은 마치 대가족과 같은 유대감을 형성하는 학문 공동체를 유지하고 있다. 우리는 교육, 연구 지도, 학과 회의, 세미나, 학술 대회 등 다양한 활동을 공유하는 학문적 전통이 있으며, 이를 통해 여러 나라와 세대의 연구자들이 자연스럽게 연결된다.

예를 들어, 학기 중에 거의 매주 열리는 학과 세미나에는 외부 연구자를 초빙해 흥미로운 최신 수학 아이디어를 공유한다. 그러면서 나는 동료는 물론이고 처음 만나는 사람들과도 식사하는데, 이들은 1940년생부터 2000년생까지 여러 세대를 아우른다. 하지만 대화는 연구, 여행, 대중문화, 정치까지 다양한 주제를 넘나들며 자연스럽고 자유롭게 흘러간다. 물론 수학과 수학자에 관한 전설과 소문도 중요한 이야깃거리다.

사진 속 칠판에는 내가 강연에서 자주 쓰는 내용을 담았다. 나는 그림을 통해 내가 연구하는 수학적 대상인 "곡면(surface)"에 대해 이야기한다. 곡면이라는 단어는 수학과 영어에서 직관적으로 동일한 의미로 사용된다. 대표적인 예로는 2차원 구의 표면(공의 표면)과, 토러스(원환면)라고 불리는 도넛 형태의 표면이 있다. 토러스는 가운데 뚫린 구멍 때문에 종수(genus)가 1이라고 하고, 2차원 구는 구멍이 없기 때문에 종수가 0이라고 한다. 최근에 나는 사진 속 칠판에 그려진 것과 같은 "큰" 곡면의 대칭을 연구하는 데 집중하고 있다. 그중 대표적인 예가 "네스호의 괴물 곡면"이다. 위상학적으로 동등한 방식으로 그렸을 때, 네스호에서 헤엄치는 괴물 네시의 이미지와 유사하기 때문에 이런 별명이 붙었다. 두 곡면이 (위상학적으로) 언제 동치인지 말할 수 있는 것은 "곡면의 분류"라는 아름다운 정리 덕분이다.

칠판은 수학자들이 학문적 전통을 이어가고 교류하는 중심 공간이다. 일대일 토론이든, 세미나든, 우리는 칠판을 통해 아이디어를 나누고 소통한다. 내가 성인이 되어 알게 된 가장 가까운 친구들은 모두 칠판 앞에서 공동 연구를 하며 수학 퍼즐을 함께 풀던 사람들이었다. 함께 고민하고 문제를 해결하다보면 우정이 쌓이지 않을 수 없다. 이는 내 인생에서 가장 큰 기쁨 중 하나다.

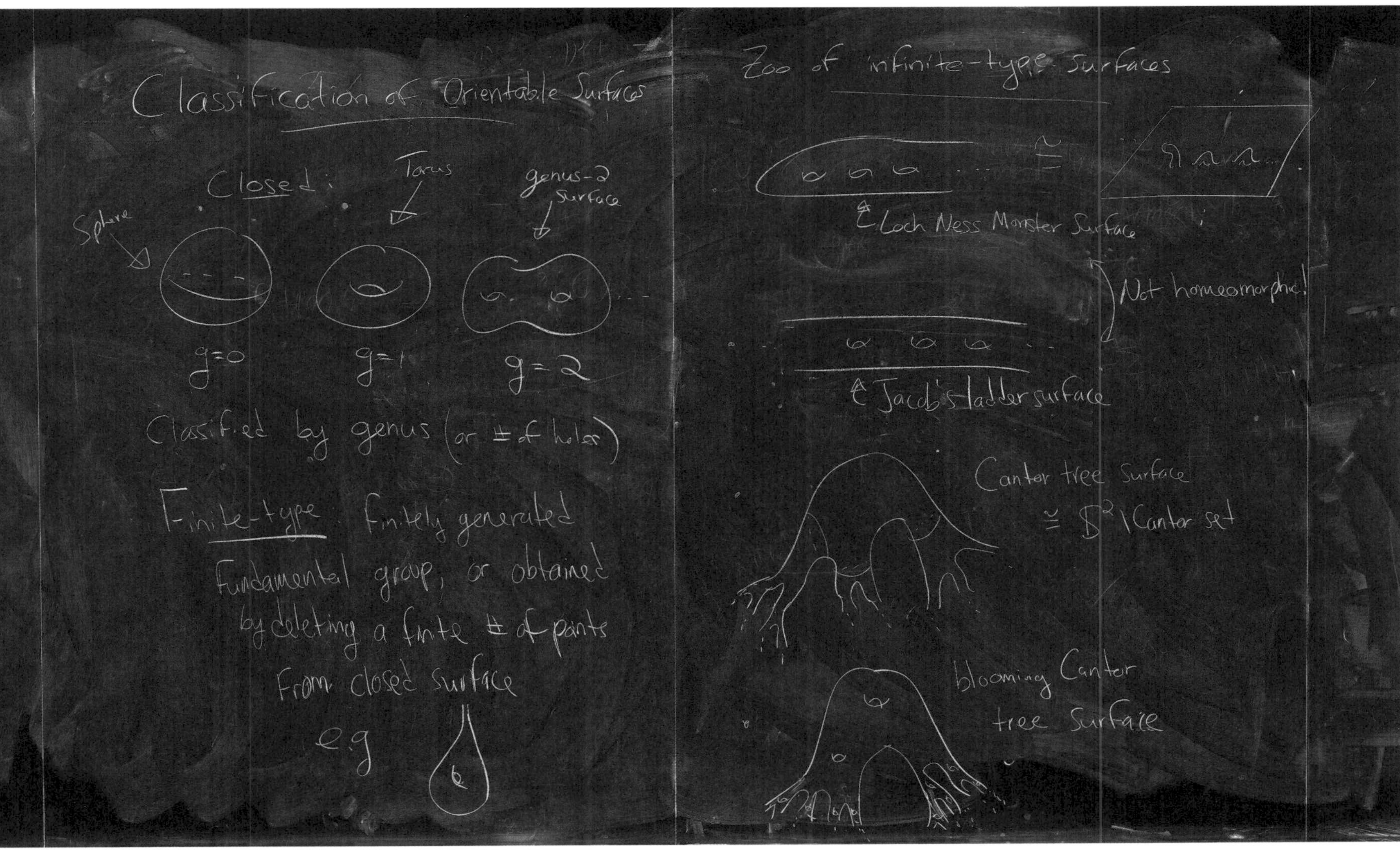
Classification of Orientable Surfaces
Closed:
Sphere
Torus
genus-2 surface
g=0
g=1
g=2
Classified by genus (or # of holes)
Finite-type: finitely generated fundamental group, or obtained by deleting a finite # of points from closed surface
e.g.
Zoo of infinite-type surfaces
≅
Loch Ness Monster Surface
Not homeomorphic!
Jacob's ladder surface
Cantor tree surface
≅ S^2 \ Cantor set
blooming Cantor tree surface

재러드 원쉬
JARED WUNSCH

노스웨스턴 대학교 수학과 교수. 1998년에 하버드 대학교에서 리처드 멜로즈(Richard Melrose)의 지도로 박사 학위를 받았다. 컬럼비아 대학교에서 미국 국립과학재단 박사 후 펠로우십을 받았고, 뉴욕 주립대학교 수학과 조교수였다가 2002년에 노스웨스턴 대학교에 임용되어 현재까지 수학과 교수로 재직 중이며 2012년부터 2015년에는 학과장을 역임했다. 미국 수리과학연구소, 낭트 대학교, 앙리 푸앵카레 연구소, 오스트레일리아 국립대학교에서 방문 교수로 있었다. 미국 수학회 펠로우이다.

사진 속 칠판은 “특이점의 전파”를 증명한 것이다. 특이점의 전파는 위상공간에서 파동 에너지가 이동하는 방식을 설명하는 수학 원리로, 마치 파동이 입자인 것처럼 시간에 따라 위치와 운동량이 변화는 과정을 지배한다. 이 논증은 물리학에서 “대응 원리”라고 불리는 개념의 수학적 표현으로, 양자 세계를 고전 역학의 세계와 연결한다. 실제로 양자 이론만이 아니라 수학과 물리학에서 파동을 기술하는 모든 종류의 방정식에도 적용된다.

구체적인 예로, 크기가 무한히 큰 당구대를 상상해 보자. 이 당구대에는 하나 이상의 범퍼가 설치되어 있다. 만약 대부분의 경우 당구공이 몇 개의 범퍼에 부딪힌 후 무한히 멀리 사라진다면, 그 안에서 전파되는 파동 또한 빠르게 흩어져 결국 아무것도 남지 않게 된다. 반면, 공이 범퍼 사이에 갇히도록 칠 경우, 파동도 오랫동안 잔류할 수 있다. 하지만 당구공이 두 범퍼 사이에서 영원히 갇혀 있을 수 있는 것과 달리, 파동은 결국 사라진다. 내 연구는 이러한 당구공의 운동과 파동의 움직임 사이에서 발생하는 미묘한 상호작용, 그리고 전자가 후자를 완전히 설명할 수 있는지 혹은 그렇지 않은지에 초점을 맞춘다.

칠판 속 논증은 내 박사 과정 지도교수인 리처드 멜로즈에게서 배운 것으로, 원래는 자르스 회르만데르(Lars Hörmander)가 처음 증명한 것이다. 또한 내가 학생들에게 가장 먼저 가르치는 도구 중 하나이기도 하다. 이 논증은 기하학과 해석학(미적분학)의 조화로운 결합을 보여주며, 칠판에서도 그림과 부등식이 함께 등장한다.

나는 공동 연구자 및 학생들과 칠판을 통해 교류한다. 두 사람이 나란히 서서 분필을 들고 머리를 긁적이며 아이디어를 주고받는 과정은 연구에서 가장 즐거운 순간 중 하나다. 나는 하고로모 분필을 사용하는데, 고급 분필이 주는 촉각적 쾌감이 연구의 몰입감을 더욱 높여준다.

칠판 위의 말풍선은 내 지도로 학부 논문을 쓴 데이비드 밀러(David Miller)가 준 선물이다. 칠판 앞에 서서 내게 자신이 알아낸 것을 설명하면서 느꼈던 혼돈을 표현했다고 한다. 그런 혼돈은 수학을 연구하는 사람이라면 누구나 기꺼이 감내해야 하는 부분이다.

캘빈 윌리엄슨
CALVIN WILLIAMSON

뉴욕 주립 패션 공과대학교(FIT) 과학 • 수학과 교수. 미시간 대학교에서 수학 박사 학위를 받았고 수학, 통계학, 프로그래밍, 색상 과학을 가르친다. 로스앤젤레스의 리듬 앤 휴즈 스튜디오 등 특수효과 전문 기업에서 컴퓨터 그래픽과 영화 제작 소프트웨어 전문 소프트웨어 엔지니어로 일한다.

사진 속 작은 도표는 반사나 회전 같은 대칭이 어떻게 결합되는지를 보여준다. 대칭을 곱하거나 결합한다는 개념을 처음 접했을 때, 나는 엄청난 흥분을 느꼈다. 돌이켜보면, 그것이야말로 나를 수학이라는 학문으로 이끈 결정적인 요소였던 것 같다. 학부 시절 나는 기숙사 방에 칠판을 놓고 반사, 회전, 미끄럼 변환을 반복해서 그렸다. 칠판 앞에서는 수학적 개념을 한눈에 조망할 수 있어 더 깊이 사고할 수 있었다. 두 개의 반사가 결합하여 회전이 될 수 있다는 사실이 지금도 놀랍다.

수학은 대부분 서로 다른 대상을 결합하는 방식을 찾는 과정이다. 가장 간단한 예가 수를 곱하거나 더하는 방식이다. 사진 속 칠판에는 특정한 경계 패턴에서 대칭이 결합할 때 나타나는 흥미로운 관계를 보여준다. 예를 들어 알파벳 "b"처럼 단순한 형태에 대칭을 적용해보자. 처음에는 수평 반사, 그다음에 수직 반사를 하면 결국 180도 회전한 것과 같아진다. 즉, 이 두 반사를 결합, 또는 곱하면 회전이 된다고 표현할 수 있다. 실제로 대칭의 결합 방식은 우리가 그 대칭을 이용해 어떤 패턴을 구성할 수 있는지를 결정하는 중요한 요소이다.

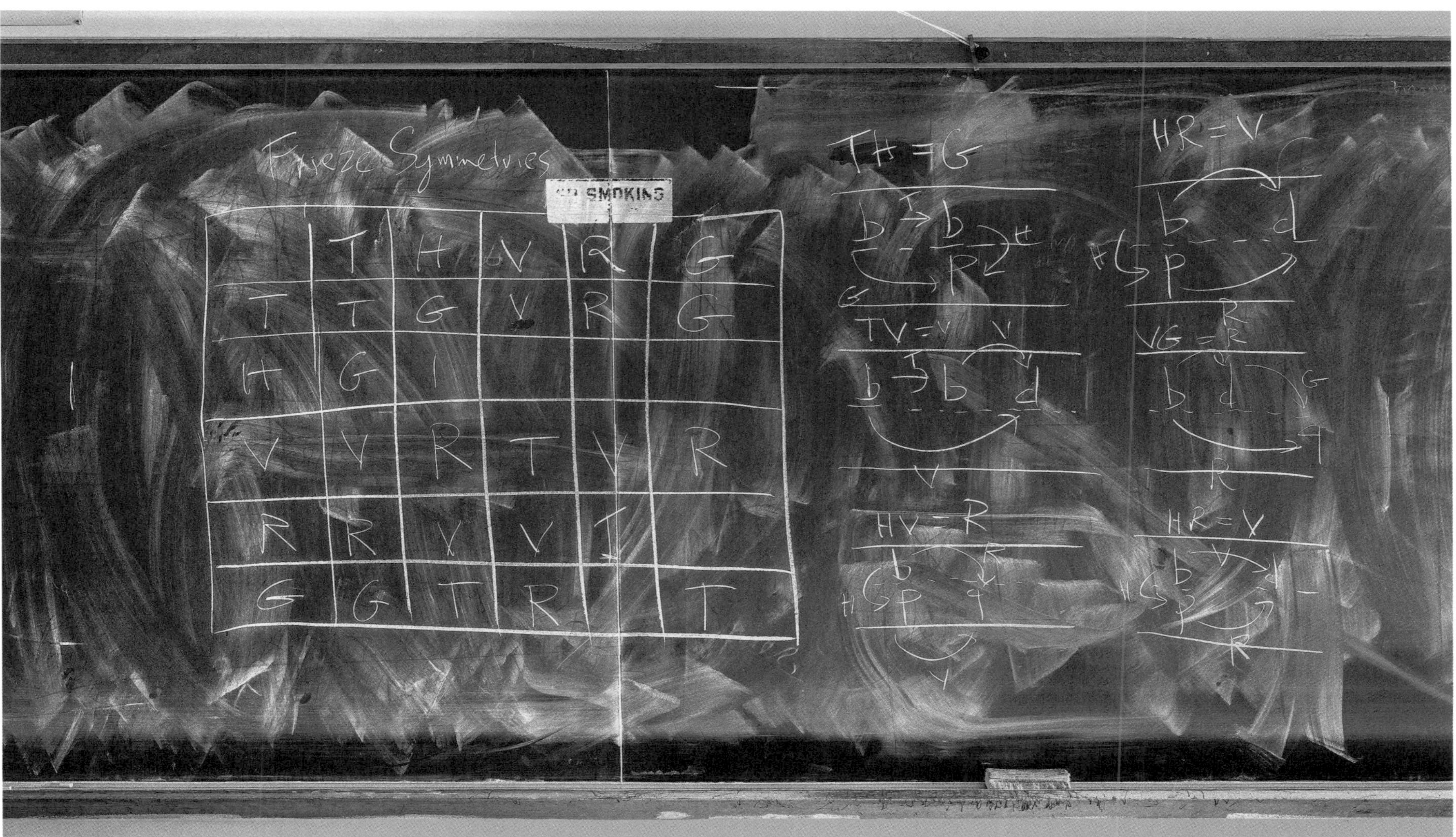
Frieze Symmetries
SMOKING
TH = G
HR = V
TV = V
VG = R
HV = R
HR = V

마르셀로 비아나
MARCELO VIANA

리우데자네이루 순수 및 응용 수학 연구소 연구원이자 연구소장. 매년 1800만 명의 학생들이 참가하는 브라질 수학 올림피아드 행사를 총괄한다. 브라질 수학회 회장과 국제 수학 연맹 부회장을 역임했다. 세계 수학자 대회에서 두 차례 초청 강연을 했고, 그중에서 두 번째는 기조 강연이었다. 프랑스 학술원 루이 D. 재단 과학상을 포함한 다수의 상을 받았고, 다양한 국가의 국립과학원 회원이다. 브라질 전국 수학 축제 같은 다양한 사업을 통해 수학의 대중화를 적극적으로 이끌고 있다. 브라질에서 가장 저명한 신문인 폴랴지상파울루에 매주 수학과 과학 칼럼을 연재한다.

열다섯 살 때 어머니가 앞으로 커서 뭘 하고 싶냐고 물으셨다. 나는 주저하지 않고 "수학과 교수가 되고 싶어요"라고 대답했다. 어린 나이에 진로를 구체적으로 생각한 것이 기특하셨는지, 어머니는 흐뭇해하셨다. 당연한 얘기지만 당시 내가 뭘 제대로 알고 한 말은 아니었다. "수학과 교수"란 어린 내가 짐작했던 것보다 훨씬 다차원적 직업이었으니까. 물론 후회하지 않는다. 눈곱만큼도.

내가 수학을 연구하는 과정은 쓰기와 다시 쓰기의 연속이다. 내가 쓴 것을 쳐다보고 그걸 수정하며 발전시키는 것이 사고 과정에 정말로 큰 도움이 된다. 내 연구에 칠판의 역할이 큰 것도 그래서이다. 칠판에서는 완전히 새로 시작하는 것도, 일부는 지우고 일부는 남기는 것도, 다양한 수준의 정밀도로 글과 그림을 결합하는 것도 모두 쉽다. 게다가 (나는 이 점이 수학자들에게 정말로 중요하다고 보는데) 칠판에서 작업을 하면 자연스럽게 상호 교류가 가능하다. 칠판은 특히 새로운 아이디어를 발전시키는 단계에서 다른 이들과의 공동 작업을 활발히 진행할 수 있는 최적의 도구이다.

나는 동역학계를 연구한다. 기하학과 위상수학을 포함해 여러 분야의 개념을 결합하는 이 학문에서는 칠판의 모든 속성이 특별히 유용하게 쓰인다.

대학원생 시절, 머리가 복잡해지는 문제와 씨름하던 때가 있었다. 아마 분필을 수 톤은 썼을 것이다. 그러던 어느 날, 텔레비전을 보고 있는데 갑자기 어떤 이미지가 떠올랐고, 그 그림 속에 해답이 있다는 확신이 들었다. 이후 며칠간 칠판에 그 그림을 계속해서 그려보며 고민한 끝에 마침내 답을 찾았다.

사진 속 칠판에 적힌 것은 서로 다른 날, 학생들과 나눈 두 번의 대화가 담겨 있다. 첫 번째 대화는 어느 1차원 모형에서 "혼돈" 행동에 관한 것이었고, 두 번째 대화에서 계속 앞의 대화를 지워가며 설명했던 기억이 난다. 두 번째 대화는 선형 쌍대순환에 관한 것이었다. 사실 선형 쌍대순환은 20년 넘게 나를 사로잡고 있는 주제다. 하지만 두 문제 모두 아직까지도 뚜렷한 진전을 이루지 못했다.

수학자로 살아온 내 인생에서 가장 행복했던 순간 대부분, 그리고 가장 안 행복했던 순간의 거의 전부가 칠판 앞에서 분필 가루를 손가락에 잔뜩 묻힌 채로 이루어졌다고 해도 과언이 아니다.

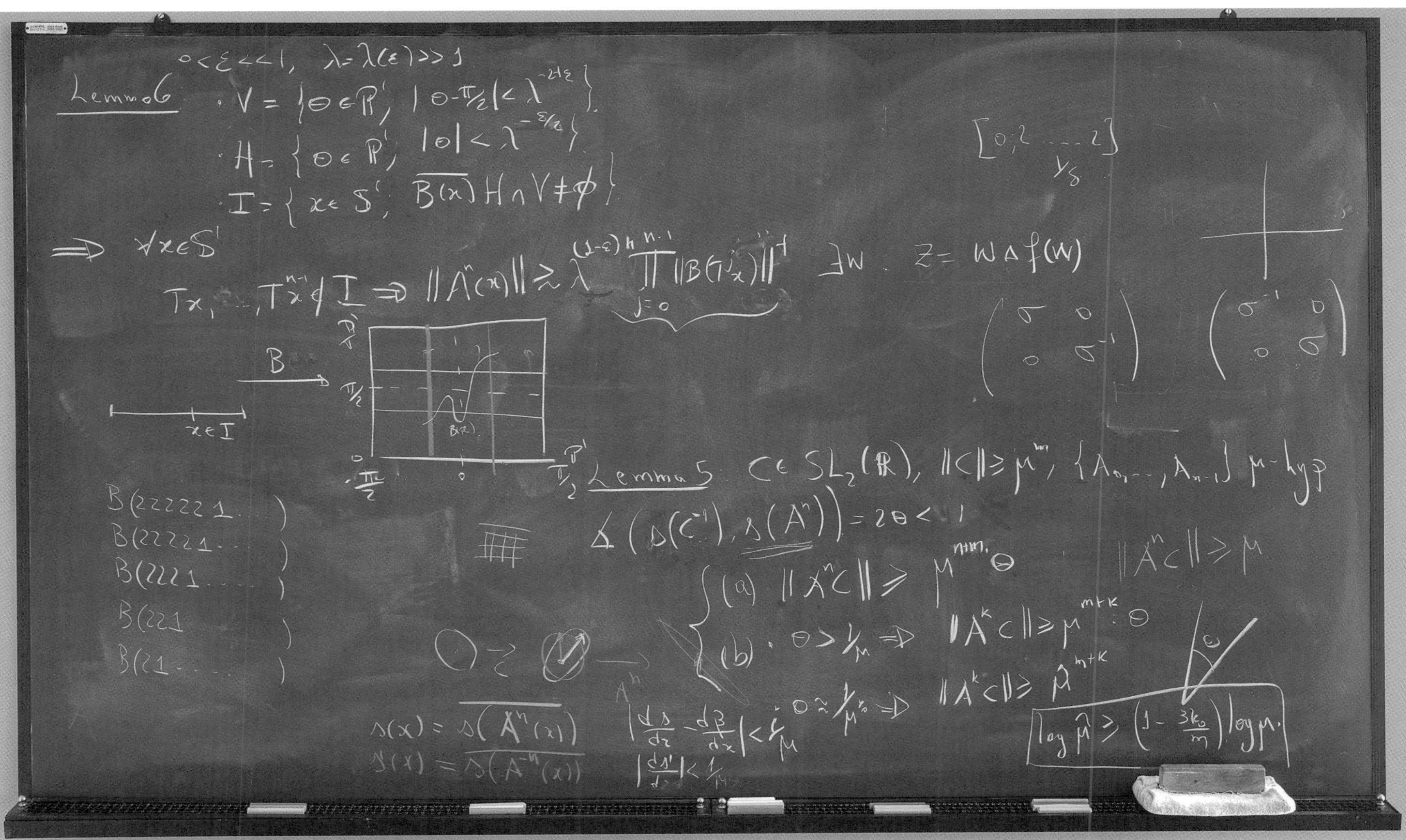

0<ε<<1, λ=λ(ε)>>1
Lemma 6
V = {θ∈P¹, |θ-π/2|<λ^-2+ε}
H = {θ∈P¹, |θ|<λ^-ε/2}
I = {x∈S¹, B(x)H∩V≠φ}
∀x∈S¹
B
x∈I
Lemma 5
C∈SL₂(R)
B(222221 ...)
B(22221 ...)
B(2221 ...)
B(221)
B(21 ...)
(a)
(b)
log μ̂ ≥ (1 - 3k₀/m) log μ
∃W Z= W∆f(W)

이브 앙드레
YVES ANDRÉ

프랑스 국립과학연구원 소속
수학자이자 책임 연구원.
산술기하학과 대수기하학을
연구한다.

어려서 쥘 베른의 소설을 읽으면서 탐험가가 되고 싶었다. 모험을 떠나 자유를 만끽하며, 도전하고, 예상치 못한 사건과 경이로운 순간을 맞닥뜨리고 싶었다. 하지만 곧 소설 속 주인공 같은 탐험가는 더 이상 존재하지 않는다는 사실을 깨달았다. 다행히도 수학을 공부하면 현대판 탐험가가 될 수 있다는 걸 알게 되었고, 그래서 나는 수학자가 되었다.

사진 속 칠판은 3년간의 격렬했던 모험의 흔적이다. 처음 접한 순간부터 나를 불타오르게 한 50년 역사의 고전적인 문제이자 전혀 예상치 못한 수학의 다른 구역을 오랫동안 돌아 돌아 해결된, 경이로운 퍼펙토이드다.

Suite "lem Cohen-Macaulay"

$S = S_0, \ldots, S_n$

$H_i(S_n) \quad i>0$

petit asymptotiquement quand $n \to \infty$.

(par rapport à $H_0(S_n)$).

car p. $S_0, S_1 = S^{1/p}, \ldots$ ok ✓

car. mixte ?

S

g discriminant

R rég $= W(k)[[t]]$ $\qquad R_\infty := W(k)(\zeta_{p^\infty})[[t^{1/p^\infty}]]$

R_∞ : p-complétion de $R_\infty[g^{1/p^\infty}]$ $\qquad S_\infty = \text{i.c}(R_\infty, S \otimes R_\infty[\frac{1}{pg}])$

action de Galois $G = \mathbb{Z}_p^h \rtimes \mathbb{Z}_p^r \curvearrowright S_\infty$

$S_\infty^{G_n} =: S_n$??

G_n indice fini

린다 킨
LINDA KEEN

뉴욕 시립대학교 리먼 칼리지와 대학원 명예교수. 뉴욕시에서 태어나서 자랐고 뉴욕 주립대학교에서 박사 학위를 받았다. 뉴욕 시립대학교 리먼 칼리지와 대학원에서 50년 넘게 가르쳤다. 캘리포니아 대학교 버클리, 컬럼비아 대학교, 프린스턴 대학교 등에서 방문 교수를 거쳤고, 유럽, 아시아, 남아메리카에서 순회 강연을 했다. 여성 수학협회 회장과 미국 수학회 부회장을 역임했으며 미국 수학회 전자저널 〈공형기하학과 동역학(Conformal Geometry and Dynamics)〉 창립 편집자이다. 여성 수학협회와 미국 수학회 창립 회원이다.

나는 고등학교 2학년 때 훌륭한 수학 선생님 두 분을 만났다. 두 분은 여학생었던 나에게 무척이나 큰 격려를 해주셨다. 1950년대 미국에서는 무척이나 드문 일이었다. 당시 나는 수학자가 "어떤 일을 하는 사람인지는" 몰랐지만, 대학에서 수학을 전공을 했고, 성적도 좋아서 자연스럽게 대학원에 진학하라는 권유를 받았다. 그 시절 과학 분야에서 여성에게는 수많은 장벽이 존재했다. 많은 대학이 여학생을 아예 거부하거나 소수만 받았다. 여성을 고용하는 직장은 많지 않았으며 설령 일할 기회가 주어져도, 임신하면 직장을 잃는 경우가 흔했다. 또 가족 채용 금지 교칙 때문에 부부가 같은 직장에서 일할 수 없었다. 그렇게 어려움이 많던 시절이었다. 하지만 소련의 스푸트니크호 발사는 과학 교육에 대한 국가적 관심을 불러일으켰고, 과학자들을 위한 일자리와 지원이 크게 늘어났다. 덕분에 소수의 여성 졸업자들도 일자리를 얻을 수 있었다. 나는 운 좋게도 대학원 시절 여러 교수님, 특히 지도교수의 적극적인 지원을 받아 수학자로서의 길을 계속 걸어갈 수 있었고 그렇게 평생 전반적으로 만족스러운 연구 인생을 이어올 수 있었다.

나는 늘 수학, 특히 대수보다는 기하에 끌렸고, "리만 곡면 이론"으로 연구를 시작했다. 특정 곡면의 기하학적 구조를 이해하고 분류하는 연구이다. 예를 들어 베이글은 아주 둥글 수도, 아주 길고 가늘 수도 있다. 우리는 너비와 길이의 비율로 그 모양을 수학적으로 설명할 수 있다. 나는 내 연구 인생의 절반 동안 이런 문제들을 다루었다.

그러다가 어느 시점부터 내가 아는 개념들이 동역학계의 특정 영역에 적용되기 시작했다. 동역학계라는 분야는, 공간을 그 자신에 대응시키는 함수와, 그 함수를 반복 적용했을 때 공간의 점들이 어떻게 변하는지를 연구하는 분야이다.

동역학계에는 두 가지 중요한 질문이 있다. 첫째, 어떤 함수가 반복될 때, 근처에 있던 점들이 계속 가까이 머무는가, 아니면 서로 다른 방향으로 흩어지는 "혼돈 상태의 집합"이 존재하는가? 둘째, 함수에 변수를 추가해 변형하면 어떤 일이 벌어지는가? 일반적으로 매개변수 공간에서는 "동역학"이 서로 다른 성질을 지닌 무한히 많은 영역으로 나뉜다. 특히, 어떤 동역학계에서는 특정 함수의 혼돈 상태 집합의 구조가 매개변수 집합의 구조에 반영되는 놀라운 관계를 보인다. 나는 복소변수 함수 중 특정 함수족에서 이러한 동역학과 매개변수의 이중성에 관심이 있다. 예를 들어, 차수가 고정된 다항식이나 지수선형함수의 몫집합과 같은 함수족이 이에 해당한다.

사진 속 칠판에는 두 개의 평면이 나타나 있다. 하나는 함수가 정의되는 공간이고, 다른 하나는 매개변수 공간이다. 오른쪽에는 지수함수의 몫집합 내에서 특정 함수의 동적 공간이 있다. 노란 곡선은 함수가 반복될 때 점이 "얼마나 빨리" 특정한 점으로 수렴하는지를 측정한다. 왼쪽은 매개변수 공간을 나타내며, 흰색 곡선은 서로 다른 동역학적 성질을 갖는 영역들의 경계를 나타낸다.

이 그림을 분석하고 설명하는 게 현재 동료 타오 첸(Tao Chen), 윤핑 지앙(Yunping Jiang)와 함께 작업 중인 연구의 일부이다. 사실 나는 대부분의 연구를 공동으로 수행해왔다. 그리고 공동 연구에서 가장 큰 기쁨 중 하나는 칠판 주위에 모여서 함께 아이디어를 설명하고 시도해보며 탐구하는 과정 그 자체이다.

Parameter Space
$f_\lambda = \dfrac{\lambda(e^{2\lambda}-1)}{e^{2\lambda} - \frac{\lambda}{\mu}}$
Model Space

피터 존스
PETER JONES

예일 대학교 교수. 1978년에 UCLA에서 존 B. 가넷 (John B. Garnett)의 지도로 박사 학위를 받았다. 프랙탈 기하학과 조화해석학을 연구한다. 미국 예술과학아카데미, 미국 국립과학원, 스웨덴 왕립 과학원 회원이다. 1981년에 살렘상을 받았다.

나는 해석학자로, 여러 단계의 추정 과정을 거쳐 값이나 성질을 근사적으로 구하는 방법을 연구한다. 이러한 추정 과정은 보통 여러 다양한 크기의 구조(즉, 여러 축척에서 나타나는 기하학적 특징)와 연관이 있으며, 한 문제에서 나타나는 여러 요소들이 서로 영향을 주고받는다. 내 연구는 대부분 확률론과 직접적인 관련이 없지만, 내가 하는 증명에서 논증은 거의 언제나 확률론에서 자연스럽게 발생한 구조를 사용한다. 그 문제들을 풀려면 종종 많은 상자가 포함된 복잡한 그림을 그리고, 거기에서 발생하는 상호작용을 추정해야 한다. 내 칠판과 노트가 그림으로 도배된 이유도 그것이다.

처음에는 보통 서로 연관된 상자들로 단순한 그림을 그린다. 그런 다음, 이 상자들 간의 다양한 상호작용들을 통제할 방법이 있는지 찾는다. 이 과정에서 상당한 시간이 걸릴 때도 있다. 이 시점이 되면, 나는 더 이상 펜과 종이, 분필과 칠판으로 작업하지 않는다. 대신 다양한 크기와 색깔의 상자들로 이루어진 정신적 이미지를 떠올린다. 이 이미지가 제대로 형성되면, 나는 특정한 상자 위에 있는 "그림" 속에서 다른 상자들이 미치는 영향을 추정할 수 있게 된다. 그때부터 나는 그 이미지를 하루 종일, 밤낮으로 생각한다. 그 상자들의 크기와 색깔이 적절한가? 제자리에 놓여 있는가? 이 방법을 다른 수학자들에게 잘 설명할 수 있을까? 다행히 내 칠판은 이런 접근법을 묵묵히 받아주며, 많은 그림이 몇 년이나 칠판에 그대로 머물기도 한다. 현재 내 칠판에 있는 그림은 실제로 나를 35년이나 괴롭혔던 한 문제의 해결로 이어졌다. 하지만 나는 아직도 아무것도 지우지 않았다. 여전히 더 연구할 부분이 많기 때문이다.

칠판에 공간이 많은 것은 참으로 다행이다. 내 칠판 공간의 절반은 누구도, 심지어 나 조차도 건드리면 안 되는 영역이다. 하지만 나머지 절반은 학생이나 연구자들과 토론할 때 사용한다.

N.B. is symmetric
open
B(0, 1)
unit Ball
closed
in l1
Show If X is not complete
cont and
Look at
Closed subspace of compact is compact
nth place
Martingales
Open Cover
open
smooth
"Smooth"
has log growth
"Fan"

마리오 봉크
MARIO BONK

UCLA 수학과 교수. 1988년에 독일 브라운슈바이크 공과대학교에서 박사 학위를 받았다. 음으로 구부러진 공간의 기하학, 기하군론, 유리 사상의 동역학, 거리 공간에 관한 해석학을 연구한다. 2010년에 UCLA에 임용되어 현재 수학과 학과장을 맡고 있다.

칠판(최근에는 화이트보드)은 수학자로서 내 연구에 절대적인 필수품이다. 나는 칠판으로 가르치는 전통적인 방식이 컴퓨터 기술을 활용한 현대식보다 뛰어나다고 믿는다. 물론 정교한 그래픽이나 동영상을 보여줄 때는 기술이 유용하지만 나는 대체로 칠판을 선호한다.

많은 동료가 화이트보드보다 칠판을 선호한다. 화이트보드에 쓰는 마커는 금방 닳아 글씨가 흐려지고, 그럴 때마다 부아가 난다. 게다가 마커는 분필보다 글씨가 가늘게 써지기 때문에 대형 강의실에서는 학생들이 화이트보드에 쓴 글씨를 보기 어렵다. 흔히 불평이 제기되는 문제이다.

칠판에 쓰는 행위 자체가 듣는 사람으로 하여금 화자의 복잡한 사고 과정을 비슷한 속도로 따라오게 배려한다. 칠판을 잘 사용하는 기술은 일반적으로 수학자에게 중요한 자질이다. 수학 논증에서 핵심적인 그림이나 공식을 칠판에 판서하는 것은 복잡한 아이디어를 교환할 때 아주 큰 도움이 된다. 공동 연구자와 함께 칠판 앞에 서서 열띤 논의를 나눈 다음, 뒤로 물러서서 칠판 가득 채워진 수식과 그림을 보고 경외감을 느낀 적도 한두 번이 아니다. 그 결과물은 수학적 가치를 떠나 하나의 예술 작품처럼 보이기까지 한다.

사진 속 칠판의 그림은 “서스턴 사상”이라는 기하학적 구성의 두 가지 예시이다. 이 사상은 복소동역학이라는 수학 분야에서 등장한다.

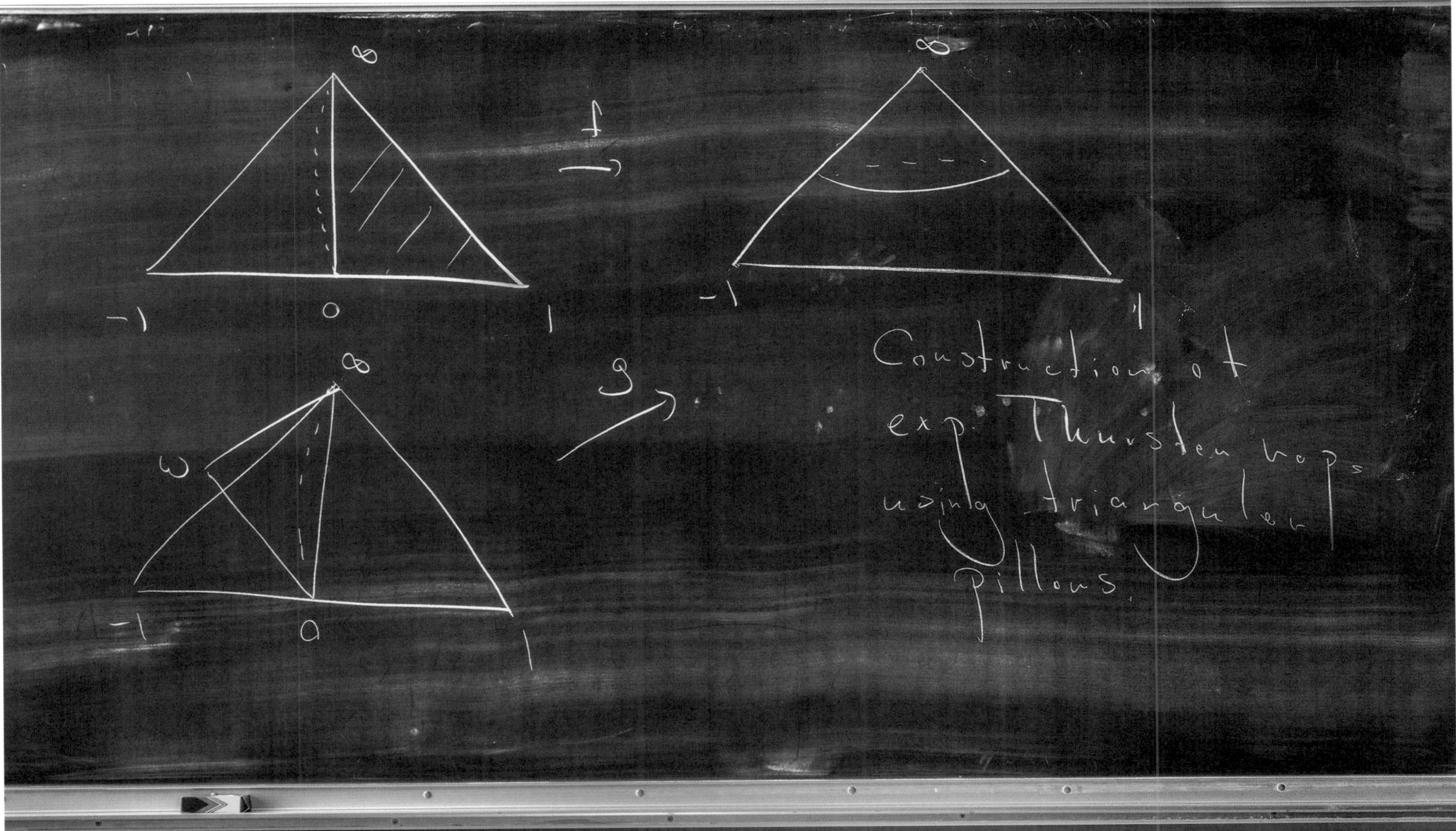
∞
f
−1
0
1
∞
−1
1
∞
g
ω
−1
0
1
Construction of
exp. Thurston maps
using triangular
pillows.

장 피에르 부르기뇽
JEAN-PIERRE BOURGUIGNON

미분기하학과 이론물리학의 수학을 연구하는 수학자. 프랑스 국립과학연구원 펠로우로 44년째 재직 중이다. 1974년에 파리 제7대학교에서 박사 학위를 받았고, 프랑스 고등과학연구소 연구소장(1994~2013년)을 역임했다. 모교인 에콜 폴리테크니크(1966년)에서 가르쳤다(1986~2012년).

칠판에는 수학자들의 특별한 동반자가 될 수밖에 없는 여러 장점이 있다. 칠판 위에서 아이디어를 테스트할 수 있고, 그 위에 글씨를 쓸 수 있으며, 도형과 다이어그램을 그리고, 계산을 하고, 틀린 것을 쉽게 고칠 수 있다(분필이 중요한 이유임). 그리고 몸을 잠깐만 움직이면 방금 쓴 내용에서 한 발짝 떨어져서 볼 수 있는데 책상 앞에 앉아서는 할 수 없는 일이다. 이 마지막 항목이 특히 중요한데, 예를 들어 계산 과정에서 국소적인 흐름에 집중하다 보면 전체적인 관점을 잃기 쉽다. 이런 상황에서 통제력을 회복하는 것이 모두가 바라는 돌파구에 이르는 핵심이 될 수 있다.

또 칠판은 대형 강의에서든 소규모 연구 협업에서든 다른 사람이 쓴 것을 공유하는 훌륭한 장비다. 칠판 위에 쓰는 동작은 비교적 천천히 진행되므로 자연히 청중에게 발표 내용을 이해할 시간을 주게 된다. 실제로도 아주 뛰어난 소수가 아니면 설명을 받아들이고 이해하는 데는 시간이 걸린다. 상대가 쓴 것을 눈으로 읽고 귀로 말을 듣는 것만으로는 충분하지 않다. 제 것으로 만들려면 입력된 것을 다른 사실이나 아이디어와 연결하여 직접 큰 그림에 꿰맞춰야 한다.

칠판을 사용하는 행위에는 본질적으로 예술적 요소가 깃들어 있다. 어디서부터 쓰기 시작하고, 어떤 크기의 글자와 어떤 그림을 그릴지 결정하는 것까지 과정 자체가 일종의 안무 같다. 물론 각 안무는 내용 전체를 표현하는 데 필요한 공간에 따라, 청중의 크기에 따라 달라진다. 실력 있는 교사라면 마치 예술가가 한 폭의 그림을 구성하듯 칠판의 짜임새를 결정한다. 그런 다음 마지막에 결과물을 사진으로 찍고, 전달할 메시지를 완벽하게 요약된 형태로 남긴다. 이게 진정한 예술이 아니면 무엇인가.

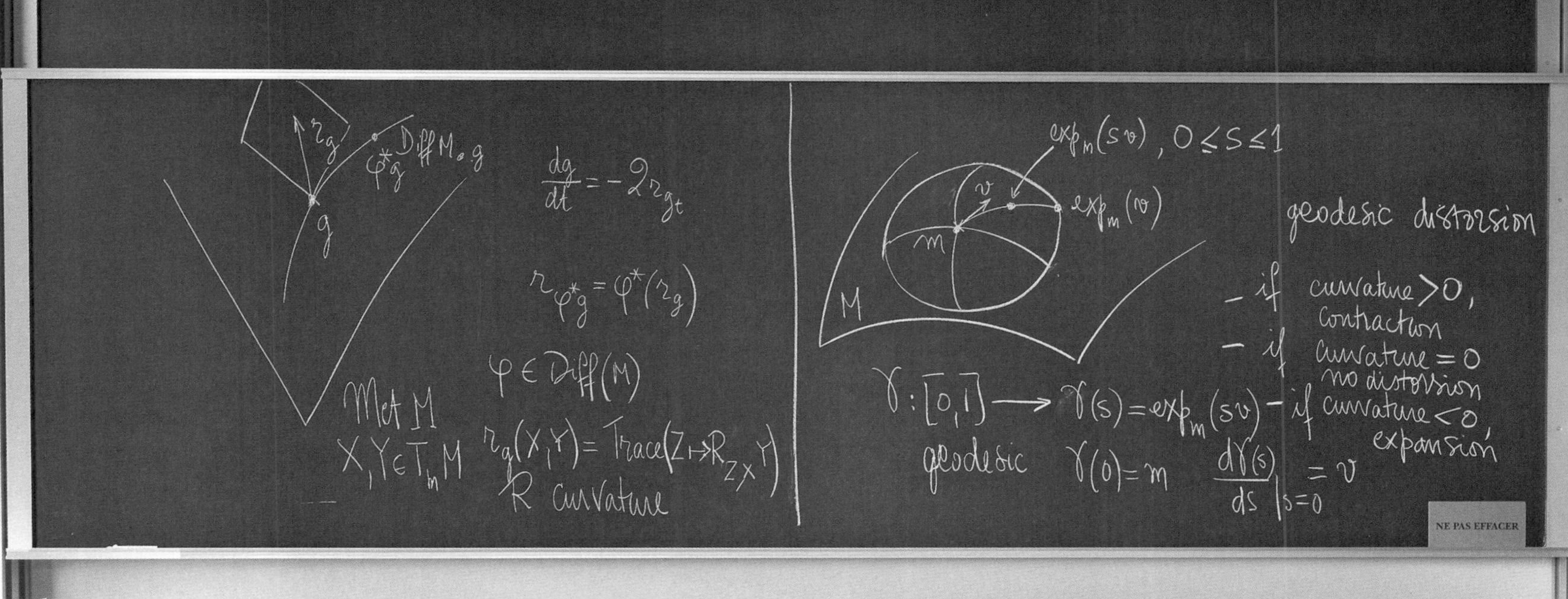
r_g
φ_g^* Diff $M \cdot g$
g
$\frac{dg}{dt} = -2r_{g_t}$
$r_{\varphi^* g} = \varphi^*(r_g)$
$\varphi \in \mathrm{Diff}(M)$
Met M
$X, Y \in T_m M$ $r_g(X,Y) = \mathrm{Trace}(Z \mapsto R_{Z,X} Y)$
R curvature
$\exp_m(sv)$, $0 \leq s \leq 1$
v
$\exp_m(v)$
m
M
geodesic distorsion
– if curvature > 0, contraction
– if curvature = 0 no distorsion
– if curvature < 0, expansion
$\gamma : [0,1] \longrightarrow \gamma(s) = \exp_m(sv)$
geodesic $\gamma(0) = m$ $\left.\frac{d\gamma(s)}{ds}\right|_{s=0} = v$
NE PAS EFFACER

크리스티나 소르마니
CHRISTINA SORMANI

뉴욕 시립대학교 교수. 2015년에 "리치 곡률 연구를 포함한 기하학의 발전에 공헌하고, 소외집단의 젊은 수학자들을 지도한 공로"로 미국 수학회 펠로우에 선정되었다.

고등학교 때부터 기하학과 물리학을 좋아했다. 학부 때 중력에 관한 강의에서 처음으로 리치 곡률을 접했다. 시공간이 중력에 의해 휜다는 발상이 신기했고, 그 곡률 공식이 리치 곡률 텐서로 간단히 표현된다는 점이 특히 흥미로웠다. 박사 과정에서는 밀너 추측을 배웠는데, 이는 무한히 확장되는 비옹골 다양체에서 리치 곡률이 양수라면 오직 유한개의 구멍만 존재한다는 내용이다. 나는 수업 시간에 훗날 내 박사 과정 지도를 맡게 될 교수님이 그 추측을 칠판에 쓰는 것을 보면서 저렇게 간단하고 아름답게 설명될 수 있는 수학에도 여전히 풀리지 않은 난제가 있다는 사실에 놀랐던 기억이 있다.

5년 뒤 나는 양의 리치 곡률을 가진 공간의 모든 구멍은 아주 클 수밖에 없고, 그래서 빛이 통과해 빠져나갈 틈이 거의 없다는 것을 알아냈다. 그래서 어떻게 하면 이 사실을 적용해 추측을 증명할 수 있을지 알아내려고 수없이 그림을 그렸다. 그리고 마침내 이 추측에서 부피가 오직 선형적으로만 증가한다고 가정하는 특별한 경우를 해결했다. 풀이의 핵심은 추가적으로 고려해야 할 두 번째 그림이 존재한다는 점을 깨닫는 것이었다.

내 정리는 사진 속 칠판에 핵심 그림과 함께 정리되어 있다. 나는 슬라이딩 칠판까지 갖춰진 근사한 학회 장소에서 처음으로 전 증명 과정을 발표했다. 칠판 한 개가 다른 칠판 뒤에 숨어 있었고, 모든 단계가 완전히 이해될 때까지 새로운 다이어그램과 공식이 차례로 드러나도록 구성되어 있었다.

Theorem: If M^m is a complete noncompact manifold with

$$\text{Ricci} \geq 0$$

Average curvature is positive

p

r

and

$$\limsup_{r \to \infty} \frac{\text{Vol}(B_p(r))}{r} < \infty$$

then $\pi_1(M^m)$ is finitely generated.

finitely many holes

This is a partial solution to the Milnor Conjecture!

Proof idea:

M^m

γ_1

γ_2

p

γ_i are generators of π_1 based at p of length L_i

γ_i

$\gamma_i\left(\frac{L_i}{2}\right)$ ← Is a uniform cut point

↖ all geodesics entering this ball are cut

This leads to a contradiction due to the lack of volume

JB.

피터 쇼어
PETER SHOR

MIT 수학과 모르스 교수. 1959년 뉴욕시에서 태어났다. 1998년에 네반리나상을 수상했다. 미국 국립과학원과 미국 공학한림원 회원이다.

내 연구 결과 중에서 가장 잘 알려진 “쇼어 알고리즘”은 양자 컴퓨터를 이용하는 소인수분해 알고리즘이다. 양자역학을 기본으로 운영되는 양자컴퓨터는 어떤 의미에서 진정한 물리학 실험이다. 지금까지 개발된 양자컴퓨터는 너무 작고 오류가 많아 실용성이 부족하지만, 점차 나아지고 있다. 쇼어 알고리즘을 증명하기 1년 전, 우메쉬 바지라니(Umesh Vazirani)의 강연을 들으면서 양자 컴퓨터라면 실용적인 문제를 좀 더 빨리 해결할 수 있지 않을까 하는 생각이 들었다(당시 나는 디지털 컴퓨터 알고리즘이라는, 상대적으로 덜 낯선 영역을 탐구하고 있었다).

이 연구에 결정적인 실마리를 준 것은 댄 사이먼(Dan Simon)의 양자 알고리즘 논문이었다. 그의 알고리즘에서는 이진 문자열에 대한 양자 푸리에 변환이 핵심 단계로 사용되었는데, 나는 다른 종류의 푸리에 변환을 적용하면 소인수분해와 이산로그 계산 같은 중요한 정수론 문제를 해결하는 데 유용할 것이라고 생각했다. 나는 이 변환을 적용하는 방법을 알아냈고, 이를 통해 문제를 해결할 알고리즘을 개발할 수 있었다. 이 알고리즘의 존재는, 충분히 크고 신뢰할 만한 양자 컴퓨터가 개발될 경우, 현재 인터넷에서 데이터를 보호하는 암호 체계를 깰 수 있다는 뜻이기도 하다.

나는 혼자서 연구할 때는 주로 종이에 작업하고, 다른 사람과 협업할 때만 칠판을 사용한다. 사진 속 칠판은 공동 연구자 중 한 사람이 제기한 문제와 그걸 해결하기 위한 몇 가지 아이디어를 적은 것이다.

처음에는 내가 양자 컴퓨터를 이용한 소인수분해를 연구한다고 누구한테도 말하지 않았다. 성공 가능성이 희박하다고 생각했기 때문이다. 앤드루 와일스(Andrew Wiles)가 페르마의 마지막 정리에 대해 그렇게 했던 것처럼 다른 수학자들도 남들에게 말하지 않고 유명한 문제를 홀로 골몰하고 있을 것이다. 이게 좋은 문화인지는 모르겠다. 리만 가설의 비밀을 풀고 있는 모든 수학자들이 노트를 공유하며 함께 머리를 맞댄다면, 금세 해결할 수 있을 것 같은데 말이다.

그리고리 마르굴리스
GRIGORY MARGULIS

예일 대학교 수학과 에라스투스 L. 드 포리스트 석좌교수. 1970년에 모스크바 국립 대학교에서 박사 학위를 받았다. 1978년에 필즈상, 2005년에 울프 수학상, 2020년에 아벨상을 수상하여 세 가지 상을 모두 받은 다섯 번째 수학자가 되었다.

나는 1946년에 모스크바에서 태어났다. 어렸을 때부터 나는 수학자가 될 운명이라고 생각했다. 아버지는 수학자였고 수학 교육에 관심이 많으셨다. 7학년 때 수학 동아리에 들어갔는데 모스크바 대학교 학생들이 운영하는 일종의 수학 클럽이었다. 수학 올림피아드에 참가해 수상하면서 상품으로 받은 수학책들은 꽤 난이도가 높았는데, 그 시절 소비에트에서는 이런 책들이 매우 저렴했다.

1962년에 모스크바 주립대학교에 입학했다. 그 대학은 학부로 나누어져 있었는데 나는 기계학 및 수학학부 소속 수학과 학생이었다. 당시에는 세미나가 어마어마하게 많이 열렸는데 나는 꽤, 아니 아주 많은 세미나에 참석했다. 모스크바 주립대학교에서는 학부생이 자기 연구를 하는 것이 특별한 게 아니었다. 나는 학부 3학년 때 예브게니 딘킨(Eugene Dynkin) 지도로 첫 논문인 “멱영군에서 양의 조화함수”를 썼다. 3학년 말에는 야코프 시나이(Yakov Sinai)가 지도교수였는데, 수학자로 가는 길에 그가 미친 영향은 다 헤아릴 수도 없다.

1991년에 예일 대학교 교수로 부임하면서 내 수학 인생과 비수학 인생이 모두 전환기를 맞이했다. 연구 방식도 바뀌었다. 모스크바에 있을 때는 모든 논문을 혼자 썼지만, 예일에 온 이후 최근 30년 동안 발표한 논문들은 거의 모두 공동 연구로 진행되었다.

사진 속 칠판의 왼쪽은 내 학생이었던 토마스 힐(Thomas Hille)이 그린 것이다. 이 공식은 정수점에서 이차형식 값의 분포에 관해 프리드리히 괴체(Friedrich Goetze)와 함께 작업한 공동 연구와 관련되었다. 나는 이 부분을 몇 년째 지우지 않고 두고 있다. 워낙 공식이 복잡하기도 하거니와 매번 그 계산을 다시 쓰기가 번거롭기 때문이다. 최근에 괴체의 제자인 폴 부터러스(Paul Buterus), 괴체, 힐, 그리고 내가 이 논문의 내용을 상당히 개선하여 학술지에 투고했다.

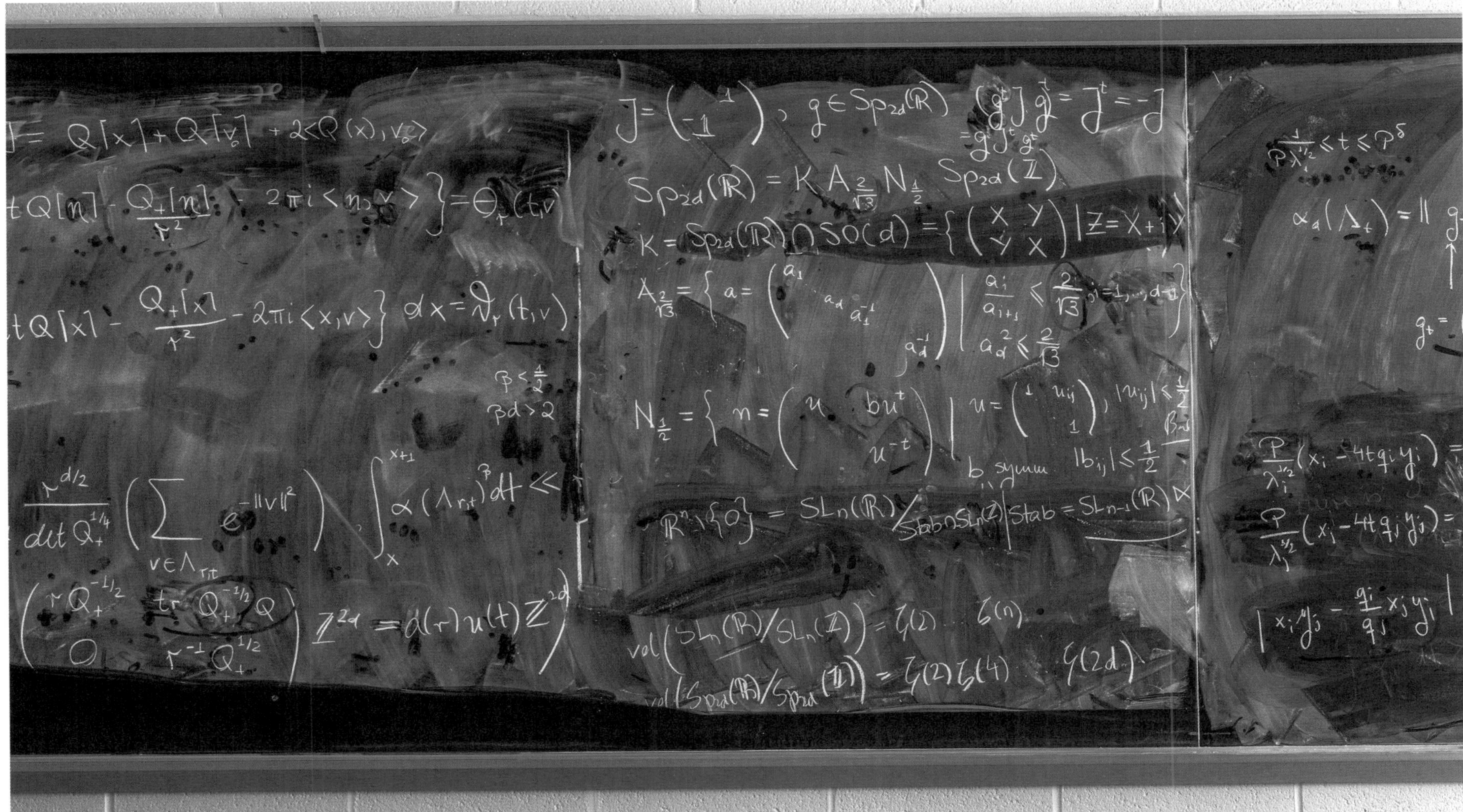

자코브 팔리스
Jacob Palis

리우데자네이루 순수 및 응용 수학 연구소 명예교수. 1940년 브라질 미나스제라이스주 우베라바에서 태어났다. 리우데자네이루 연방 대학교에서 공학으로 학부를 마치고 1967년에 캘리포니아 대학교 버클리에서 박사 학위를 받았다. 동역학계와 에르고딕 이론을 연구한다. 국제 수학 연맹 집행 위원이자 회장, 제3세계 과학원 회장, 리우데자네이루 순수 및 응용 수학 연구소 연구소장을 역임했다. 41명의 박사 과정 학생을 지도했고, 그의 지도 아래 배출된 연구자들만 271명에 이른다. 주요 학술지에 80편이 넘는 논문을 발표했다.

수학 연구는 타고난 호기심에서 출발한다. 수학자, 사실 모든 과학자가 호기심에 의해 움직인다. 하지만 답을 찾기 위한 탐색 과정에서 호기심은 때때로 집착으로 변하기도 한다. 수많은 고민과 잠 못 이루는 밤이 뒤섞이는 순간들이다. 수학이 다른 과학과 다른 차별점이 있다면 수학자는 대체로 실험실에서 일하지 않는다는 점이다. 우리가 사용하는 도구는 펜과 종이에 불과하고 기껏해야 칠판 정도로 확장된다. 덕분에 어디를 가든, 언제나 수학을 생각할 수 있고, 실제로도 그렇다.

박사 과정 시절, 하루는 내가 고심하던 문제를 해결할 방법이 갑자기 떠올랐다. 원래는 심야 영화를 보러 갈 계획이었으나 밤 10시에 찰스 퓨(Charles Pugh) 집을 찾아가 무작정 문을 두드렸다. 그가 웃으며 말했다. “자코브, 내일 얘기해도 되지 않겠나?”

나는 공동 연구자들과 토론하는 것이 연구에서 매우 중요한 과정이라고 생각한다. 다른 관점을 공유하면서 논의가 자연스럽게 흘러가기 때문이다. 내 오랜 수학 파트너 장 크리스토프 요코즈(Jean-Christophe Yoccoz)와 나는 항상 칠판 앞에서 손에 분필 가루를 잔뜩 묻히고 얘기하곤 한다.

지금까지 내가 걸어온 길을 돌아보면, 구조적 안정성에 대한 초기 연구와 호모클리닉 접점을 전개하는 후기 연구로 나눌 수 있다. 사진 속 칠판은 호모클리닉 접점의 전개와 관련된 것으로, 19세기 말 위대한 프랑스 수학자 앙리 푸앵카레가 발견한 복소동역학 행동의 주요 메커니즘이다. 나는 호모클리닉 분기가 동역학적 행동의 대역적 불안정성의 핵심 메커니즘이라는 내용을 포함한 일련의 추측을 공식화했다.

수학(그리고 과학)은 단지 문제를 풀거나 연구만 하는 학문이 아니다. 과학에는 사람들의 삶을 바꾸는 힘이 있다. 제3세계 과학원(TWAS)의 설립이 나와 동료 연구자들에게 깊은 의미를 지닌 이유도 이 때문이다. 나는 제3세계 과학원이 우리가 세상에 남긴 소중한 유산이 되어 누구도 전에는 수학을 생각하지 못했던 장소에 수학을 불러들이고, 이런 종류의 수학을 볼 기회가 없었을 사람들에게 가닿는 것을 기쁘게 지켜보고 있다.

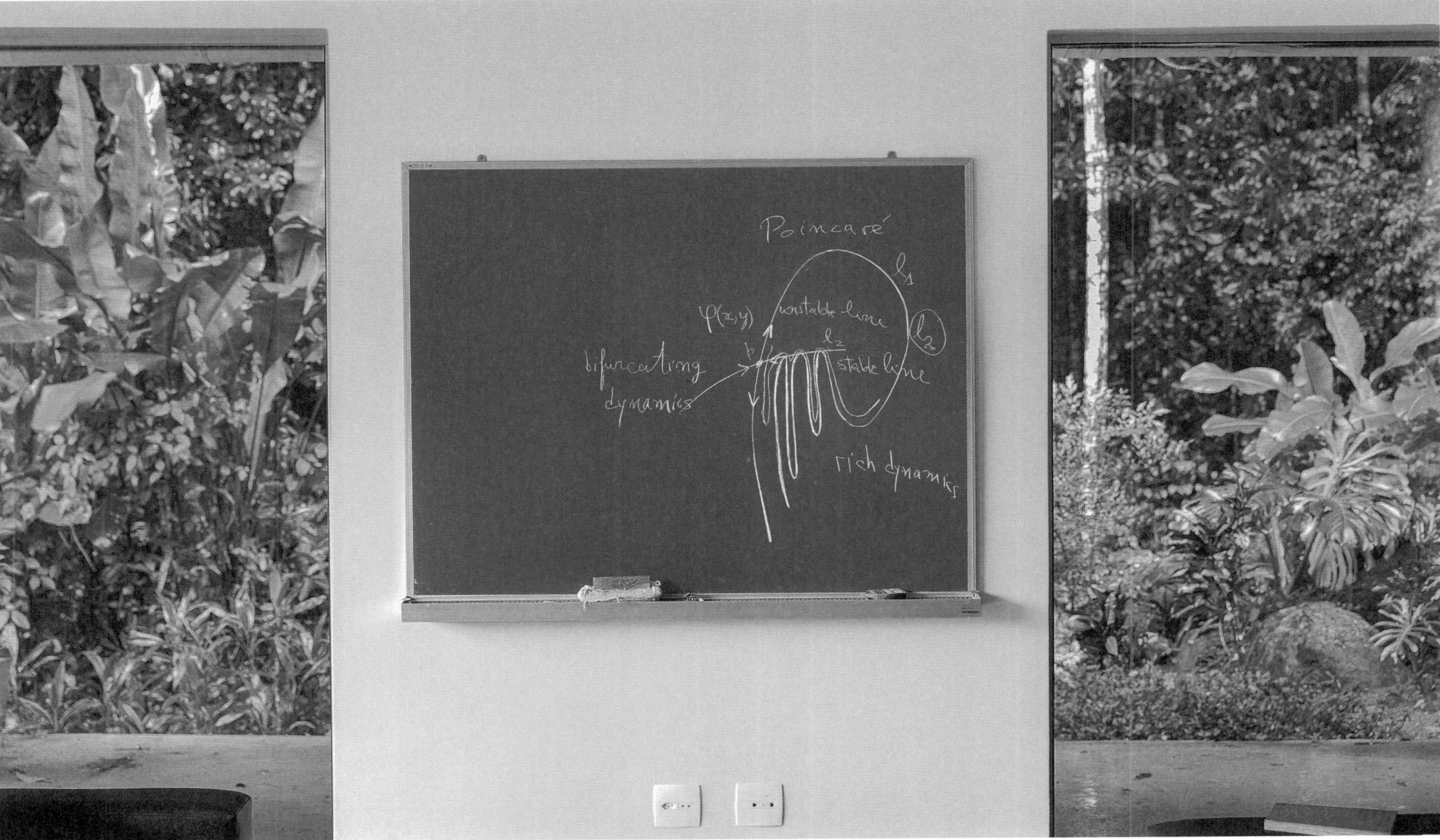

Poincaré
l_1
$\varphi(x,y)$
unstable line
l_2
l_2
bifurcating dynamics
stable line
rich dynamics

알렉세이 A. 마일바예프
ALEXEI A. MAILYBAEV

리우데자네이루 순수 및 응용 수학 연구소 교수. 유체동역학, 수리물리학, 특이점 이론을 연구한다.

자연의 무작위성이 그저 인간의 불완전한 지식의 소치인지 아니면 내재한 원천이 있는 것인지는 현대 과학이 밝히지 못한 난제이다. 이런 종류의 문제는 양자 세계에서 잘 알려졌지만 다른 과학 분야에서도 흔하게 나타난다. 에드워드 노턴 로렌츠(Edward Norton Lorenz)의 나비 효과는 초기의 불확실성이 빠르게 증폭하는 것으로 무작위성을 설명한다. "브라질에서 펄럭거린 나비의 날갯짓이 텍사스에서 토네이도를 일으킬 수 있는가?"

사진 속 칠판에는 프린스턴 대학교의 시어도어 드리바스(Theo Drivas)와 브라질 플루미넨세 연방 대학교의 아르템 레이베카스(Artem Raibekas)와 함께 진행한 공동 연구 내용이 적혀 있다. 이 연구에서 우리는 또 다른 유형의 무작위성, 이번에는 본질적으로 존재하는 무작위성을 탐구한다. 이런 종류의 무작위성은 어떤 식의 외부 정보 소실과도 얽혀 있지 않으며, 자발적이다. 칠판의 그림은 그런 자발적 무작위성의 창발을 간단한 수학 모델로 증명한다.

자발적 무작위성은 양자 유체의 미시 세계에서부터 지구의 대기와 해양의 움직임까지, 또 더 확장되어 초신성과 성간 구름까지 자연계의 복잡한 다차원적 현상을 형성하는 핵심 요소로 여겨진다. 자발적 무작위성의 기초를 수학적으로 이해하는 것은, 앞서 언급한 모든 현상을 통합하려는 오랜 난제인 난류 이론을 발전시키는 데 중요한 역할을 할 것이다. 사진 속 연구는 이러한 개념을 수학적으로 엄밀하게 정식화하려는 우리의 시도를 담고 있다.

나는 초등학교 시절부터 칠판을 써 버릇하면서 기호와 기하학적 형식을 간결하고 단순하게 사용해 생각을 표현하는 능력을 키웠다. 머릿속에서 칠판을 떠올리며 그리는 연습은 수학적 사고와 깊이 연결되어 있으며, 기호로 표시된 추상적 개념을 바탕으로 한다. 칠판은 수학적 아이디어를 추상적인 형태로 표현할 수 있도록 해준다. 그리고 수학자들이 함께 문제를 해결할 때, 이러한 표현은 서로의 사고를 연결하는 다리가 된다. 칠판에 글을 쓰는 것은 공동 연구자와 학생들과 소통할 때 사용하는 나만의 특별한 언어이다. 거의 모든 새로운 아이디어와 연구 프로젝트는 칠판 앞에서 이루어지는 토론에서 시작된다.

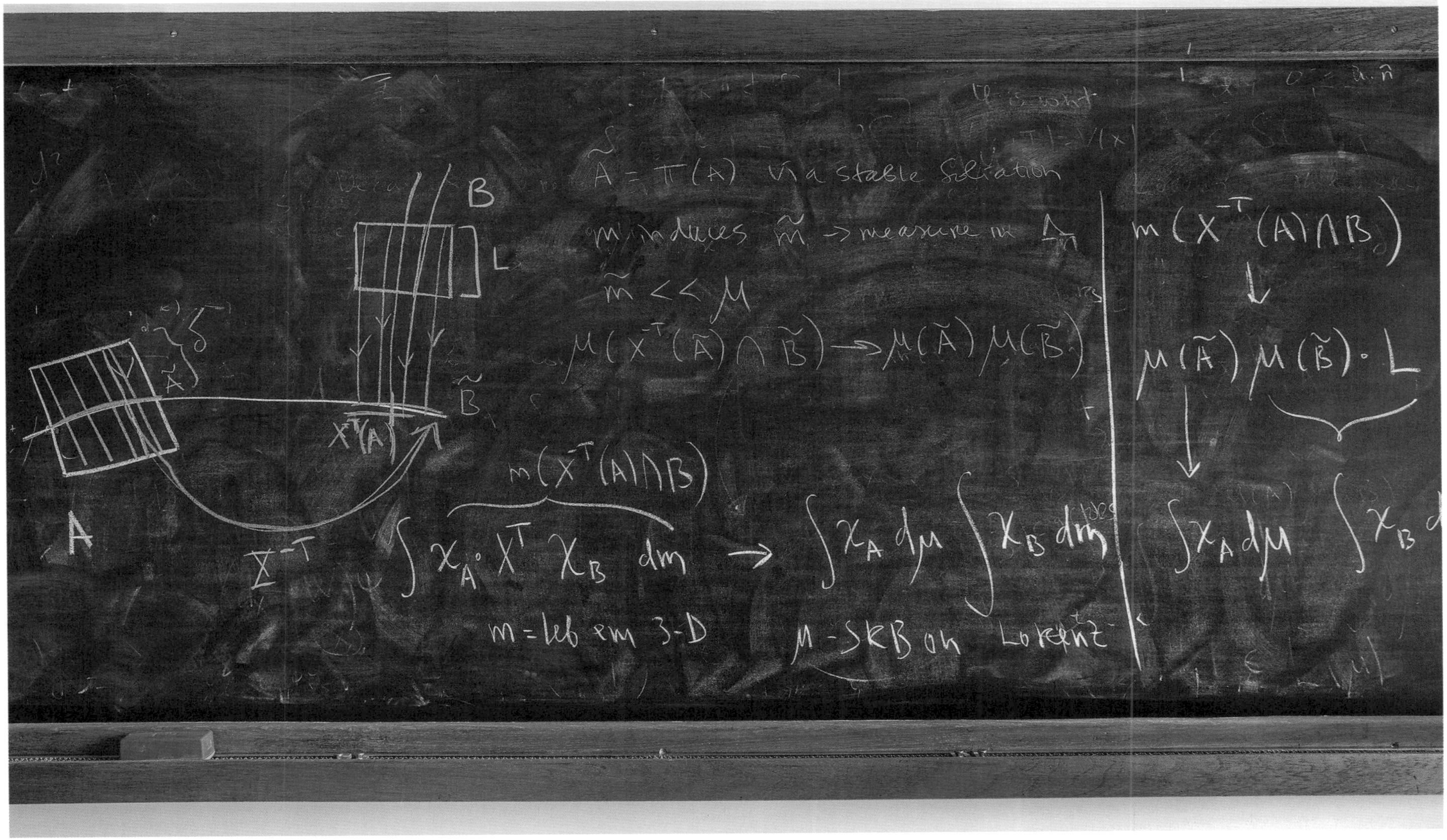

$\tilde{A} = \pi(A)$ via stable foliation

m induces $\tilde{m}$ → measure on $\tilde{A}$

$\tilde{m} << \mu$

$$\mu(X^{-T}(\tilde{A}) \cap \tilde{B}) \to \mu(\tilde{A})\,\mu(\tilde{B})$$

$$\overbrace{\int \chi_A \circ X^T \, \chi_B \, dm}^{m(X^{-T}(A) \cap B)} \to \int \chi_A \, d\mu \int \chi_B \, dm$$

m = leb on 3-D

μ - SRB on Lorentz

$$m(X^{-T}(A) \cap B)$$

$$\downarrow$$

$$\mu(\tilde{A})\,\mu(\tilde{B}) \cdot L$$

$$\downarrow$$

$$\int \chi_A \, d\mu \int \chi_B \, d$$

B

L

δ

$\tilde{A}$

$\tilde{B}$

$X^{-T}(A)$

A

X^{-T}

스탠 오셔
STAN OSHER

UCLA 교수. 1966년에 뉴욕 대학교에서 수학으로 박사 학위를 받았다. 현재 UCLA에서 수학, 컴퓨터 과학, 전기공학, 생명화학공학을 가르친다. 미국 국립과학원, 미국 공학한림원, 미국 예술과학아카데미 회원으로 선출되었다. 현재 최적화, 이미지 프로세싱, 압축 센싱, 기계 학습, 신경망을 포함하는 데이터 과학 및 응용을 연구한다.

나는 경제적인 이유로 수학자가 되었다. 내가 대학원에 진학한 1962년은 스푸트니크호 발사 5년 뒤였다. 당시 미국에는 수학과 과학에서 러시아를 따라잡아야 하는 절박한 필요성을 느끼고 있었고, 아니, 최소한 그래 보였다. 덕분에 기회는 무궁무진했다. 나는 브루클린에서 자란 가난한 소년이었고, 수학을 잘했다. 그래서 미국 국립과학재단에서 주는 장학금을 받았고, 쿠란트 수학연구소(해석학과 응용수학 분야 세계 최고 기관)에서 5년 동안 등록금을 내지 않는 것은 물론이고 생활비와 1960년대 초기에 그리니치빌리지에서 살 기회까지 얻었다.

내가 하는 일은 대개 전문 과학자들이 연구 중에 맞닥뜨린 수학적 문제를 듣는 것으로 시작한다. 그런 다음 (보통 내가 개발을 도운) 수학적 도구를 사용해서 문제 해결을 시도한다. 그렇게 성공한 한 예가 1980년대 후반의 이미지 프로세싱 연구였다. 나는 이때 훗날 공동 연구자가 된 레오니트 루딘(Leonid Rudin)을 만났는데 그는 항공학에서 초음속 흐름에 관한 내 연구가 이미지 프로세싱과 연결될 수 있다는 점을 지적했다. 그렇게 해서 나는 루딘, 에마드 파테미(Emad Fatemi)와 함께 손상된 이미지를 재구성하는 완전히 새로운 알고리즘을 개발했다. 이 알고리즘은 이후 널리 사용되었으며, 불과 2년 전, 사상 최초로 블랙홀의 이미지를 재구성하는 데에도 사용되었다.

나에게 칠판은 없어서는 안 될 필수적인 도구다. 내 연구는 대부분 공동으로 진행되는데 칠판에서 위로 아래로, 앞으로 뒤로 펄쩍펄쩍 뛰어다니는 것은 훌륭한 소통법이다. 사진 속 칠판은 내가 하는 연구를 단적으로 보여준다. 이번 연구에서는 최적 수송(질량을 A 지점에서 B 지점으로 이동하는 최적의 방식)과 딥러닝 알고리즘의 구조 및 작동 방식 사이의 유용한 연결점을 개발하고 있다. 아름답고 우아하며 간단히 설명할 수 있는 알고리즘이 현실 세계에서 그토록 유용하게 쓰인다는 것은 끊임없이 나를 놀라게 한다.

$f_\theta : \Omega \to \Omega$

E.g. $F(\rho) = \int V(x)\rho(x) + \ldots$

$\partial_t \rho + \nabla \cdot (\rho v_\theta) = 0, \quad \rho(0) = \rho_0$

$) + \int_0^T \int L(x,v)\rho(t,x) - F(\rho_t)\, dt\, dx$

$= E_{X \sim \rho(\theta, x)} L(X, V(t,X)) - E_{X \sim \rho(\theta, x)} F(X_t)$

$\frac{d}{dt} g(\theta(t), z) = \nabla_\theta (g(\theta(t), z))$

Reparametrization

(push ...

$g_\theta : Z \to \mathbb{R}$

$p(z)$ known

$g(\theta, z)$

$Z \sim p(z)$

$\int_{\mathbb{R}^n} f(x)\, \rho(\theta, x)\, dx = \int_Z f(g_\theta(z))\, p(z)\, dz$

쑨-융 앨리스 창
SUN-YUNG ALICE CHANG

프린스턴 대학교 수학과 유진 히긴스 석좌교수. 중국 시안에서 태어나 대만에서 자랐다. 미국 국립과학원, 대만 중앙연구원 펠로우, 스웨덴 왕립 과학원 외국인 회원이다. 프린스턴 대학교 수학과에서 학과장을 지냈다(2009~2012년).

내 연구실에서 가장 마음에 드는 공간은 벽에 걸린 큰 칠판이다. 그저 칠판을 쓰려고 출근할 때도 많다. 나는 동료들과 칠판에 길게 계산을 늘어놓으며 토론하는 것을 좋아한다. 함께 공식을 확인하고 수정하고 다시 정리할 수 있기 때문이다. 보통은 그 결과물을 지우지 않고 두었다가 나중에 한참 바라보기도 한다.

사진 속 칠판에 적어 놓은 공식은 내가 가장 자랑스러워하는 연구 중 하나인 “4차원 등각 구 정리”이다. 매슈 거스키(Matthew Gursky), 폴 영(Paul Yang)과 함께 발표한 이 연구에서 우리는 “등각 불변량”으로 4차원 구의 특징을 규명했다. 2000년대 초반에 완성된 이 연구는 지금까지도 내 연구에 영향을 미치고 있다.

컴퓨터 시대에 살고 있지만 아직도 나는 발표자가 칠판에 생각을 한 줄 한 줄 써가면서 설명하는 강연을 가장 즐겨 듣는다.

Conformal Geometry on 4-manifolds

(M^n, g) (Closed) Riemannian manifold, $\hat{g} = e^{2w} g$ is conformal to g

Gauss-Bonnet

$n=2$ $\quad \int_{M^2} K_g \, dV_g = \int_{M^2} K_{\hat{g}} \, dV_{\hat{g}} = 2\pi \chi(M^2)$

is integral conformal invariant

$n=4$ $\quad 8\pi^2 \chi(M^4, g) = \int_{M^4} \|W\|_g^2 \, dV_g + \int_{M^4} \left(\frac{1}{6} R_g^2 - \frac{1}{2} |Ric|_g^2\right) dV_g$

Weyl curvature $\quad \|W\|_{\hat{g}}^2 = e^{-4w} \|W\|_g^2$ pointwise conformal invariant

$\int_{M^4} \sigma_2(g^{-1} A_g) \, dV_g = \int_{M^4} \sigma_2(\hat{g}^{-1} A_{\hat{g}}) \, dV_{\hat{g}}$ is

an integral conformal invariant

Thm (Chang-Gursky-Yang) M^4 orientable

① $g \in \mathcal{A} = \{[g] \mid Y(M,[g]) > 0, \int_{M^4} \sigma_2(g^{-1} A_g) \, dV_g > 0\}$

$\iff$

$\exists \; \hat{g} \in [g]$ $\quad R_{\hat{g}} > 0$ and $\sigma_2(\hat{g}^{-1} A_{\hat{g}}) > 0$

② Conformal sphere Thm $\quad g \in \mathcal{A}$

$$\int_{M^4} \|W\|_g^2 \, dV_g < 4 \int_{M^4} \sigma_2(g^{-1} A_g) \, dV_g$$

$\iff$ (M^4, g) is conformally equivalent to (S^4, g_c)

버지니아 어반
VIRGINIA URBAN

뉴욕 주립 패션 공과대학교 수학과 교수. 뉴욕 토박이이자 자랑스러운 뉴욕시 공립학교 졸업생이다. 공연 예술 고등학교를 졸업하고 오벌린 대학교에서 수학으로, 컬럼비아 대학교 교육대학원에서 수학교육으로 학위를 받았다. 어린이집에서 대학까지, 중학교를 제외한 모든 학년을 가르쳤고 1996년부터 지금까지 뉴욕 주립 패션 공과대학교에 자리 잡고 있다.

나는 뉴욕 주립 패션 공과대학교 수학과에서 20년 넘게 가르치고 있다. 내 수업은 학생들이 기초 수학 기술을 보다 능숙하게 사용하게 돕기 위해 개설되었다. 나는 기초반 수업에 들어가는 것이 제일 좋다. 이 강의를 듣는 학생들은 대부분 수학 과목에서 성적이 좋지 못하거나 실패한 역사가 있다. 이들은 수학을 싫어하거나 자신이 수학을 못 한다고 생각하거나 자신이 애초에 수학과는 거리가 먼 사람이라고 생각한다. 나에게 주어진 도전은 그들이 수학에 대한 두려움을 극복하고 자신의 인생과 커리어에 수학을 적용할 부분이 있음을 알게 하고, 수학 수업에서 성공할 수 있는 능력이 자신에게 있다는 사실을 보여주는 것이다.

나는 그동안 많은 교육법이 등장했다가 사라지는 것을 보았다. 요즘 같이 휴대전화에 계산기가 기본으로 설치된 세상이 되면서 나는 단순히 사실을 암기하는 것보다는 추론 능력을 키우는 데 중점을 둔다. 학생들은 좀 더 맥락이 있는 문제를 해결하는 방식으로 수학을 배운다. 나는 어떤 방법을 사용하든, 논리적으로 수학을 제대로 사용하고, 자신이 무엇을, 왜 했는지 설명할 수만 있다면 충분하다고 생각한다.

사진 속 칠판은 자기 차를 몰 때와 렌터카를 빌렸을 때 마일 당 비용을 계산하고, 이를 국세청 표준 마일리지 공제액과 비교하는 문제를 풀었던 흔적이 남아 있다. 칠판에 적힌 것은 합리적인 해결책을 찾기 위한 많은 논의와 시도 끝에 나온 결과물이다. 칠판에는 특별한 속성이 있다. 틀린 아이디어나 필요 없는 계산은 쉽게 지울 수 있지만, 희미한 흔적이 남아 그 과정을 기억하게 한다. 그건 또한 답을 찾는 과정이 뜻대로 되지 않을 수도 있다는 시각적 은유이기도 하다. 이러한 경험은 화이트보드나 종잇장에서는 얻을 수 없다.

나는 칠판에 글을 쓸 때 다양한 감각을 경험한다. 분필의 촉감을 느끼고, 분필이 내는 소리를 듣고, 분필 가루의 냄새를 맡고, 내 "칠판 글씨체"를 본다. 종이에 쓸 때와는 전혀 다른 감각이다. 또한, 나는 수십 년 동안 나보다 앞서 이 공간을 채웠던 수많은 사람들의 아이디어 위에 글을 쓰고 있다는 사실을 안다. 그렇게 하면서 나 자신도 그 유산의 일부가 된다.

나는 공연 예술 고등학교에 다녔고 운이 좋아 훌륭한 두 여성 수학 선생님께 배웠다. 그 두 분은 내가 수학 교사로 진로를 정하는 데 아주 큰 영향을 주었다. 나는 지금도 종종 그분들을 떠올린다. 사실, 나 역시 대학 시절 수학에서 어려움을 겪었고 실패도 했다. 아마 그래서 기초반 학생들에게 더 마음이 가는 것인지도 모른다.

나는 학생들에게 이 학기의 내 목표는 너희들이 처음 이 강의실에 들어올 때보다 수학을 덜 싫어하는 사람이 되어 강의실을 떠나는 것이라고 말하지만, 진짜 바라는 것은 학생들이 수학을 두려워하지 않고, 아름답고 유용한 것으로 보게 되는 것이다. 학기가 끝나고 나중에 학생들이 나를 찾아와 내 수업에서 배운 것을 다른 과목이나 일상에서 적용했다고 하거나 수학에 좀 더 자신이 생겼다고 말하면 정말 뿌듯하다. 그게 내 일이 가치 있는 이유인 것 같다.

IRS reimbursement: $.56/mi

NO SMOKING

Jenna's car

oil $\frac{\$40}{3000\text{mi}} = \$.013/\text{mi}$

tires $\frac{\$920}{50{,}000\text{mi}} = \$.018/\text{mi}$

repairs $\frac{\$328}{15{,}000\text{mi}} = \$.022/\text{mi}$

} $.053/mi

gas $\frac{\$3.50\ \text{gal}}{22\ \text{mpg}} = \$.16/\text{mi}$

total cost/mile = $.213/mi

Profit: $.56 − $.213 = $.347/mi

Rental car

gas: $\frac{\$3.50/\text{gal}}{40\text{mpg}} = \$.09/\text{mi}$

fixed cost: $114.12

total cost/mile $.386

for a 386 mile trip

Profit: $.56 − $.386 =

$.174/mi

에릭 자슬로우
ERIC ZASLOW

노스웨스턴 대학교 교수.
일리노이주 에번스턴에서 아내와 두 아이와 살고 있다.

우리는 뿌연 안개 속에서 명료함을 찾으려 한다. 때로는 낮잠을 자거나, 부엌을 치우거나, 에어필터를 갈아 끼우는 일이 그 과정의 일부가 되기도 한다. 고등학생에게 수학은 공식과 규칙, 그리고 이항정리, 완전제곱식 만들기, 코사인 법칙, 삼각함수 항등식처럼 암기할 내용들이 뒤범벅된 진흙탕처럼 보일 수 있다. 그러나 대학에서 수학을 전공하면서부터 수학이 기본적인 진리를 연결하여 설명하는 학문이라는 사실을 비로소 깨닫게 된다.

물리학에서도 마찬가지다. 소수의 기초 이론으로 수많은 현상을 설명한다. 그러나 문제가 있다. 물리 이론은 수학적으로 복잡해질 수 있다. 그럼 우리는 수학을 명확히 밝히고 단순하게 만들고 통합하는 그런 상호보완적인 관점을 찾을 수는 없는 걸까?

내 연구에 많은 영향을 주고 월등한 연구를 해온 내 지도교수 캄란 바파(Cumrun Vafa)는 이론물리학의 가장 복잡하고 난해한 개념들을 단순한 기하학적 설명으로 풀어내는 탁월한 능력이 있다. 나도 최선을 다해 공동의 이해에 기여하려고 애쓴다. 하지만 오해는 말기를. 대부분은 안개가 뿌옇게 낀 상태니까.

나는 내 칠판을 아주 좋아한다. 모습과 질감이 모두 마음에 든다. 그러나 칠판의 장점은 그 이상이다. 내가 칠판에 쓸 때 학생들은 그 내용이 컴퓨터가 아닌 내 머리에서 나온다는 것을 안다. 내 설명은 어디까지나 내 사고의 흐름과 동시에 나오지, 절대 더 빨리 나오지 않는다. 연구할 때도 마찬가지다. 칠판에서는 전체적인 아이디어를 한눈에 볼 수 있다. 3.3미터짜리 모니터가 또 어딨겠는가?

사진 속 칠판은 쌍대성이라는 물리 현상을 수학적으로 정제한 내용이 담겨 있다. 특정한 물리적 환경에서는 반지름이 2인 원과 반지름이 1/2인 원이 동일하게 취급되며, 반지름이 3인 원과 1/3인 원도 마찬가지다. 즉, 원의 반지름을 역수로 바꾸어도 물리학적으로는 같은 성질을 갖는다. 이제 구를 여러 개의 원이 모여 이루어진 형태라고 생각해 보자. 각 원의 반지름을 역수로 바꾸면 전체 모양이 달라지지만, 만약 이 변형 후에도 물리 이론이 동일하게 유지된다면, 이를 설명하는 수학적 구조 또한 같아야 한다. 이것이 바로 서로 다른 수학적 영역이 긴밀하게 연결되는 이유다. 엉뚱한 소리처럼 들릴지 모르지만, 이 다이어그램은 수십 년의 연구를 집약한 결과이이다. 앞에서 말했지만, 대부분은 여전히 안개로 뿌옇다!

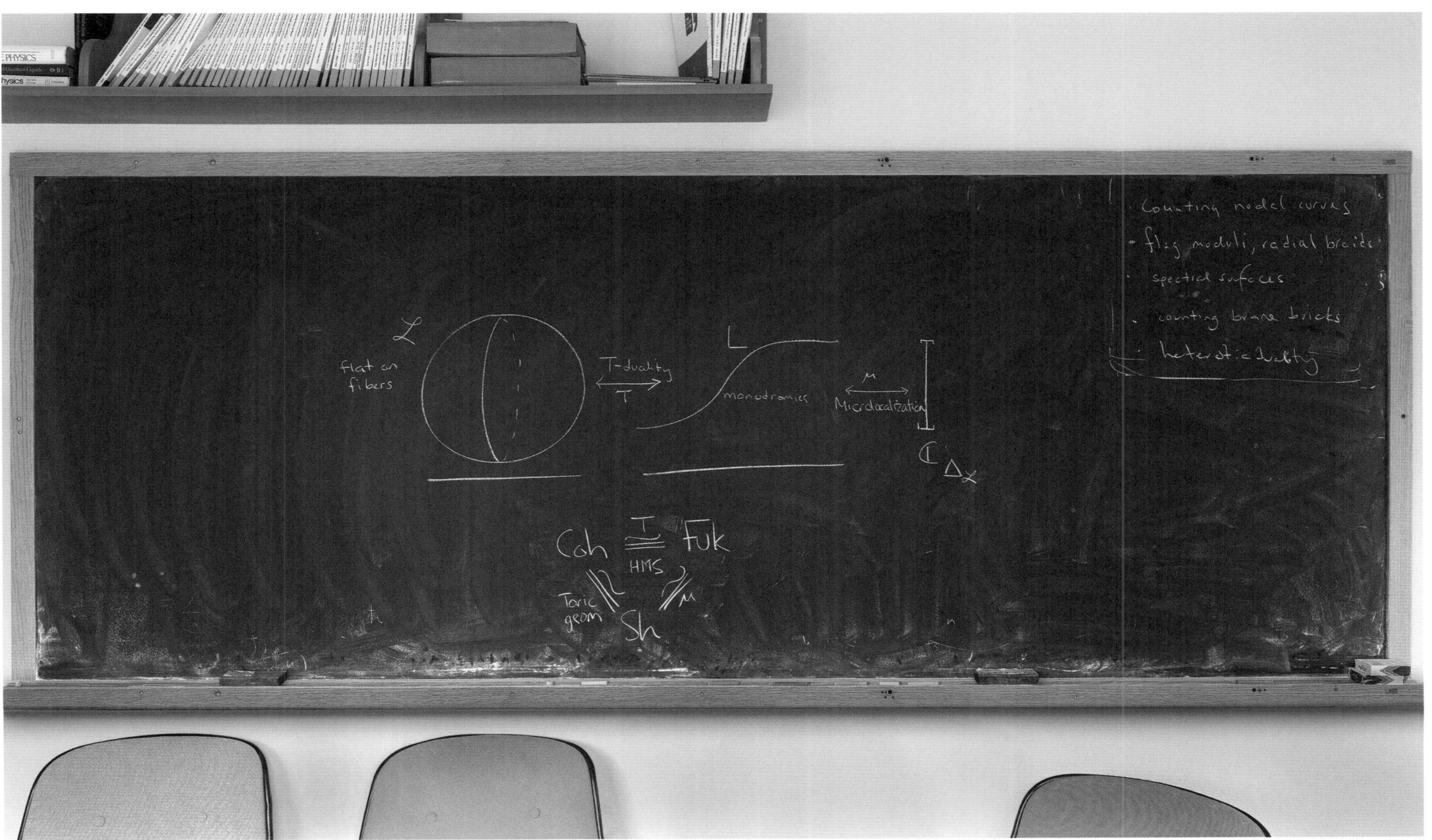
flat on fibers
T-duality
T
monodromies
μ
Microlocalization
Coh
T
HMS
Fuk
Toric geom
μ
Sh
Counting nodal curves
flag moduli, radial braids
spectral surfaces
counting brane bricks
heterotic duality

카트린 겔페르트
KATRIN GELFERT

브라질 리우데자네이루 연방 대학교 수학과 교수. 2001년에 드레스덴 공과대학교에서 수학으로 박사 학위를 받고, 2010년에 리우데자네이루 연방 대학교에 부임했다. 동역학계 이론 및 에르고딕 이론 연구에 관심이 있다.

나는 항상 과학에 둘러싸여 살았다. 공학자이자 컴퓨터 과학자인 아버지는 어린 나에게 계산식을 포함한 온갖 메커니즘을 설명해 주셨다. 지도와 구면 거리를 공부하던 어느 화창한 오후가 생각난다. 물론 학교에서는 배우지 못하는 것들이었다. 과학적 질문과 호기심에 꾸준히 몰두한 덕분에 마치 숙명처럼 과학을 계속 공부하게 되었다. 어떤 면에서 수학은 나를 사로잡았고, 지금의 나를 형성하는 데 중요한 역할을 했지만, 사실 나는 세상의 모든 것에 꾸준히 호기심을 가져왔기 때문에 수학이 아닌 다른 과학을 선택했어도 이상하지 않았을 것이다.

내가 연구하는 분야는 동역학계 이론과 에르고딕이다. 사진 속 칠판은 공동 연구자와 내가 "호저"라고 부르는 것인데, 안정된 혼돈 동역학의 특징인 "스메일 말편자"가 더 높은 차원으로 확장되었다고 보면 된다. 호저에서 어떤 점들은 주기적으로 폭발해 불안정한 혼돈을 낳는다. 단순하기 짝이 없는 이 모델을 제대로 이해할 수만 있다면 좀 더 일반적인 환경에서 일어나는 현상을 보다 잘 추측할 수 있게 될 것이다. 그런 일은 수학에서 비교적 보편적인 과정이다. 눈에 띄는 이름은 해당 연구가 대중의 인지도를 얻는 데 일조한다. "호저" 역시 쉽게 그릴 수 있고 특징도 금세 포착된다.

나는 판서 작업, 그리고 칠판 앞에서 사람들과 함께 문제를 논의하는 시간이 정말 좋다. 내 연구의 중요한 사회적 측면이랄까. 아이디어를 잘 설명할 훌륭한 그림을 생각하고 그리기는 어렵지만 동시에 내가 아주 감사하는 부분이다. 모든 수학자가 저마다 구조를 상상하는 방법이 따로 있을 것이다.

수학은 끝없는 산책과 같다. 수학적 난관을 극복하는 것은 더 넓은 시야를 확보하기 위해 언덕을 오르는 것과 같다. 정상에 도달했을 때의 기쁨을 기대하지만, 결국 더 거대한 산이 앞에 있다는 사실을 깨닫게 된다. 문제를 해결하려는 과정에서 우리는 끊임없이 분주해지고, 머릿속은 온통 그 생각으로 채워진다. 그리고 마침내 스스로 해답을 찾았을 때 느끼는 기쁨은 이루 말할 수 없다. 협업은 이 산행을 더 쉽게 만들어준다. 서로 다른 분야의 경험과 기법을 결합할 수 있을 뿐 아니라, 문제를 다시 정리하고 난관을 제거하는 과정에서 자연스럽게 해결책을 발견하는 경우도 많기 때문이다.

interval

$F : \Sigma_2 \times [0,1] \circlearrowleft$

$F(\xi, x) = (\sigma \xi, f_{\xi_0}(x))$

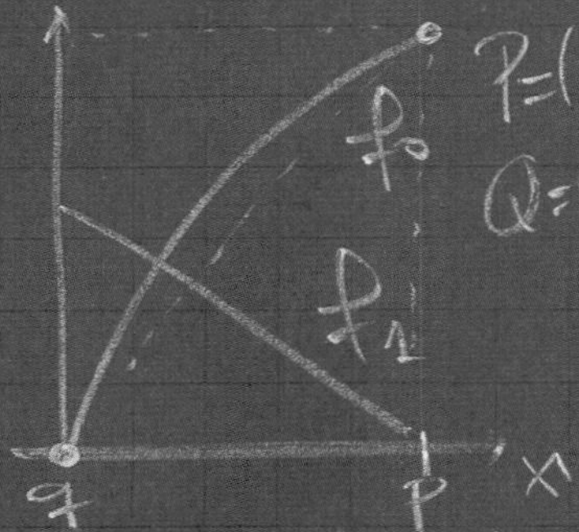

$P = (\bar{0}, p)$

$Q = (\bar{0}, q)$

f_0, f_1, q, p, x

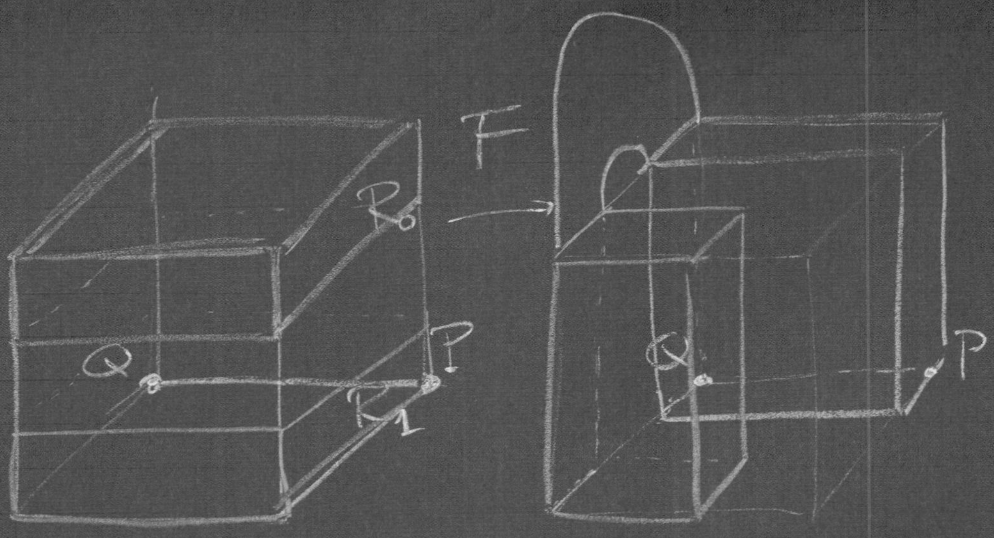

Q, P, R_0, R_1, F

$\mathcal{M}_{erg}(\Sigma_2 \times [0,1]) = \mathcal{M}^-_{erg} \cup \mathcal{M}^0_{erg} \cup \mathcal{M}^+_{erg}$ $\quad \mu \in \mathcal{M}^{(*)}_{erg} \longmapsto h(\mu) + q \int \varphi \, d\mu \ , \ q \in \mathbb{R}$

$\alpha \in [\alpha_{min}, \alpha_{max}] \ , \ \alpha \longmapsto \sup \{ h(\mu) \in \mathcal{M}_{erg} : \int \varphi \, d\mu = \alpha \} = \mathcal{E}(\alpha)$ $\quad \boxed{\alpha \longmapsto \mathcal{E}(\alpha)}$

$\circlearrowleft \ \mathcal{E}^-(\alpha) \ , \ \mathcal{E}^0(\alpha) = ? \ , \ \mathcal{E}^+(\alpha)$

데이비드 다마니크
DAVID DAMANIK

라이스 대학교 수학과 교수. 독일 프랑크푸르트에서 태어났고 1998년에 요한 볼프강 괴테 프랑크푸르트 대학교에서 박사 학위를 받았다. 2009년에 라이스 대학교 수학과 교수로 임용되었다. 연구 분야는 스펙트럼 이론, 동역학계, 비주기적 순서이다. 2014년에 앙리 푸앵카레상을, 2018년에 훔볼트 연구상을 받았다. 현재 라이스 대학교 로버트 L. 무디 체어 석좌교수이며 미국 수학회 펠로우이다.

내 경력은 좀 색다른 편이다. 20대 중반이라는 상당히 늦은 나이에 수학자가 되기로 마음먹었다. 그 전까지 수학은 어디까지나 취미였고 다른 많은 관심사 중의 하나에 불과했다. 하지만 몇 가지 사건 때문에 수학을 버리지 못했다. 12학년 때 수학의 아름다움에 눈을 뜨게 해 준 선생님을 만나면서 결국 학부 전공으로 수학을 택하게 되었다. 하지만 그때까지도 수학에 그다지 진지하지는 않았고, 스포츠와 힙합에 빠져 살았다. 학부를 졸업하고 대학원에 들어간 지 얼마 안 되었을 때 당시 나와 같은 연구 모임에 있던 선배 덕분에 처음으로 새로운 수학을 발견하는 창의적인 과정을 목격하게 되었다. 수동적인 학생에서 올바른 질문을 묻고 답하려는 신참 연구자로 탈바꿈하는 계기였다. 그제야 드디어 수학에 꽂혔다. 2년 차 대학원생으로 캘리포니아 공과대학교에 도착했을 때 날씨와 해변, 그리고 배리 사이먼(Barry Simon) 팀에서 일하게 되었다는 생각에 몹시 흥분했다. 그때 내가 수학을 평생의 업으로 삼고 싶다는 걸 깨달았다.

사이먼 팀에 들어가려고 했던 건, 몇 년 전 그 팀이 발표한 "특이 연속 스펙트럼"이라는 양자역학적 현상이 너무 재미있어 보여 제대로 알아보고 싶었기 때문이다. 내 초기 연구는 주로 이 주제와 연관된다. 특이 연속 스펙트럼을 쉽게 설명하기는 어렵다. 이상 양자 전송에 해당하는 이 현상은, 두 개의 흔한 현상 사이에서 존재하는 것으로, 과거에는 낯선 것으로 여겨졌다. 나는 칸토어 스펙트럼과 이상 수송처럼 원래는 이례적으로 여겨졌으나 이제는 꾸준히 나타난다고 밝혀진 다른 양자역학 현상도 연구했다. 그 과정에서 자연스럽게 프랙탈 기하학, 에르고딕 이론, 동역학계 같은 이웃 분야의 도구와 아이디어를 빌리게 되었고, 그 분야 사람들과 만나서 교류하고 가까워졌다. 이것이 지금까지 이 여행에서 가장 보람된 부분이다.

이제 사진 속 칠판을 설명해 볼까. 저 칠판에는 지난 15년간 스펙트럼 이론과 동역학계 연구에서 나온 가장 중요한 성과 중 하나가 담겨 있다. 그것은 양자계의 시간 진화와 동역학계 집단의 동적 특성을 연결하는 일종의 사전(辭典) 같은 체계이다. 칠판의 왼편을 보면, 첫 번째 행은 양자 전송 행동 유형, 두 번째 행은 스펙트럼 측도 유형, 네 번째 행은 그에 상응하는 동적 형태 유형이다. 이 사전적 체계는 아르투르 아빌라가 개발한 것으로, 보통 그의 "대역 이론"이라고 불린다. 이 연구는 아빌라가 2014년 필즈상을 수상하는 데 중요한 기여를 했다. 아빌라는 내가 동역학계 커뮤니티에서 알게 된 친구이다. 그와 함께한 공동 연구와 공동 논문은 수학자로서의 경력뿐만 아니라 내 인생에서도 가장 빛나는 순간이 되었다.

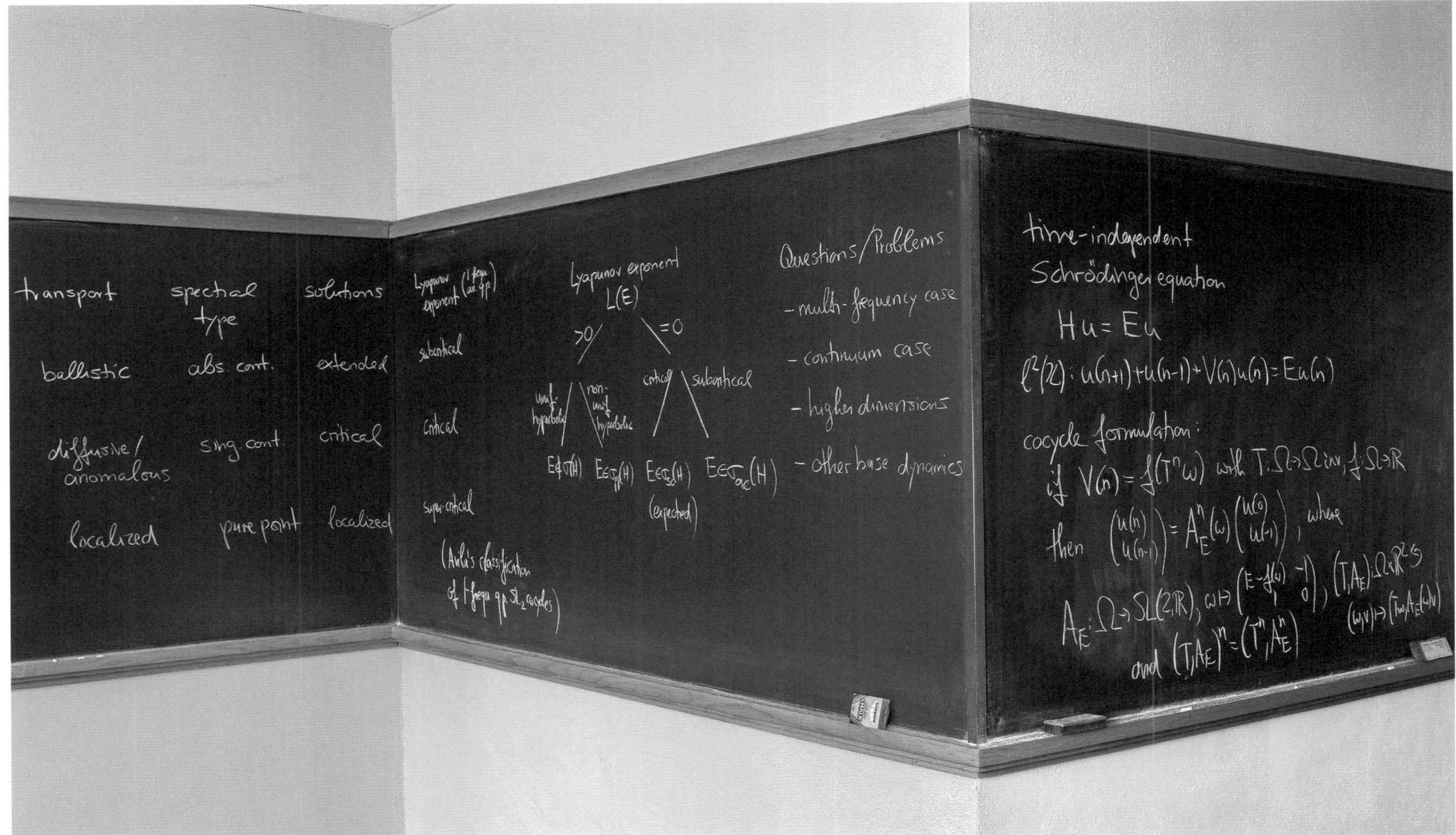
transport
spectral type
solutions
ballistic
abs. cont.
extended
diffusive / anomalous
sing. cont.
critical
localized
pure point
localized
Lyapunov exponent
subcritical
critical
super-critical
(Avila's classification of 1-frequ q.p. SL_2 cocycles)
Lyapunov exponent
L(E)
>0
=0
unif. hyperbolic
non-unif. hyperbolic
critical
subcritical
$E \notin \sigma(H)$
$E \in \sigma_{pp}(H)$
$E \in \sigma_{sc}(H)$ (expected)
$E \in \sigma_{ac}(H)$
Questions/Problems
- multi-frequency case
- continuum case
- higher dimensions
- other base dynamics
time-independent
Schrödinger equation
$Hu = Eu$
$\ell^2(\mathbb{Z})$: $u(n+1)+u(n-1)+V(n)u(n) = Eu(n)$
cocycle formulation:
if $V(n) = f(T^n\omega)$ with $T: \Omega \to \Omega$ inv, $f: \Omega \to \mathbb{R}$
then $\begin{pmatrix} u(n) \\ u(n-1) \end{pmatrix} = A_E^n(\omega) \begin{pmatrix} u(0) \\ u(-1) \end{pmatrix}$, where
$A_E: \Omega \to SL(2,\mathbb{R})$, $\omega \mapsto \begin{pmatrix} E-f(\omega) & -1 \\ 1 & 0 \end{pmatrix}$, $(T, A_E): \Omega \times \mathbb{R}^2 \circlearrowleft$
$(\omega, v) \mapsto (T\omega, A_E(\omega)v)$
and $(T, A_E)^n = (T^n, A_E^n)$

로이 마젠
ROY MAGEN

컬럼비아 대학교 박사 과정 학생. 다섯 살 때 가족과 함께 이스라엘에서 북아메리카로 이주했다. 토론토 대학교에서 학부를 마쳤고 석사 학위를 받기 위해 프랑스에서 1년을 보냈다. 2019년 가을에 컬럼비아 대학교 박사 과정에 진학했다.

수학을 하면서 제일 좋아하는 순간은 다른 사람들과 생각을 나눌 때이다. 흥미로운 발견을 했을 때, 나는 본능적으로 이 얘기를 가장 관심 있게 들어줄 사람이 누구일까를 먼저 떠올린다. 나는 칠판을 사용해 기하학을 바라보는 새로운 관점을 친구들과 공유하고, 그 관점을 이용해 특정 기하학적 구조물을 더 잘 이해하는 방법을 설명한다.

수학에서 내가 제일 좋아하는 또 다른 부분은 각 아이디어에 따라오는 다양한 관점이다. 《코끼리 그리기(Sketches of an Elephant)》에서 피터 존스톤(Peter Johnstone)은 토포스 이론 연구(사진 속 칠판의 내용과 무관하지 않은데)를 장님이 코끼리를 만지는 행위에 비유하여, 겉으로는 관련이 없어 보이는 형태와 관점이 어떻게 놀랍도록 정교한 창조물로 합체될 수 있는지를 보여준다. 각 측면은 개별적이 아닌 전체적 맥락에서 고려했을 때 더 잘 인지될 수 있다. 나는 이러한 발견의 과정이 신기하리만치 흥미로웠다.

기하학을 연구하려면 그냥 공간이 아니라 "구조화된 공간"이 필요하다. 국소적으로 특정한 대수적 "장치"를 통해 정의된 기하 구조를 갖춘 공간이다. 일반적인 공간은 우리가 국소적 데이터를 다루는 방법을 결정하는 규칙으로 정의될 수 있다. 예를 들어 구와 도넛은 모두 평평한 조각들을 이어붙여 만들 수 있지만, 그 조각들을 연결하는 방식에 따라 서로 다른 성질을 갖게 된다.

사진 속 칠판은 특정 유형의 기하 구조, 특히 대수기하학에서 기본적으로 다루는 기하 구조가 있는 공간을 일관되게 설명하는 방법이 적혀 있다. 또한 이 칠판에서 나는 어떻게 이 개념을 적용해 대수기하학에서 가끔씩 그림자로만 드러나는 좀 더 정교한 형태의 기하 구조를 설명할 방법을 개괄했다. 중요한 예로는, 모든 선이 원점을 통과하는 유클리드 공간이 있다.

이 글을 쓰는 지금은 코로나19 봉쇄 기간이라 많은 이들이 함께 공유하는 실물 칠판의 가치를 새삼 깨닫고 있다. 어떤 보드든 협업적 가치는 있지만 나는 특히 질감 때문에 칠판을 더 좋아한다. 태블릿의 액정 화면보다 종이에 글씨를 쓰는 게 더 기분 좋은 이유와도 비슷하다.

$LRS((X, \mathcal{O}_X), (\operatorname{Spec} A, \mathcal{O}_{\operatorname{Spec} A}))$

$= CRing(A, \Gamma(X, \mathcal{O}_X)) = RS((X, \mathcal{O}_X), (\cdot, A))$

More generally have $LRS \underset{\longrightarrow}{\overset{\operatorname{Spec}}{\longleftarrow}} RS$ (I)

This general case for Zariski $\mathcal{G}$ cat
relative spec assoc to $\mathcal{G}' \longrightarrow \mathcal{G}$ (geometries)

$\rightsquigarrow \operatorname{Top}(\mathcal{G}) \underset{\longrightarrow}{\overset{\operatorname{Spec}^{\mathcal{G}}_{\mathcal{G}'}}{\longleftarrow}} \operatorname{Top}(\mathcal{G}')$ (I)

Rmk If $\mathcal{G}$ is the Zariski geometry,
then $Shv(\mathcal{G})$ classifies local rings
ie $\operatorname{Top}(\mathcal{E}, Shv(\mathcal{G})) = LocRing(\mathcal{E})$
hence $\operatorname{Top}(\mathcal{E}, PSh(\mathcal{G})) = CRings(\mathcal{E})$

Operad for $\mathbb{Z}$-graded rings
Colours $= \mathbb{Z}$
$\mathcal{O}((d_i)_{i\in I}; d)$
$= \mathbb{Z}[(X_i)_{i \in I}]_d$
$\deg X_i = d_i$
(?)

Def admissible [illegible] open embeddings
eg open embeddings of mflds
$D(f) \longrightarrow \operatorname{Spec}(A)$
... étale version ... $\mathcal{G}$)

eg $\mathcal{G} = (f.p.\text{-rings})^{op}$
$\mathcal{G}^{ad} = \{A \longrightarrow A[f^{-1}]\}$
Topology = Zarisk

$\operatorname{Top}(\mathcal{G})$ = "$\operatorname{Top}_{/Shv(\mathcal{G})}$"
= left exact colim preserving functors from $\mathcal{G}$ to topoi

Rmk $\operatorname{Pro}(\mathcal{G}) = \operatorname{Ind}(\mathcal{G}^{op})^{op} = \operatorname{Aff}$

If $X : \operatorname{Aff}^{op} \longrightarrow Set$,
can take $\operatorname{Pro}(\mathcal{G})^{ad}/X = \operatorname{Aff}^{open}/X$

"$\operatorname{Spec} X$" $= Shv(\operatorname{Pro}(\mathcal{G})^{ad}/X)$

제임스 H. 사이먼스
JAMES H. SIMONS

사이먼스 재단 회장(사이먼스 재단은 수학과 기초 과학의 첨단 연구와 발전을 위해 설립된 재단이다). MIT에서 수학 전공으로 학부를 졸업하고 캘리포니아 대학교 버클리에서 박사 학위를 받았다. 기하학과 위상수학 분야를 연구한다. 다차원 곡면을 최소화하는 문제를 개선한 공로로 1975년에 미국 수학회에서 수여하는 오즈월드 베블런 기하학상을 받았다. 가장 영향력 있는 연구는 현재 천-사이먼스 이론이라고 부르는 기하 측도의 발견과 적용으로 특히 이론물리학에서 널리 쓰인다.

수학이 창조되는 곳이면 어디나 칠판이 등장한다고 자신 있게 말할 수 있다. 수학자들이 함께 일하고 있다? 아마 대부분 칠판을 둘러싸고 있을 것이다. 그 앞에서 한 가지 아이디어를 훑고 토의한다. 하지만 칠판은 이내 지워지고 곧 다음 단계의 아이디어를 위한 공간이 마련된다. 이런 과정은 몇 시간씩 지속되고 결국엔 결론을 내지 못한 사람들이 이 팻말을 걸어놓고 나간다. "지우지 마시오."

강의할 때 슬라이드를 보여주는 사람들도 있지만, 슬라이드 토크는 너무 빨리 진행되기 때문에 듣는 사람이 내용을 제대로 받아들이기가 어렵다. 분필 토크는 화자가 상대적으로 느린 속도로, 청중이 내용을 흡수할 수 있을 만큼 천천히 칠판을 채워간다.

70년대 초반에 나는 위대한 수학자 싱선 천과 함께 오늘날 천-사이먼스 불변량이라고 알려진 기하 측도를 발명하는 연구를 수행했다. 수학적으로 매우 만족스러운 결과였지만, 그 후 물리학자들이 이 개념을 이렇게 광범위하게 적용할 줄은 전혀 예상하지 못했다. 최근에 알게 되었는데, 천-사이먼스 불변량이 하루 평균 세 편의 물리학 논문에서 인용된다고 한다. 연구할 당시에도 우리는 물리학을 잘 몰랐고 그건 지금도 마찬가지다. 이런 일이 가능하다는 것이 그저 신기할 뿐이다.

S^7
Ω_g = g(J·,·) (M^n, J, g)
⟨R_g(X,Y)Z, W⟩
= ⟨R_g(X∧Y), W∧Z⟩
S^3 × S^3
S^7 S_g = n(n-1) + ∫||H||^2 − ∫||α||^2
∇_X Y − ∇_Y X = 0
∇_X(J) = 0
∇_X(g)(Y,Z) + ∇_Y(g)(X,Z) + ∇_Z(g)(X,Y) = 0

프랭크 칼레가리
FRANK CALEGARI

시카고 대학교 수학과 교수. 오스트레일리아 멜버른에서 태어났다. 캘리포니아 대학교 버클리에서 케네스 리벳(Ken Ribet)의 지도로 박사 학위를 받았다. 2015년에 시카고 대학교 수학과 교수로 임용되었다. 에번스턴에서 아내 제니퍼와 딸 릴리와 함께 살고 있다.

어렸을 적 내 침실 방문에는 작은 칠판이 하나 붙어 있었다. 여섯 살 때 형이 “4색 정리” 문제를 알려 주었는데 나는 그 반례를 찾느라 그 칠판 앞에서 한동안 행복하게 보냈다(결국 성공하지는 못했지만). 수학자가 되기로 결심한 건 열세 살쯤이다. 열여섯 살에는 형이 대학교 도서관에서 빌려온 수학책을 읽었다. 열일곱 살 때는 학교 수업을 빠지고 돈 재기어(Don Zagier)의 이중로그 함수 강연을 보러 갔고, 그로부터 25년 뒤에는 비슷한 주제로 그와 함께 논문을 썼다. 모든 사람의 경험이 같을 리 없지만 나에게 수학은 언제나 조그맣고 친근한 세상이었다.

엄밀히 말해 내가 최고의 수학자는 아니지만 직관력은 썩 괜찮다고 생각한다. 수학자가 되는 것의 핵심은 자신의 생각이 참인지 알아내는 데 있다. 나는 가끔 칠판에 추측을 즐겨 쓴다. 분필에 생각을 맡기는 물리적 행위는 일종의 확언이다. 내가 정말로 이것을 믿는가? 스스로에게 묻게 되는 것이다.

사진 속 칠판에 적힌 것은 배리 메이저(Barry Mazur)가 제기한 문제와 연관이 있다. 메이저의 질문은 현재 우리의 직관으로 답할 수 있는 범위에서 벗어나기 때문에 호기심을 자극한다. 지금까지 추측을 제시한 사람들은 모두 긍정적인 답의 가능성을 제시했지만 내 직감에 답은 “아니요”이다. 답이 “아니요”라고 생각하는 사람은 나밖에 없으므로 다른 누구도 이 문제를 풀고 있지 않는다는 점, 그게 내 비장한 무기다.

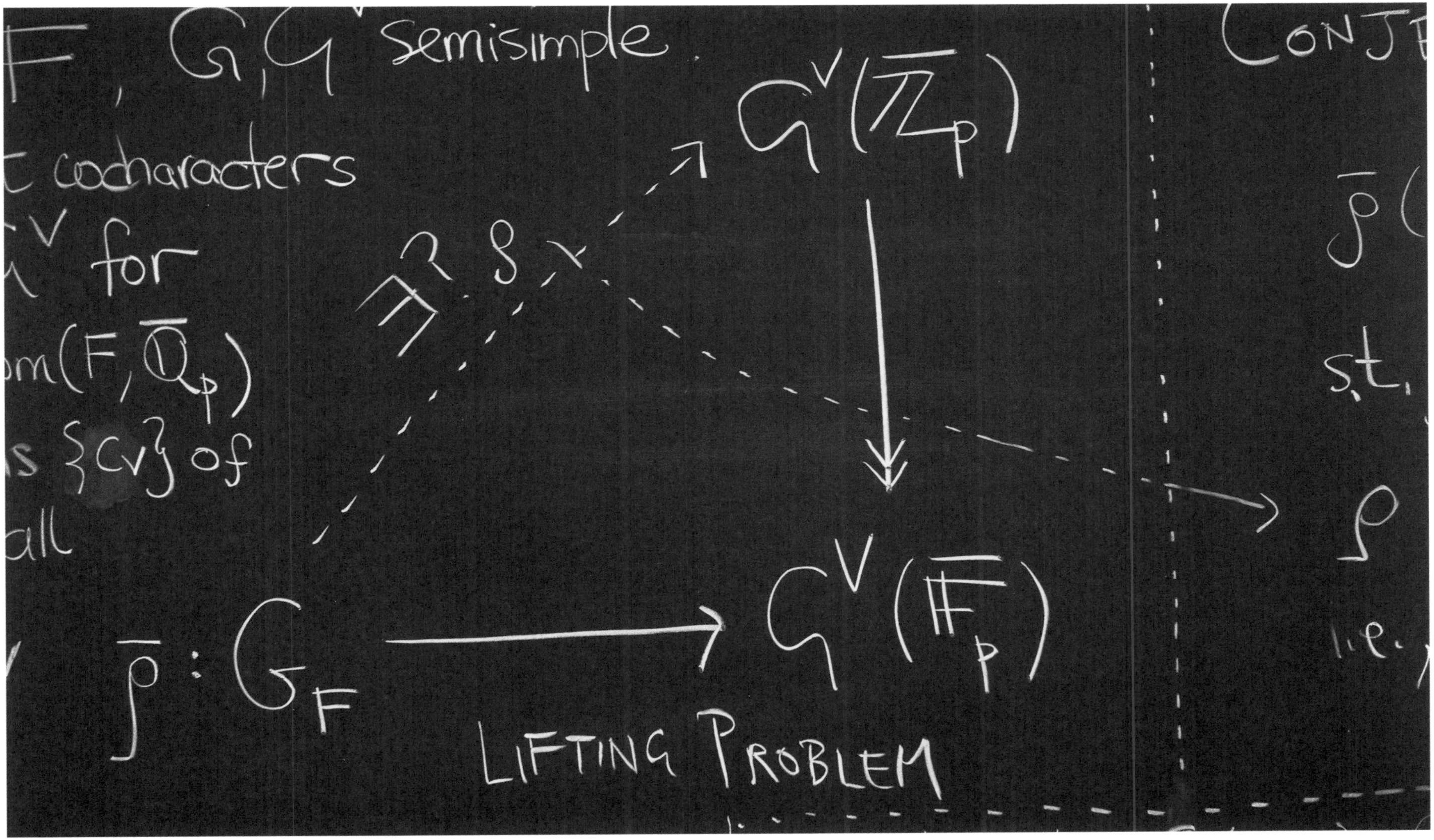

F, $G, G^\vee$ semisimple.

… cocharacters
… $G^\vee$ for
…om$(F, \overline{\mathbb{Q}}_p)$
…s $\{c_v\}$ of
…all

$$\begin{array}{ccc} & & G^\vee(\overline{\mathbb{Z}}_p) \\ & \overset{?\,\rho}{\nearrow} & \downarrow \\ \bar{\rho}: G_F & \longrightarrow & G^\vee(\overline{\mathbb{F}}_p) \end{array}$$

LIFTING PROBLEM

CONJ…

$\bar{\rho}$(…

s.t.

ρ

i.e.

아르투르 아빌라
ARTUR AVILA

취리히 대학교 교수이자 리우데자네이루 순수 및 응용 수학 연구소 특별 연구원. 1979년에 리우데자네이루에서 태어났다. 2014년에 동역학계 연구로 필즈상을 받았다.

나는 해석학자이며 내 연구는 대부분 동역학계에 초점을 둔다. 내가 볼 때 해석학자는 대수적인 사고방식을 지닌 사람과 달리 부등식을 사랑하는 사람이다. 물론 지나친 단순화인 줄은 안다. 어차피 두 개념은 서로 영향을 주고받으니까. 예를 들어 어떤 것이 0에 아주 가깝게 작다는 것을 보이면 그것이 정확히 0임을 증명할 수 있는 것처럼 말이다.

내 동역학계 연구는 스펙트럼 이론과 맞닿아 있다. 나는 여러 해 동안 수리물리학과 관련된 “일주파 슈뢰딩거 연산자”를 연구했다. 사진 속 칠판에서 나는 이 연산자에 대한 내 “대역 이론”의 기초가 된 핵심 결과가 적혀 있다. 여기에서 가속도라 불리는 실수값은 결국 “양자화”되어, 특정 정수에 2π를 곱한 값으로만 나올 수 있다. 이는 여러 단계의 부등식을 무한히 개선해 나간 결과로 얻어진다. 이 개념이 매개변수의 무한 차원 공간을 특정한 구조로 나누는 데 활용될 수 있다는 사실을 깨닫기까지 몇 년이 걸렸다.

수학자마다 머릿속에서 수학적 대상을 떠올리는 시각화 방식이 다르다. 우리는 서로 소통할 때 자신이 상상하는 내면의 모형을 칠판에 그려 전달하려 한다. 하지만 칠판에 옮겨진 그림은 머릿속에서 떠오르는 복잡한 이미지의 단순화된, 캐리커처와 같은 형태일 뿐이다.

사진 속 칠판에서는 매개변수의 무한 차원 공간을 표현한 내 캐리커처를 볼 수 있다. 양자화의 결과로 탄생한 이 근사한 구조는 스펙트럼에 상응하는 여차원-1의 층 구조로 임계 접점에 의해 나누어진다.

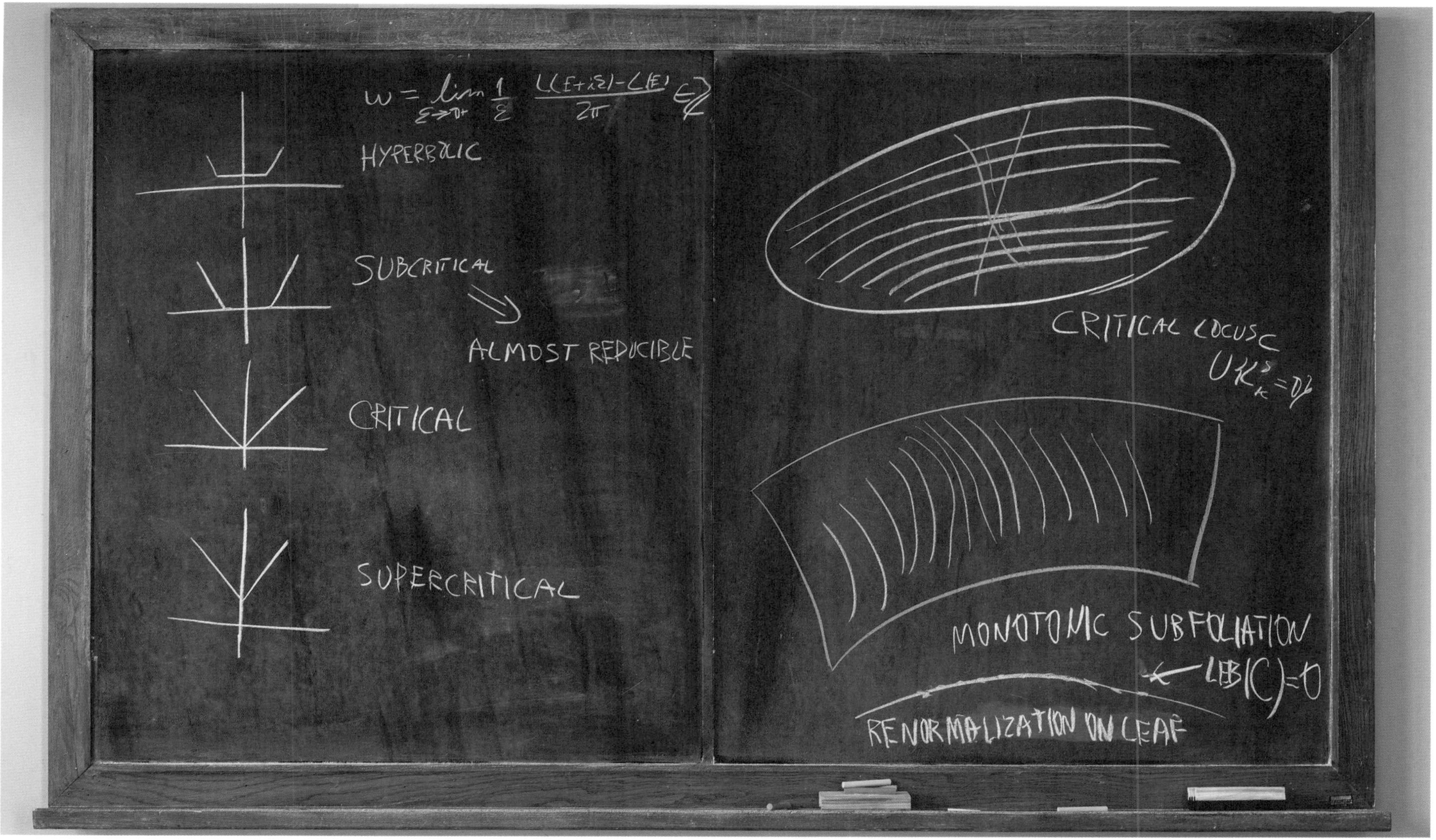

$$w = \lim_{\varepsilon \to 0+} \frac{1}{\varepsilon} \frac{L(E+i\varepsilon) - L(E)}{2\pi}$$

HYPERBOLIC

SUBCRITICAL

⇒ ALMOST REDUCIBLE

CRITICAL

SUPERCRITICAL

CRITICAL LOCUS

MONOTONIC SUBFOLIATION

$\text{LEB}(C) = 0$

RENORMALIZATION ON LEAF

클레르 부아쟁
CLAIRE VOISIN

콜레주 드 프랑스 수학과 교수. 파리에서 태어났다. 프랑스 국립과학연구원 상임 연구원(1986~2016년)으로 일했다. 2015년에 호프상, 2017년에 쇼상을 받았다.

수학적 소통은 아주 강렬한 과정이다. 칠판에 쓰는 일은 수학의 언어적 소통을 확장하는 데 필수적인데, 앞에 있는 사람이 자신의 말을 즉각 이해하거나 소화할 거라고 기대할 수 없다는 전제하에 적당한 속도로 표기를 고치고 개념을 소개하고 정의를 제시하게 하기 때문이다. 판서는 더 수고롭고 때로는 장인들이나 하는 작업처럼 보이지만 사실은 내 머릿속 내용을 다른 사람이 더 잘 이해하게 하여 소통의 효율을 높인다.

사진 속 칠판에서 나는 한 손님과 함께 특정 주기 분류의 제약 조건에 대해 논의하고 있었다. 현재 그가 쓰는 논문에는 아주 훌륭한 논증이 포함되어 있으며, 나는 우리가 나눈 이야기가 그의 계산을 단순화하는 데 도움이 되어 기쁘다. 사진을 찍고 몇 개월 후, 저 칠판 사진을 다시 보았을 때 나는 그 안에 포착된 수학적 소통의 강렬함와 명료함 덕분에 어떤 상황에서 어떤 논의를 했는지 바로 떠올릴 수 있었다. 칠판에 적힌 내용은 내 머릿속에서도 그대로 남아 있었고, 몇 개월이 지나도 여전히 또렷하게 기억되었다.

generic 5-fold is not stably rational.
A = E × F
t ∈ P²
x₁ + x₂ + x₃ = st
y₁ + y₂ + y₃ = s
⇒ Σ = 3F₁ + 3F₂

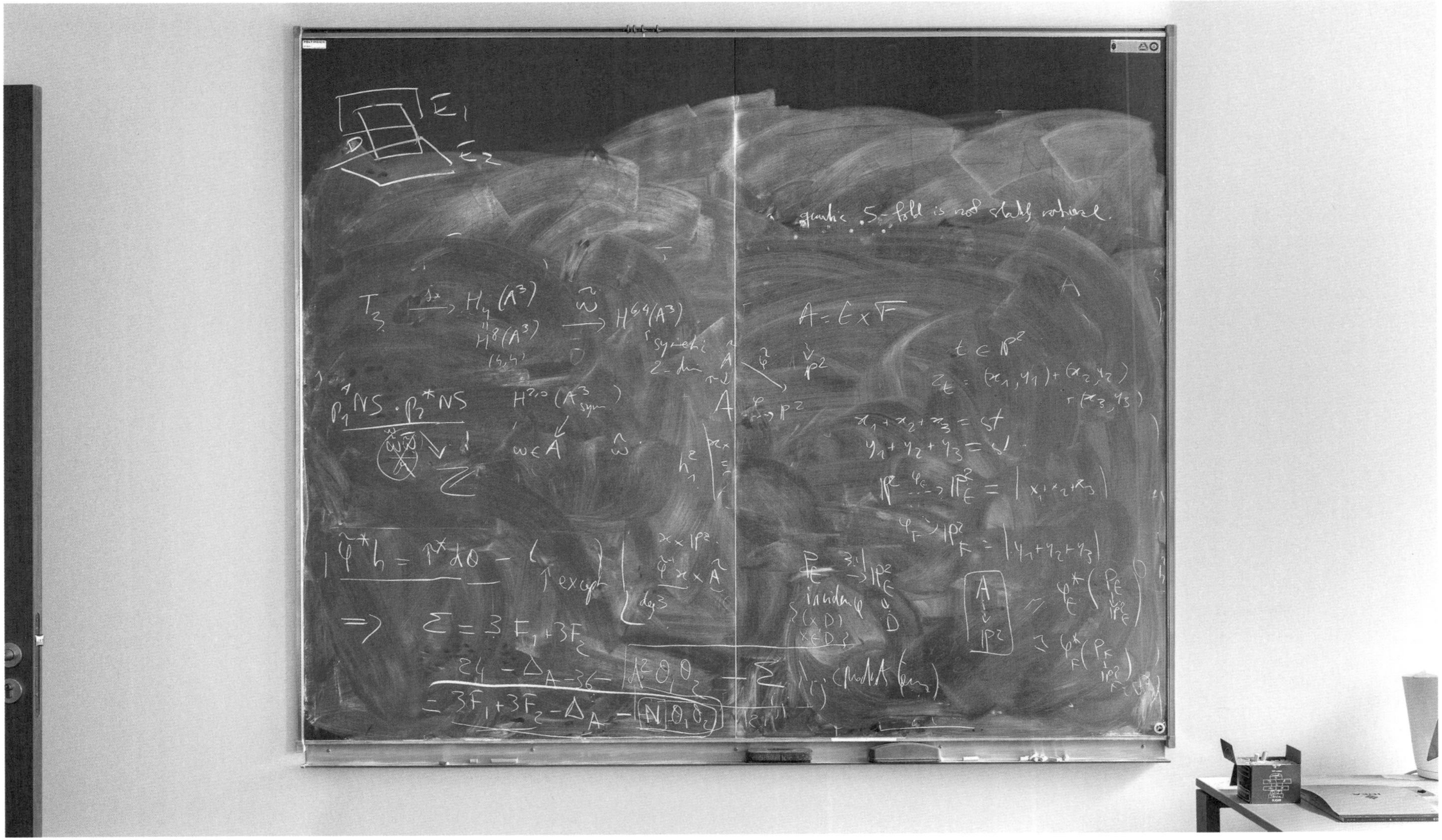

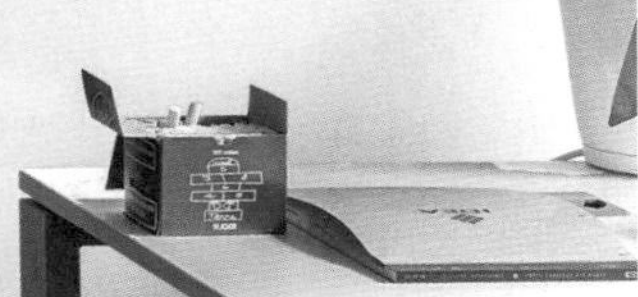

이자벨 갤러거
ISABELLE GALLAGHER

파리 대학교 수학과 교수. 프랑스 카뉴쉬르메르에서 태어났다. 1998년 파리 제6대학교(현 소르본 대학교)에서 박사 학위를 받고, 빠히-싸끌레 공과대학교에서 프랑스 국립과학연구원 연구원으로 일했다. 2004년부터 파리 제7대학교(현 파리 대학교) 수학과 교수로 재직 중이다. 2016년에 프랑스 국립과학연구원 은메달을, 2018년에 프랑스 국립과학원 소피 제르맹상을 받았다.

사진 속 칠판은 순탄하게 진행된 일주일짜리 연구의 좋은 예시이다. 칠판의 일부는 내 박사 과정 학생이 볼츠만 방정식의 유도 과정에 대해 설명하며 작성한 내용이다. 또 한쪽은 내가 다른 학생에게 뒤아멜 공식을 반복적으로 적용하여 비선형 편미분방정식의 해가 더 규칙적으로 변하도록 하는 방법을 설명하며 적은 것이다. 칠판의 나머지는 나와 두 명의 공동 연구자가 연구 프로젝트로 분투한 흔적이다. 우리는 볼츠만 방정식과 관련된 대편차 범함수를 설명하는 해밀턴-야코비 방정식을 유도하고 있다.

학생들을 가르치고 배우면서 공동 연구자와 함께 일하는 것, 그게 내가 제일 좋아하는 조합이다.

네이트 하먼
NATE HARMAN

조지아 대학교 수학과 조교수. 프린스턴 고등연구소에서 연구했다. 국립과학재단 박사 후 펠로우, 시카고 대학교 딕슨 강사를 거쳤다.

고등학교 시절, 나는 한 여학생에게 잘 보이겠다는 잘못된 판단으로 수학팀에 들어갔다. 물론 이 말은 절반만 진실이다. 나는 늘 수학을 좋아했다. 어려서 곱셈표를 보고 패턴을 찾던 기억과 엄마에게 내가 "새롭게" 발명한 음의 지수를 자랑스럽게 말했던 기억이 난다. 여자애한테 잘 보이려던 노력도 사실은 수학팀에 들어간다는 "멋대가리 없는" 일의 핑계에 더 가까웠다.

나는 칠판 앞에서 열심을 다해 생각한다. 아이디어를 적는 것은 생각을 명확하게 정리하는 데 도움이 된다. 그리고 나는 칠판에 분필로 적는 비영구적 행동이 공책에 적는 것보다 창의적 사고를 유도하는 데 좀 더 유리하다는 걸 깨달았다. 칠판에서는 큰 논증을 전개하는 도중에도 작은 실험을 해볼 수 있으며, 아니다 싶으면 바로 지울 수 있다. 또한, 앞으로 돌아가 수정하거나 새로운 가정을 추가하고, 부정확한 부분을 바로잡을 수도 있다. 칠판에서 하는 수학은 종이나 컴퓨터 화면에서 하는 수학보다 훨씬 유연하게 느껴진다.

사진 속 칠판은 일종의 순간 포착이다. 새로운 주제를 공부하면서 마침내 이해에 도달한 찰나를 잡아낸 것이다. 칠판에는 내가 최근에 생각해 낸 증명을 요약했는데, 특정 산술군의 유한한 차원을 표현한 구조에 관한 것이다. 사진이 하루나 이틀 전에 찍혔다면 아직 증명을 완성하지 못한 상태였을 것이고, 하루나 이틀 후였다면 더 강력한 명제가 성립한다는 사실을 깨달았을 것이다. 그리고 며칠 뒤에는 이미 이 분야의 모든 전문가들에게 잘 알려진 내용이었다는 걸 알게 되었을 것이다. 그렇다고 이게 슬픈 얘기는 아니다. 나는 이 결과를 내면서 얻은 직관을 바탕으로 내 최고의 연구라고 생각하는 것을 계속하고 있으니까.

k

$$SL_n(\mathbb{Z}) \curvearrowright V \otimes V^* \simeq \mathrm{End}_{\mathbb{R}}(V)$$

$$\phi \qquad \psi^*$$

$\mathbb{1} \in \mathrm{End}_{\mathbb{R}}(V)^{\Gamma_n(\ell)}$ since $V_\phi \simeq V_\psi$ as $\Gamma_n(\ell)$ reps

$$\Rightarrow SL_n(\mathbb{Z}/\ell\mathbb{Z}) \curvearrowright \langle g \cdot \mathbb{1} \mid g \in SL_n(\mathbb{Z}) \rangle$$

as $g' = gh$, $h \in \Gamma_n(\ell)$ $\Rightarrow g' \mathbb{1} = g \mathbb{1}$

에스더 리프킨
ESTHER RIFKIN

뉴욕 주립 패션 공과대학교 수학과 부교수. 창의적인 수업과 교육 방식으로 "수학 마술사"라는 별명을 얻었으며, 수십 년 동안 모은 독보적인 기하학 사례가 채워진 이동식 카트로도 유명하다. 2018년에 우수한 겸임 교수에게 주는 뉴욕 주립대학교 대학 총장상을 받았다.

초등학생 때 우리 엄마가 세상에서 가장 "완벽한" 선물을 주셨다. 틀이 나무로 된 9×12인치짜리 칠판이었다. 나는 이 칠판으로 수학 숙제를 했고 구구단을 외웠다. 물에 적신 스펀지로 답을 지우고, 재밌는 문제는 다시 풀기도 했다. 공책을 낭비하는 것보다 이 방법이 훨씬 좋았다.

처음 중학교에서 수학을 가르치면서 나는 산술 문제를 풀기에 앞서 교실 칠판에 학생들의 이름을 (나름 장식해서) 모두 적었다. 마침 그 교실은 칠판이 두 벽을 완전히 덮고 있었기 때문에 대다수 학생이 나와서 동시에 문제를 풀 수 있었다. 관리하시는 분들은 끔찍했겠지만 내 교실은 언제나 분필 가루가 자욱했다.

뉴욕 주립 패션 공과대학교에서 보낸 첫 학기는 전례 없는 도전이었다. 내게 배정된 강의실에 칠판이 없었기 때문이다. 나는 애걸하다시피 매주 지하실에서 이동식 칠판을 올려왔다. 하지만 이 작은 칠판에서는 원하는 만큼 작업이 제대로 이루어지지 못했고, 한 문제를 끝낼 때마다 칠판을 지워야 했다. 결국 그 목적으로 아마존닷컴에서 30센티미터짜리 칠판지우개를 샀다.

정년이 보장된 지금은 원하는 강의실을 고를 수 있어서 나는 학생들의 예술 작품을 감상할 수 있게 칠판이 제대로 갖춰진 교실에서 수업한다. 다들 내 오래된 초대형 칠판지우개를 써 보고 싶어 한다. 이 지우개는 내 새로운 화이트보드나 유리보드에서도 잘 지워진다. 느껴지는 스릴은 여전하지만 리모델링한 강의실에 교체된 신식 보드용 플라스틱 마커보다는 확실히 색깔 분필을 손에 쥐는 맛이 훨씬 낫다. 그리고 분필이 환경에도 더 좋다. 구식이라 생각할지 모르지만 화이트보드는 죽었다 깨어나도 깨끗이 닦아낸 슬레이트 칠판이 이 노련한 영혼에게 거는 마법을 흉내 내지 못한다.

레온하르트 오일러(Leonhard Euler)는 가장 위대한 18세기 수학자 중 한 사람이었다. 그의 수많은 발견 중에 볼록다면체의 면, 꼭짓점, 모서리를 잇는 방정식이 있다. 그의 공식에 따르면 한 입체도형에서 면의 개수와 꼭짓점의 개수를 합한 것에서 변의 수를 빼면 값이 항상 2가 나온다. 칠판에 F+V-E=2라고 쓰는 공식이다.

내가 패션 공과대학교에서 맡은 강의 중에서 제일 좋아하는 것이 "장난감 디자인을 위한 기하학과 확률"이라는 수업이다. 수학의 아름다움을 시각적, 예술적으로 접근하는 이 수업에서 나는 칠판에 분필로 자유로운 형태의 "디자인"을 창조한다. 그리고 학생들에게 그걸 모델로 삼아 눈을 감은 채로 연필을 들고 종이에 자기만의 수학적 "꼬부랑" 작품을 그리게 한다. 그런 다음 학생들을 칠판으로 불러내 이런 "낙서"를 더 그리게 하고 그 독특한 형태에서 공간, 점, 선분의 개수를 센다. 그렇게 우리는 오일러의 놀라운 공식이 3차원 입체도형은 물론이고 평면의 "꼬부랑" 그림에도 적용된다는 것을 함께 "발견한다". 각 디자인은 세상에 하나뿐인 수학 예술 작품이다!

이 수업은 아카데미 수상작인 단편 애니메이션 〈점, 그리고 선. 단순한 수학 세계의 로맨스(The Dot and the Line, a Romance in Lower Mathematics)〉(1965)로 마무리한다. 등장인물의 하나가 실제로 "거칠고 흐트러진 꼬불거리는 선"이다. 이렇게 내 수업에서 미래의 동화 작가와 장난감 디자이너들이 분필로 자신을 표현하는 즐거움을 만끽하고 수학이 얼마든지 재밌을 수 있다는 걸 발견한다!

SCIENCE & MATH DEPT. ROOM C-806
Euler
Faces
(spaces)
7

고빈드 메논
GOVIND MENON

브라운 대학교 응용수학과 교수. 무질서계의 수학적 구조와 알고리즘, 기하, 난류를 연구한다. 사이먼스 펠로우, 프린스턴 고등연구소 연구원(2018~2019년)이었다.

이 사진은 내가 1년짜리 안식년을 보낸 프린스턴 고등연구소의 카밀로 데렐리스(Camillo De Lellis) 연구실에서 찍은 것이다. 몇 주 동안 진이 빠지도록 토론한 격전 끝에 포착한 것이다.

작년 내내 존 내시(John Nash)의 "매장 정리"에 대한 새 접근법을 생각하느라 분투했다. 데렐리스와 라슬로 세켈리히디(László Székelyhidi)가 발견한 난류와의 의외의 고리가 나를 자극해 통계역학의 렌즈로 내시의 연구를 다시 돌아보게 된 것이다. 하지만 그건 어떤 면에서 비정통적인 공격법이라 이 생각을 데렐리스에게 납득시키던 중이었다. 칠판의 우측과 좌측 하단의 식은 내가 이 문제에서는 확률론적 발상이 자연스럽다고 생각한 이유를 설명한다(이토의 보조정리는 확률미적분학에서 기본적인 식이다). 칠판의 좌측 상단의 식은 데렐리스가 썼다. 그는 내가 좀 더 단순한 문제를 보고 있다고 제안했다.

당시에는 생각의 틀이 잡히지 않았지만 어떤 주제는 점점 명확해졌다. 그래서 내시의 증명을 수정하기 시작했는데, 그 문제는 계속해서 모양을 바꿔가며 감질나게 새로운 연관성을 드러냈고 그렇게 나는 점점 더 전통적인 관점에서 멀어져갔다. 프린스턴 고등연구소에 도착할 무렵이면 알아내지 않을까 생각했지만, 1년이 지나고도 해결책을 찾지 못했다. 사진 속 칠판의 대화 중에 나는 내가 교착상태에 빠졌다는 걸 알았다. 내 발상은 데렐리스를 설득할 만큼 강력하지 못했으나 그렇다고 내시의 방법으로 돌아가고 싶지는 않았다.

수학에서 창조적 행위는 증명이라는 절대적인 엄격함과 패턴 및 가능성의 모호한 지각 사이에서 긴장을 탄다. 나는 원래 공학도로 시작했기 때문에 수학적 아이디어의 구조와 진화에 대한 감각을 키우고, 특정한 사고법의 연속과 소멸을 모두 목격하고, 진리의 보편어로서 수학의 위엄을 이해하기까지 오랜 시간이 걸렸다. 나는 정복보다 이해에 더 가치를 두고 있으며, 통일과 단순성을 찾아 여러 관점을 탐구하며 많은 시간을 보낸다. 내 취향은 주로 과학의 문제가 좌우하지만, 컴퓨터 개발 같은 수학의 가장 심오한 적용은 수학의 근간을 조사하는 데서 온다는 생각이 든다. 모든 세대가 매번 이 교훈을 새롭게 배워야 한다.

이 사진을 찍은 지도 벌써 1년이 지났다. 내 아이디어는 좀 더 탄탄해졌고, 증명까지 가기에는 아직 할 일이 산더미처럼 많이 남았지만 적어도 내 관점을 포괄하는 기하학적 열 흐름을 정식화할 수 있게 되었다. 내가 이 사진을 좋아하는 건 전투의 열기가 고스란히 담겨져 있기 때문이다. 내 연구의 대부분은 엉망진창이고 답답한 순간이 더 많지만 그래도 가끔은 숭고함을 엿볼 수 있다.

Heat kernel embedding
can = canonical metric on L²
RKHS
ERASE

바삼 파야드

BASSAM FAYAD

프랑스 쥐시외 수학연구소-파리 리브 고슈 책임 연구원. 동역학계 이론의 세계적인 전문가이다. 2018년 세계 수학자 대회 초청 연사였다. 에콜 폴리테크니크가 수여하는 최고의 박사 학위 논문상(2000년), 앙리 푸앵카레상(2010년), 크누드 앤 앨리스 발렌베리 재단 연구비(2017)를 받았다. 2020년에 레바논 삼나무 훈장 기사로 임명되었다.

나는 사람들 앞에서 말을 잘 못하는 편인데 거기다가 분필까지 나쁘면 폭망은 예정된 수순이다. 적어도 지구상에서 칠판이 사라질 때까지는(그 시간이 얼마나 빨리 찾아올지 누가 알겠냐마는) 모든 사람이 고급 하고로모 분필을 가지고 다녀야 한다.

연구자로서 내가 내 직업에서 가장 소중하게 여기는 것은 스스로 흥미롭다고 느끼거나 중요한 문제를 선택하여 연구할 자유다. 나는 연구 과정 자체를 사랑한다. 아이디어가 떠오르지 않는 어둠의 시간, 어떤 문제에 사로잡힌 집착의 시기를 거쳐 마침내 비틀거리며 내디딘 첫 발걸음, 그리고 마침내 그 끝에서 빛을 보았을 때의 경이로운 순간까지. 아이디어를 찾고 다른 이들과 공유하고, 그들로부터 배우는 것은 기쁨이다. 그러나 무엇보다도 중요한 것은 모든 것에 대해 끊임없이 호기심을 유지하는 태도다. 프랑스 시인 앙드레 브르통(André Breton)의 말을 빌리자면, 내 직업은 우리 시대의 '나쁜 취향'으로부터 거리를 두게 한다.

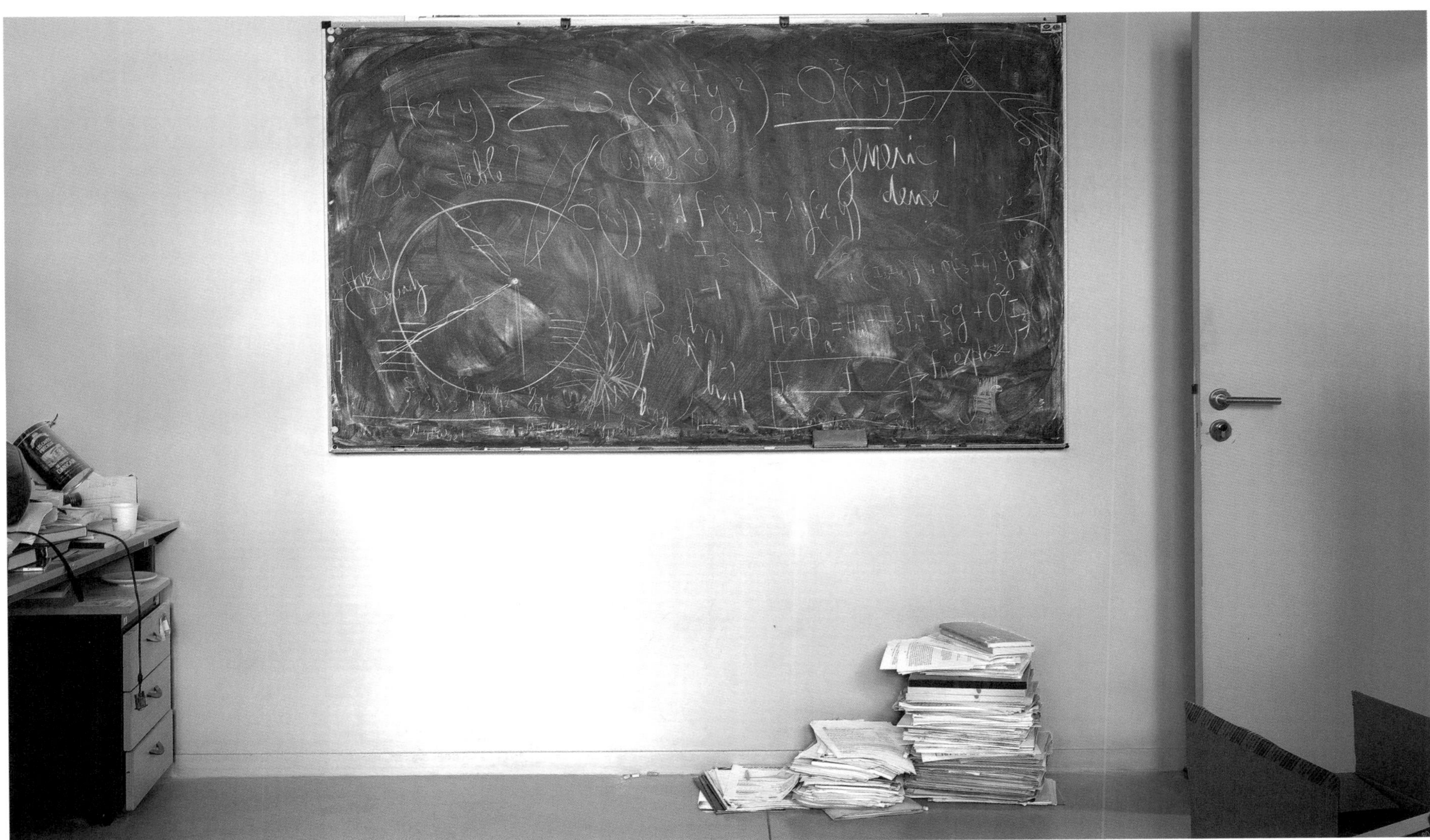
generic ?
dense
stable ?

필리프 리골레
PHILIPPE RIGOLLET

MIT 수학과 교수. 수리통계학과 기계 학습을 연구한다. 피에르 마리 퀴리 대학교(현 소르본 대학교)에서 박사 학위를 받고 2007년에 미국으로 건너갔다. 조지아 공과대학교와 프린스턴 대학교를 거쳐 2015년에 MIT에 임용되었다.

나는 수리통계학, 더 포괄적으로 말하면 데이터 수학을 연구한다. 내 연구의 주요 목표는 통계학과 기계 학습에서 발생하는 알고리즘을 분석하는 것이다. 그런 분석에는 보통 신선한 재료가 필요하다. 때로는 기존의 수학에서 개념을 빌리거나 아예 새로 만들어야 한다. 훌륭한 수학적 분석은 기존의 알고리즘을 더 잘 이해하고 개선하며 심지어 전혀 새로운 알고리즘을 제안하는 밑바탕이 된다.

사진 속 칠판의 공식은 새로운 표본 추출 알고리즘을 제안한 것이다. 가장 단순한 형태의 "표본 추출"에는 난수 생성과 동전 뒤집기가 있다. 이런 건 간단하고 이해하기 쉽지만 조금만 복잡해져도 금세 어려워진다. 강아지의 무작위적 이미지를 생성한다면? 임의의 필기체를 만들어내야 한다면? 이런 과제를 수행하려면 좀 더 정교한 알고리즘이 필요하다. 이 칠판이 그런 알고리즘의 하나를 소개한다. 칠판에 적힌 연구는 길고 긴 과정의 가장 초기 단계를 나타낸다. 이 단계에서는 알고리즘이라기보다 초안에 가깝다. 알고리즘은 여러 차례 개선된 다음에야 제대로 기능하고 훌륭한 수학 이론을 처리할 수 있게 된다.

사진 속 칠판의 알고리즘은 내가 지도하는 박사 과정 학생인 신호 츄위(Sinho Chewi)가 대부분 쓴 것으로 판서된 글씨는 내 글씨체가 아니다. 하지만 이것이야말로 칠판의 목적이다. 칠판은 한 공간에서 서로의 아이디어를 자유롭게 뒤섞고 공유하는 곳이다. 나에게 수학은 사회적 경험이다. 나는 다른 이들을 가르치고, 동시에 그들에게서 배운다. 대부분의 경우, 이 두 가지 과정은 동시에 일어난다. 이해하는 과정과 설명하는 과정은 늘 함께 가기 때문이다. 칠판은 바로 이 모든 일이 일어나는 공간이다. 우리는 서로 돌아가며 칠판 앞에 서기도 하고, 앉아서 다른 사람의 설명을 듣거나 토론한다.. 때로는 지금 당장 적어야 할 아이디어가 떠올라, 서로 밀치기도 한다. 마침내 분필 가루가 바닥에 가라앉을 무렵, 뒤를 돌아 칠판의 검은색 배경을 바라보며 흰색의 공식이 속삭이는 내용을 깊이 숙고한다.

$$\mu_t = e^{-U_t}$$

$$X_{t+1} = T_t(X_t) = X_t - \nabla \ln \frac{\mu_t}{\gamma}(X_t)$$

$$\frac{\mu_t(x)}{\mu_{t+1}(T_t(x))} = \det DT_t(x)$$

$$U_{t+1}(T_t(x)) - U_t(x) = \ln \det DT_t(x)$$

$$DT_t(x) = D(id - h(DU - DU_t))(x) = I_d - h(D^2U - D^2U_t)(x)$$

$$\nabla \ln \det X = X^{-1}$$

$$DT_{t+1}(T_t(x)) = DT_t(x) - hD^2U(T_t(x)) + hD^2U(x)$$

$$X_0 \sim \mu_0$$

$$\nabla U(X_0) = -\nabla U_0(X_0)$$

$$X_{t+1} = X_t - h\{\nabla U(X_t) - \nabla U_t(X_t)\}$$

$$\mathcal{E}_t = \min_{f:[0,1]\to P_2} \sum_{i=1}^{n} d(Y_i, f(t_i)) + \lambda \int |f'(t)|^2 dt$$

$$\mu_t(x) = c \cdot \mu_{t+1}(ax+b)$$

$$T_t(x) = a_t x + b_t$$

카밀로 데렐리스
CAMILLO DE LELLIS

1976년에 이탈리아 산 베네데토 델 트론토에서 태어났다. 1999년에 피사 대학교에서 수학 전공으로 학부를 졸업하고 2002년에 피사 고등사범학교에서 루이지 암브로시오(Luigi Ambrosio)의 지도로 박사 학위를 받았다. 2004년에 취리히 대학교 수학과에 조교수로, 2005년에 정교수로 임용되었다. 2018년에 프린스턴 고등연구소로 옮겨 IBM 폰 노이만 석좌교수가 되었다. 변분법, 기하측도론, 쌍곡형 보존법칙, 유체동역학 분야에서 활발히 연구한다. 2012년 크라쿠프에서 열린 유럽 수학대회 기조 강연을 맡았다. 유럽 학술원 회원이다. 2009년에 스탬파치아 메달, 2013년에 SIAG/APDE상, 2013년에 페르마상, 2014년에 카치오폴리상, 2015년에 아메리오상, 2020년에 부셰상을 받았다.

내 연구에는 딱히 정해진 방식이 없다. 앉아서 머릿속에 떠도는 아이디어를 세심하게 확인할 때도 있고, 흥미롭거나 놀라워서 좀 더 깊이 알고 싶은 것을 공부할 때도 있다. 이럴 때는 연필과 종이로 계산이나 의견, 추측 등을 꼼꼼히 기록하는 편이다. 하지만 대체로 내 정신은 어떤 문제에 대한 말도 안 되는 개념들 사이에서 이 가능성, 저 가능성을 찔러보며 제멋대로 돌아다닌다. 이런 생각들은 열차 안에서, 숲에서 달리는 중에, 장을 보다가, 혹은 뒤척이며 잠을 이루지 못하는 밤에도 떠오른다.

공동 연구자들과 함께하는 시간은 다른 범주에 속한다. 이런 모임은 몇 시간씩 중구난방으로 이어지는 잡담에서부터 복잡한 계산이 수반되는 아주 집중적인 회의까지 다양한 형태를 취한다. 하지만 거의 대부분 칠판 앞에서 아이디어를 개괄하거나 깊이 있는 논의를 진행한다.

사진 속 칠판은 친구인 브라운 대학교 교수 고빈드 메논이 존 내시의 유명한 정리를 확률론적으로 접근하면서 제시한 아이디어를 보여준 것이다. 내시의 정리를 해석하는 한 가지 도발적인 방식이 있다면, 주머니가 아무리 작아도 그 안에 꽤 큰 종이 한 장을 접거나 구기지 않고 집어넣을 수 있어야 한다는 것이다. 이것은 실제로 사실이며, 특정 유형의 "자명한" 특이점을 제외한 편미분방정식에서 특수 해의 존재를 통해 수학적 모형을 세울 수 있다(물론 현실에서는 종이에 "나쁜" 짓을 하지 않고는 주머니 안에 그런 큰 종이를 넣을 수는 없다). 내가 찾은 가장 중요한 수학적 발견의 하나는 존 내시의 반직관적 정리가 유체역학에서도 등장한다는 사실이다. 난류 운동을 설명하는 과정에서 유사한 수학적 패턴이 나타난다. 현재로서는 매우 복잡한 계산을 통해서만 결론에 도달할 수 있지만, 나와 고빈드는 확률론을 사용하면 이 현상을 좀 더 단순하게 설명할 수 있을 거라고 믿고 있다.

칠판에서의 작업은 내 생각을 다른 이들에게 전달하도록 돕지만 나 자신의 발상을 명확히 정리하는 가장 빠른 방법이기도 하다. 나는 연구실에 혼자 있을 때도 종종 칠판에 쓴다.

그렇긴 해도 가장 좋은 기억은 내 벗이자 독일 라이프치히 대학교 교수인 동료 라슬로 세켈리히디와의 협업이다. 우리는 전혀 관련이 없어 보이는 두 영역이 실은 동일한 원리를 공유할 수도 있다는 가능성에 대해 이야기하고 있었다. 세켈리히디가 공책을 꺼냈고 우리는 취리히 중심가의 분위기 있는 한 카페에서 점심을 주문하고 작업을 시작했다. 일이 일사천리로 진행되면서 우리는 몹시 들떴다. 사실은 지나치게 흥분했던 모양으로, 결국 한 노부인이 우리 테이블에 와서는 너무 시끄럽다며 심하게 야단치셨다.

어둠 속에서 오래 머물다가 마침내 이해하게 되는 순간이 주는 엄청난 희열이 있다. 아주 크고 복잡한 직소 퍼즐이 완성되는 것을 상상하는 것은 짜릿한 일이다. 어려서 시청한 〈A-특공대〉라는 드라마에서 주인공인 한니발 스미스(나중에 보니 영화 〈티파니에서의 아침을〉에서 오드리 헵번과 함께 나온 남자 주인공이었다)가 입버릇처럼 "난 일이 계획대로 풀릴 때가 제일 좋더라"라고 말하곤 했다. 나도 가끔은 그렇게 느낄 때가 있지만, 두 가지 큰 차이가 있다. 내 계획은 보통 몇 년이 걸려야 풀리고, 성공률은 한니발 스미스와는 비교도 할 수 없이 낮다는 점.

Euler - Reynolds system

$$\begin{cases} \partial_t v_q + \operatorname{div}(v_q \otimes v_q) + \nabla p_q = \operatorname{div} \mathring{R}_q \\ \operatorname{div} v_q = 0 \end{cases}$$

$$\mathring{R}_q(x,t) \in \mathrm{Sym}_0^{3\times 3} = \{ A \in \mathbb{R}^{3\times 3} : A^T = A,\ \operatorname{tr} A = 0 \}$$

$\forall e:[0,1]\to\mathbb{R}^+$ smooth **Theorem** (D [illegible]

$\exists\ (v_q, p_q, \mathring{R}_q)$ solving system s.t.

- $(v_q, p_q) \to (v, p)$ uniformly
- $\mathring{R}_q \to 0$ unif
- $\frac{1}{2}\int |v_q|^2(x,t)\,dx \longrightarrow e(t)$

오드리 나사르
AUDREY NASAR

뉴욕 주립 패션 공과대학교 교수이자 일러스트레이션 석사과정 학생. 헌터 칼리지에서 순수수학으로 석사 학위를, 컬럼비아 대학교에서 수학교육으로 박사 학위를 받았다. 수학을 가르치는 것 외에도 2012년에 뉴욕시를 기반으로 스트리트 패션 브랜드 어반 크리켓을 공동 창립했다. 일러스트레이션, 그래픽 노블, 애니메이션을 통해 수학 개념을 가르치는 일에 관심이 있다. 선호하는 매체는 분필, 잉크, 디지털이다.

수학을 가르치는 내 목표는 문제를 해결했을 때의 쾌감과 증명의 아름다움을 교실에 불러오는 것이다. 난 성장 배경에 상관없이 누구라도 수 세기 동안 수학자들을 현혹한 것을 똑같이 볼 수 있다고 믿는다. 특히 개인적으로는 수학과 예술이 교차하는 지점에 매료되었다. 뉴욕 주립 패션 공과대학교에서 "예술과 디자인의 기하학"이라는 수업을 가르쳤는데, 사진 속 칠판의 별을 보면 이 수업에서 무엇을 가르치는지 볼 수 있다. 디자인 영역에서 두루 사용되는 이 도형에는 수학적 발견이 빼곡히 들어차 있다.

별 모양의 다각형은 스타벅스, 컨버스 올스타, 하이네켄, 프레 타 망제 같은 회사 로고에서 볼 수 있다. 미국, 이스라엘, 모로코, 베트남 같은 국가의 국기에서도 사용되며, 이슬람 예술과 건축에서도 흔하게 등장한다. 별 모양의 다각형은 원 위에 일정한 간격으로 배치된 점을 특정 규칙에 따라 연결하면서 생성된다. 수학적으로는 {n/k}로 표기하는데, 여기서 n은 원 위의 점 개수, k는 몇 번째 점을 연결할지를 나타낸다. 이러한 도형들은 분필을 떼지 않고 한 번에 그릴 수 있는지, 즉 한 획으로 완성할 수 있는지에 따라 분류된다.

이 수업에서 학생들은 직접 칠판에 나와 별 모양 다각형을 그리고, 그 도형이 몇 개의 사이클(한 획으로 끊김 없이 그릴 수 있는 연결된 경로)로 이루어져 있는지 세어본다. 예를 들어 별 {5/2}는 분필을 한 번도 떼지 않고 그릴 수 있으므로 길이가 5인 1사이클을 갖는다. 반면 별 {6/2}는 분필을 한 번 떼어야 하므로, 각각 길이가 3인 2사이클로 구성된다. 학생들은 사이클의 수와 길이 사이의 관계를 탐구한다. 그 외에도 색깔 분필을 사용해 별이 서로 중첩되는 방식을 보여주고 회전 또는 반사대칭을 식별한다.

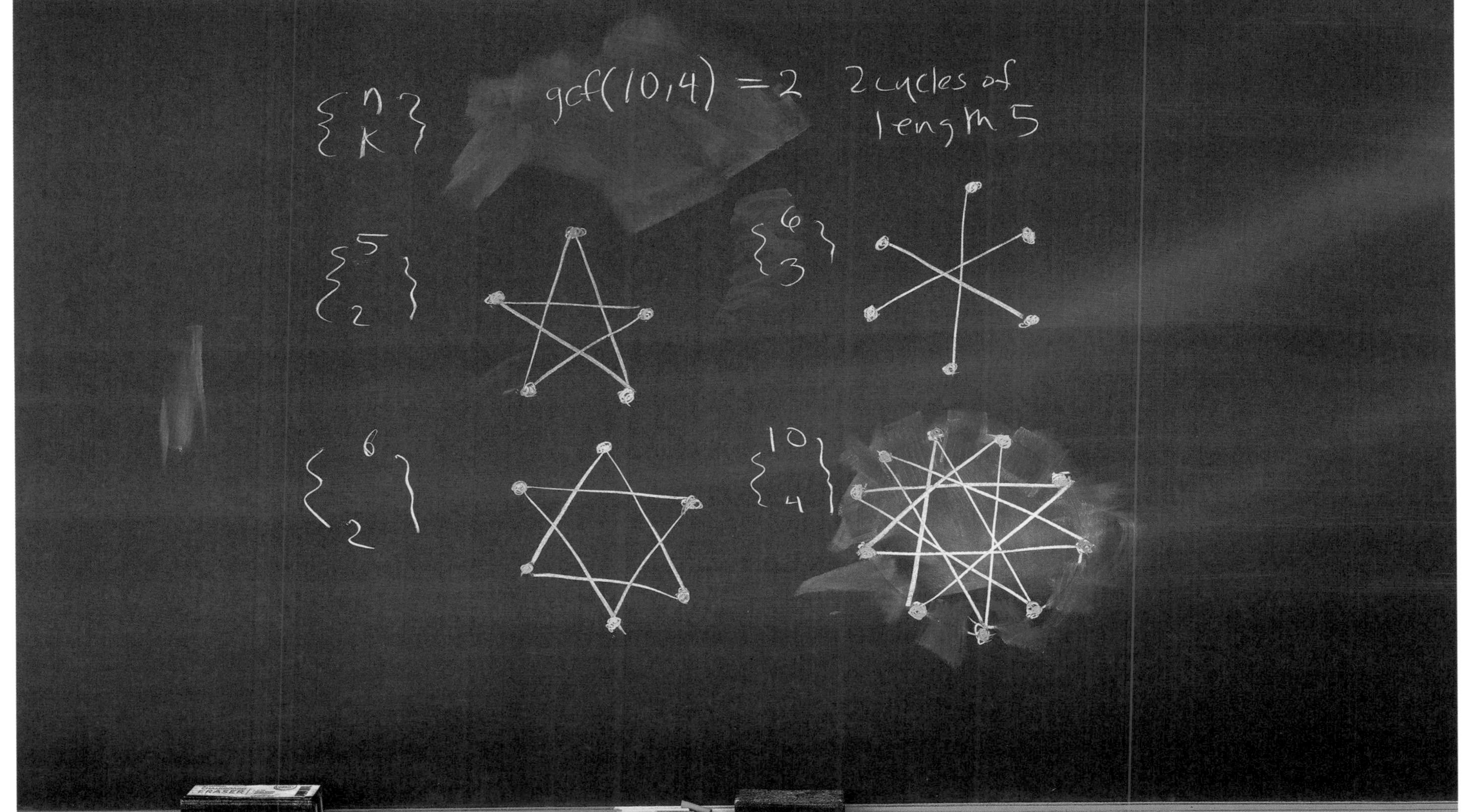

gcf(10,4) = 2
2 cycles of length 5

댄 A. 리
DAN A. LEE

퀸스 칼리지 및 뉴욕 시립대학교 대학원 수학과 부교수. 대학원생의 이해를 돕기 위해 미국 수학회에서 《기하학적 상대성이론(Geometric Relativity)》을 출간했다.

이 칠판은 코네티컷 대학교 란-이수안 후앙(Lan-Hsuan Huang)과 함께 마무리 중인 논문의 계산 과정을 보여준다. 후앙은 기하해석학, 더 구체적으로 말하면 기하 해석을 일반상대성 문제에 적용하는 연구를 한다. 이 논문에서 우리는 국소적인 에너지-운동량 밀도(우리 주변에서 일상적인 물체의 질량을 기술한다)와 중력계의 "총" 광역 에너지-운동량(우리은하와 같은 대형 시스템의 총질량을 의미하고 멀리 떨어진 물체가 우리은하에 얼마나 강하게 끌어당겨지는지를 측정한다) 사이의 관계를 연구한다. 고전 뉴턴 역학에서는 이 두 개념이 단순하게 연결되지만, 일반상대성이론의 비선형성은 이를 매우 흥미로운 수학적 문제의 보고(寶庫)로 만든다. 이 관계는 수십 년간 채굴되었고, 여전히 보석을 캐고 있다.

기하학과 물리학이라는 말을 들으면 많은 이들이 자연스럽게 그림과 시각적 표현이 중심인 연구 분야를 상상하지만, 우리가 하는 대부분의 일은 이 칠판에 있는 것, 즉 도함수와 첨자가 난무하는 방정식에 더 가깝다. 그건 우리가 연구하는 기하학이 너무 복잡해서 칠판에 그리기는 고사하고 머릿속에서 시각화하기조차 힘들기 때문이다. 내가 굳이 그림을 그린다면 대체로 아주 단순화된 형태이고 정확한 표현이 목적은 아니다. 글씨체만 봐도 내 서투른 그림 솜씨를 짐작하기는 어렵지 않을 것이다.

평소에는 칠판과 분필보다 펜과 종이로 일하는 것을 더 선호한다. 하지만 협업하는 자리에서 칠판은 아이디어를 빠르게 공유하는 완벽한 도구다. 따라서 요새처럼 온라인 공동 연구가 많이 이루어질 때 가장 불편한 부분도 아마 큰 칠판이 없다는 점일 것이다. 수학 논문은 대부분 공동으로 진행하기 때문에 호흡이 잘 맞는 사람을 찾는 게 중요하다. 수학자들은 흔히 사회성이 부족한 사람들로 알려졌지만 수학의 발전은 어디까지나 공동의 노력이다. 나는 외로울 수도 있는 일상의 연구 중에 이 사실을 기억하려고 한다. 소규모 학회나 워크숍에 참석해서 십여 년 된 동료들을 만날 때면 무척이나 반갑고 즐겁다. 또 나는 새로 합류하는 사람들을 기꺼이 환영한다. 우리 모두 공통의 목적을 향해 열심히 나아가고 있다는 걸 알고 있으니까.

Fix j=n for middle rows of Q
j<k for last rows of Q[N-1]
first n rows
det Q

로라 드마르코
LAURA DEMARCO

하버드 대학교 수학과 교수. 2020년에 미국 국립과학원 회원으로 선출되었다. 미국 수학회에서 수여하는 새터상(2017년), 사이먼스 펠로우십(2015~2016년)을 받았다. 노스웨스턴 대학교 수학과 헨리 S. 노예스 석좌교수를 거쳐 2020년에 하버드 대학에 임용되었다. 2012년에 미국 수학회 펠로우가 되었다.

이 칠판에 쓴 것은 내 것이 아니다. 내 학생인 슈이 웡(Shuyi Weng)이 자신의 박사 학위 논문에 실은 결과 중 하나를 설명한 것이다. 그는 기하학과 복소해석학 사이의 흥미로운 연결을 발전시키는 데 초점을 맞추고 있으며, 특정한 2차원 모양이 3차원 형상을 휘거나 구부러지게 하는 방식을 연구한다.

칠판 앞에서는 아이디어를 시각적으로 설명하기 위해 그림을 그린다. 같은 개념이라도 형식을 갖춘 문장으로 설명하는 것보다, 칠판에 직접 쓰고 그림과 함께 설명하는 편이 훨씬 이해하기 쉽다. 나는 공동 연구자, 학생, 동료들과 수학에 대해 논의할 때 항상 칠판을 사용하며, 연구실 밖에서는 종이를 대신 사용하기도 한다. 요새는 토론 내용을 기록하기 위해 휴대전화로 칠판을 찍어두는 습관이 생겼다. (물론 사진을 다시 찾아보는 일은 극히 드물지만, 파일에 저장되어 있다는 것만으로도 든든하다.)

나는 대학원을 마치고 나서부터 본격적으로 칠판을 사용하기 시작했다. 과거에는 칠판을 별로 쓰지 않았는데 아마도 과거보다 지금이 다른 수학자들과 더 많이 대화하고 교류하기 때문일 것이다.

어려서 우리 이모가 선물로 주신 칠판이 기억난다. 그 칠판을 아주 좋아해서 지하실에서 선생님 놀이를 하며 몇 시간이고 놀았고, 심지어 내 가짜 학생들에게 숙제와 성적표를 나눠주기도 했다. (우리 이모는 뉴욕의 공립학교에서 일하셨기 때문에 교사용 초등 교재를 다양하게 구할 수 있었다.) 지금 생각해 보면 참 재밌는 일이다. 나는 늘 선생님이 되고 싶었지만 수학을 배울수록 가르치고 싶은 수준이 높아졌으니 말이다.

Sym Assumption :
Fulltouch

레일라 슈넵스
LEILA SCHNEPS

프랑스 국립과학연구원 수학자이자 소설가. 캐서린 쇼(Catherine Shaw)라는 필명으로 수학을 중심으로 한 살인 미스터리를 써왔다. 형사 소송에서 수학과 통계가 올바르게 사용되도록 하는 활동에도 힘쓰고 있다.

나는 말과 언어를 사랑해서 수학자가 되었다. 원래는 문학을 전공할 생각이었는데, 1학년 때 솔제니친을 읽으면서 세상을 바꾸고 싶다는 생각이 들었고 기술이 그 방법이라고 생각했기 때문에 수학과 물리학 수업을 수강했다. 그러나 정작 수학 수업을 들으면서 수학의 말, 그리고 내가 알지 못했던 세계를 잠금 해제하는 미스터리한 기호에 푹 빠져버렸다. 나는 수학 도서관에서 책들을 넘겨보면서 $PSL_2(\mathbb{R})$이 도대체 무엇일까, 도식의 평탄 사상은 어떻게 생겼을까, 코호몰로지 이론의 난해한 용어 뒤에 숨어 있는 것은 무엇일까 끝없는 호기심에 사로잡혔다.

세월이 흐르면서 어느덧 이 개념들은 더 이상 낯설지 않은 친숙한 언어가 되었다. 결국, 내가 매일 사용하는 언어에 특정 대상을 더욱 정확하게 설명할 수 있는 풍부하고 완전한 어휘가 추가된 것뿐이었다. 하지만 이 언어에 대한 내 열정은 여전히 내면에 남아 있었고, 장 에칼(Jean Écalle)의 놀라운 연구를 접하는 순간 확 불이 붙었다. 에칼은 자신이 연구한 새로운 대상과 새로운 대칭을 기술하기 위해 전적으로 새로운 단어를 발명해냈다. 상상력이 부족하거나(예 : "좋은" 군), 또는 훌륭한 재주를 지닌(예 : "결정" 코호몰로지) 다른 수학자들이 평범한 단어를 용도 변경하는 것과는 달랐다. 그것뿐만이 아니었다. 에칼은 완전히 새로운 영역인 몰드 이론(mould theory)을 개척하고, 그것을 기술하고 이해하기 위해 얼터닐(alternil), 만타르(mantar), 아리트(arit), 프리와(preiwa), 다이몰피(dimorphy), 테루(teru), 객시트(gaxit) 같은 전혀 새로운 언어를 창조했다! zig = mono(swap).zag 또는 gepar(invpil) = pic과 같은 수식을 본 적이 있는가. 나를 끌어당긴 것은 그가 논문에서 사용한 언어였다. 나는 거기에 매료되어 그 단어들이 묘사하는 세계에 몸을 담그고 싶었다. 그리고 그것을 이해하는 데는 꽤 오랜 시간이 걸렸지만, 결국 그 안에서 아름다운 아이디어의 보물 창고를 발견했다. 새로운 정의, 놀라운 관찰, 비범한 접근법, 경이로운 일반화까지, 모든 것이 이 한 주제의 수많은 미묘한 변형을 포착하기 위해 발명된 독창적인 언어로 표현되었다. 나는 내 연구에 활용할 수 있는 완벽한 도구 상자를 손에 넣은 기분이었다.

우리가 수학을 매체에 쓰는 이유는 여러 가지 복잡한 요소들을 머릿속에 동시에 담아두는 것이 어렵고 오류에 빠지기 쉽기 때문이다. 글로 적는 것은 바라는 대로 이루어지리라는 심리적 착각을 막아주는 해독제 역할을 한다. 우리는 칠판에 수학을 쓰고 그리는 행위를 통해 생각을 전달하고, 다른 이의 정신에 직접 이식할 수 없는 내면의 풍경을 시각적 형태로 표현한다. 언어만 적절하다면 이 수학은 다른 이들로 하여금 그들 자신의 머릿속에서 정신적 이미지를 재건할 수 있는 벽돌과 지침으로 기능할 것이다.

내 칠판에는 몰드 이론의 근본적인 정체성이 들어 있다. 그것은 놀라울 정도로 다양한 상황에 적용될 수 있다. 많은 동료들은 이런 낯선 어휘 때문에 (소리내어 읽을 때는 근사하지만) 에칼과 내 논문을 읽기 어렵다고 말한다. 모든 개념을 재정리하여 좀 더 평범한 방식으로 공식을 다시 써보라고 권하는 이들도 있다. $Z = F(s) \cdot Y$ 또는 $G(p^{-1}) = p_c$처럼. 하지만 내게는 이 언어의 매력적인 음색과 완벽한 어우러짐과 유연성이 너무 아름답기 때문에 포기하지 못할 것 같다. 우리가 수학을 하는 건 수학이 아름답기 때문이니까.

Applying the same method to ari yields the operator ira, defined as

$$\mathrm{ira}(A,B) = \mathrm{swap}(\mathrm{ari}(\mathrm{swap}(A), \mathrm{swap}(B)))$$

$$= \mathrm{axit}(B, -\mathrm{push}(B)) \cdot A + \mathrm{mu}(A,B)$$

$$- \mathrm{axit}(A, -\mathrm{push}(A)) \cdot B - \mathrm{mu}(B,A)$$

We then define preiwa as follows:

$$\mathrm{preiwa}(A,B) := \mathrm{swap}(\mathrm{preawi}(\mathrm{swap}(A), \mathrm{swap}(B)))$$

$$= \mathrm{swap}(\mathrm{amit}(\mathrm{swap}(B), \mathrm{swap}(A)))$$

$$+ \mathrm{swap}(\mathrm{anit}(\mathrm{anti}\cdot\mathrm{neg}(\mathrm{swap}(B))) \cdot \mathrm{swap}(A))$$

$$+ \mathrm{swap}(\mathrm{mu}(\mathrm{swap}(A), \mathrm{swap}(B)))$$

얀 봉크
JAN VONK

프린스턴 고등연구소 연구원.
2015년에 옥스퍼드 대학교에서
박사 학위를 받았다.

수학을 연구하는 과정은 수많은 막다른 길과 진짜 같은 오류가 난무하는 혼돈의 여정이다. 생각을 정리하고 명확한 구조를 찾기 위해서는 혼자서 오랫동안 걸으며 고민하거나, 책상 앞에서 낙서를 하며 끝없이 실험하는 과정이 필요하다. 하지만 나에게 수학이란 근본적으로 사회적 활동이다. 의식을 치르는 경건한 마음가짐으로 칠판 앞에 모여 서로의 기대와 의심, 성공과 실패, 깨달음과 혼돈을 공유하며, 무엇보다도 수학에 대한 흥분과 열정을 함께 나누는 과정이다.

나는 정수론을 연구한다. 이 분야는 수학에서도 가장 오래된 분야의 하나로, 고대 여러 문화권에서 연구되었으며, 오늘날에도 활발한 연구가 이루어지고 있다. 하지만 바빌로니아에서 정수론을 다루었던 사람들이 우리의 현대적 접근 방식을 본다면 상당히 낯설게 느낄 것이다. 이는 이 분야가 수 세기에 걸쳐 여러 차례 혁명을 겪으면서 추상대수학, 기하학, 해석학 같은 전혀 거리가 멀어 보이는 수학의 도구가 두루 주입되었기 때문이다. 나는 예를 들어 아래와 같은 다항방정식의 해와 관련된 문제를 연구한다.

$$441x^4 - 264x^3 + 271x^2 - 264x + 441 = 0$$

청소년기의 경험이 어땠느냐에 따라 이런 수식을 보자마자 고통스러운 대수학이 떠오르며 온몸이 뒤틀릴 수 있다. 하지만 예상치 못한 사실은, 이런 다항식이 감추고 있는 가장 깊은 비밀이 어떤 신비로운 기하학적 형태에 암호화되어 있다는 점이다. 이 도형들은 마치 바위처럼 단단해서 쉽게 정보를 추출할 수 없다. 내 연구 주제의 하나는 이런 바위를 다양한 렌즈를 통해 들여다보며, 덜 단단한 형태로 바꾸어 연구하는 것이다. 이 연구는 우리가 익숙한 거리와 크기의 개념이 특별한 방식으로 변형된 공간에서 이루어진다. 특정한 소수 p를 적용하면, 단단한 바위처럼 다루기 어려운 이 구조를 더 유연한 “*p*진” 형태로 바꿀 수 있다. 이렇게 조심스럽게 변형해 나가다 보면, 결국 이 방정식이 감추고 있던 깊은 산술적 비밀을 밝혀낼 수 있다.

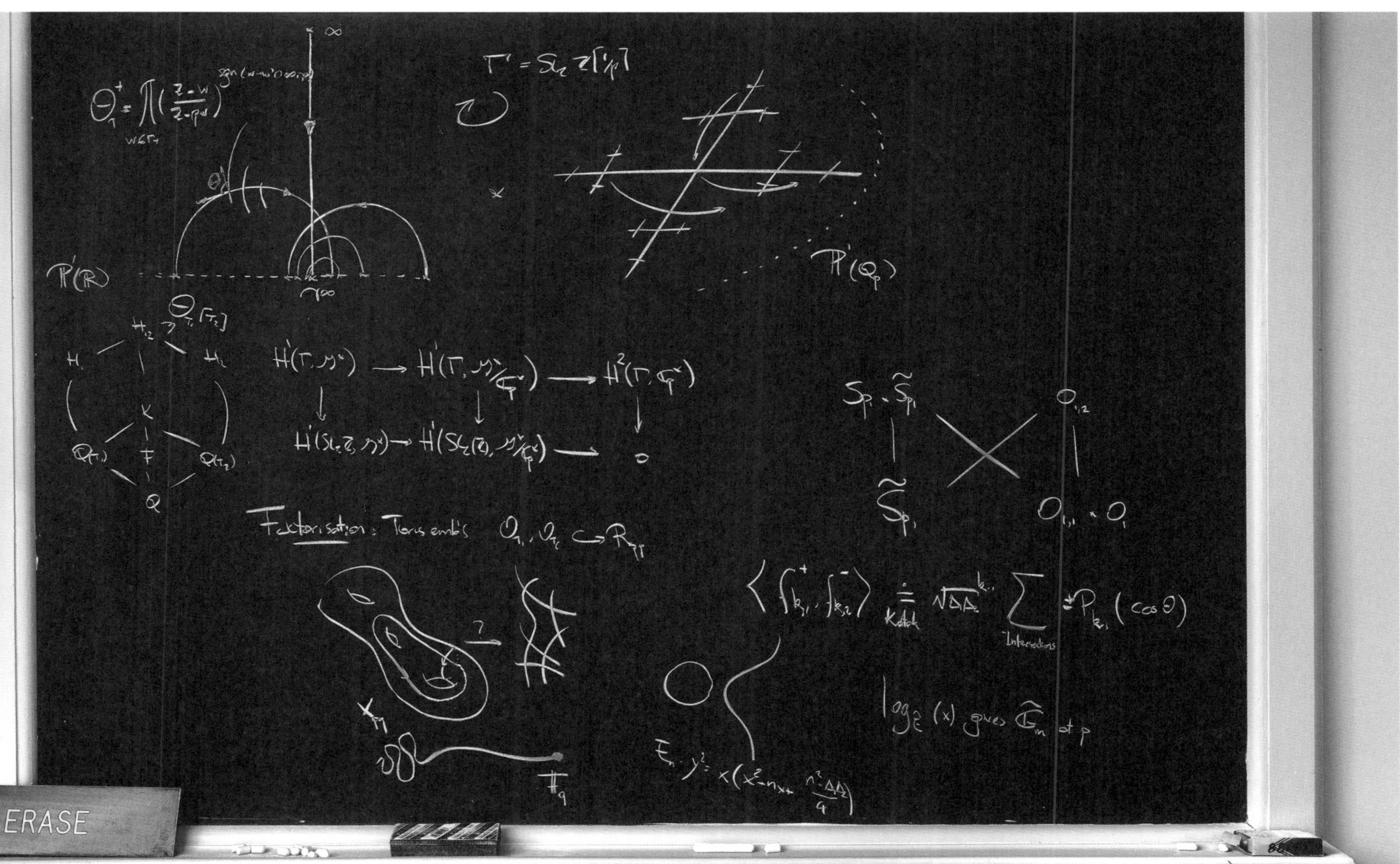

Factorisation : Torus emb's
Intersections
ERASE

조너선 필라
JONATHAN PILA

옥스퍼드 대학교 수리논리학 교수. 오스트레일리아 멜버른에서 태어났고 멜버른 대학교에서 학부를 마치고 스탠퍼드 대학교에서 피터 사낙(Peter Sarnak)의 지도로 박사 학위를 받았다. 2011년에 클레이 연구상을 받았고, 2014년 서울에서 열린 세계 수학자 대회에서 기조 강연을 했다. 2015년에 왕립 학회 펠로우로 선정되었다.

이 사진은 내가 2018년 프린스턴 고등연구소에서 세 번에 걸쳐 진행한 바일 강연 중에 찍은 것이다. 독일 수학자 헤르만 바일(Hermann Weyl)의 이름을 딴 바일 강연은 폭넓은 수학 청중에게 현재 수학계의 관심사를 소개하는 목적으로 기획된 연례 강연 시리즈이다.

내 강연은 내가 수년간 혼자서 또는 여러 사람과 함께 생각해 온 문제들을 중심으로 구성했다. 이 문제들은 디오판토스 방정식 분야에서 가장 고전적인 문제를 일부 합치고 확장한 그림의 일부이다. 디오판토스 방정식은 3세기에 활동한 알렉산드리아의 디오판토스(Diophantus of Alexandria)의 이름을 붙인 것이다. 크게 정수론 범주에 해당하는 이 분야는 유리 계수가 있는 대수방정식이 언제 정수 또는 유리수 해를 가지는지, 또 그와 관련된 문제를 연구한다.

내가 연구하는 방법에는 몇 가지 독특하고도 놀라운 특징이 있다. 첫째, 정수론과 논리학이라는 서로 다른 수학 분야에서 나온 아이디어를 결합한다는 점이다. 둘째, 단순하고 기초적인 아이디어가 때로는 심오하고 어려운 문제를 해결하는 열쇠가 된다는 점이다. 사진 속 칠판에는 이 문제들 중 하나의 개략적인 도식과 그것이 형식적인 증명으로 전환되는 일부 과정이 포함되어 있다. 칠판은 수학적 소통에서 중요한 역할을 하며, 직관적인 그림과 형식적인 기호를 연결하는 데 매우 적합한 도구이다.

바일 강연은 내게 큰 의미가 있는 경험이었다. 이 강연에서 다룬 문제들은 지난 30년 동안 내가 탐구해 온 지적 여정의 일부이며, 여러 수학 분야를 넘나드는 연구 결과물이었다. 동시에 개인적인 연구 여정을 되돌아보는 계기이기도 했다. 나는 박사 후 연구원 시절, 프린스턴 고등연구소에서 수학자로서의 길을 열었다. 그 모든 것이 시작된 곳에서 발표할 기회를 가질 수 있었던 것은 매우 뜻깊은 일이었다.

수학자들에게 아직 풀리지 않은 위대한 문제들은 별자리의 12궁과 같아서, 누구든 어떤 별자리 아래에서 태어나면 수학자로서의 평생 그 별자리의 인도를 받는다는 생각이 든다. 나 역시 거기에 해당하며, 초월수에 관한 샤누엘 추측이 내 별자리이다. 이 추측은 e나 π 같은 초월수 사이에 존재할 수 있는 대수적 관계를 설명하는 원리로, 그러한 관계의 개수가 극히 적다는 내용을 담고 있다. 그 구조는 놀라울 정도로 단순하고 간결한 명제로 정리되며, 흥미롭게도 내 바일 강연에서 다룬 여러 문제들과 맞물려 다양한 방식으로 생기를 불어넣는다.

ensures $[\mathbb{Q}(x,y,z):\mathbb{Q}] \geq c_V \max(N,M)^{\delta_V}$

Conditional ZP

$\mathbb{H}^3$

$gu = v, \quad hv = w \qquad g \in GL_2^{+}(\mathbb{Q}) \wedge h \in GL_2^{+}(\mathbb{Q})$

$H(g,h) \leq c \max(N,M)$

$\mathbb{C}^3 \quad (x,y,z) \in V$ atypical

$Y = \{ (u,v,w,g,h) \in \mathbb{H}^3 \times GL_2^{+}(\mathbb{R})^2 \quad gu = v, hv = w \}$

$Z = j^{-1}(V) \cap F^3$

$X = \{ (g,h) \in GL_2^{+}(\mathbb{R})^2 : Y_{g,h} \cap Z \neq \emptyset \}$

$Y_{g,h} \cap Z$

이브 베노이스트
YVES BENOIST

프랑스 국립과학연구원 연구원. 30년 넘게 근무했다.

5년 전 나는 공동 연구자인 도미니크 윌린(Dominique Hulin)과 함께 프랙탈 집합을 연구하고 있었다. 우리는 구 위에서 어떤 축척으로 확대해도 비슷한 형태를 유지하는 프랙탈 집합에 관심을 두었다. 특히, 프랙탈 집합의 일부를 크게 확대해 보면서, 각도를 보존하는 변환을 적용한 뒤에도 여전히 원래의 집합과 동일한 형태를 유지하는지 살펴보고자 했다. 우리는 이 프랙탈 집합을 "등각적 자기 유사 프랙탈 집합"이라고 불렀는데 이 프랙탈 집합은 어떤 축척에서도 거의 비슷하게 보이기 때문이다.

놀랍게도, 이러한 프랙탈 집합이 단순히 존재하는 것에 그치지 않고, 100여 년 전 수학자 펠릭스 클라인(Felix Klein)이 발견한 "클라인 군"을 이용해 우아하게 설명될 수 있다는 사실을 발견했다. 클라인 군은 3차원 위상수학에서 중심적인 역할을 하는 개념이다.

칠판이 주는 즐거움은 대단히 추상적인 이 수학 개념이 아주 유용할 뿐 아니라 눈부신 그림을 그려낸다는 데 있다. 나는 분필로 세 개의 프랙탈 집합을 그렸는데, 그것도 본래 아름다움을 대략적으로 표현하는 데 그쳤다.

이 그림을 더 정밀하게 그리려면 컴퓨터를 동원하거나 상상력을 발휘하면 된다. 내가 컴퓨터에 프로그래밍한 그림들은 때때로 예상치 못한, 심지어 내가 상상한 것보다도 더 훌륭한 뭔가를 드러낸다. 나에게 컴퓨터와 칠판은 펜과 책, 토론과 모임과 더불어 내 일에서 아주 중요한 두 요소이다.

내가 애초에 수학을 하게 된 계기는 교사가 되어 수학의 숨은 아름다움을 나누고 싶어서였다. 결국엔 연구자가 되어 숨어 있는 새로운 아름다움을 발견하고 있지만.

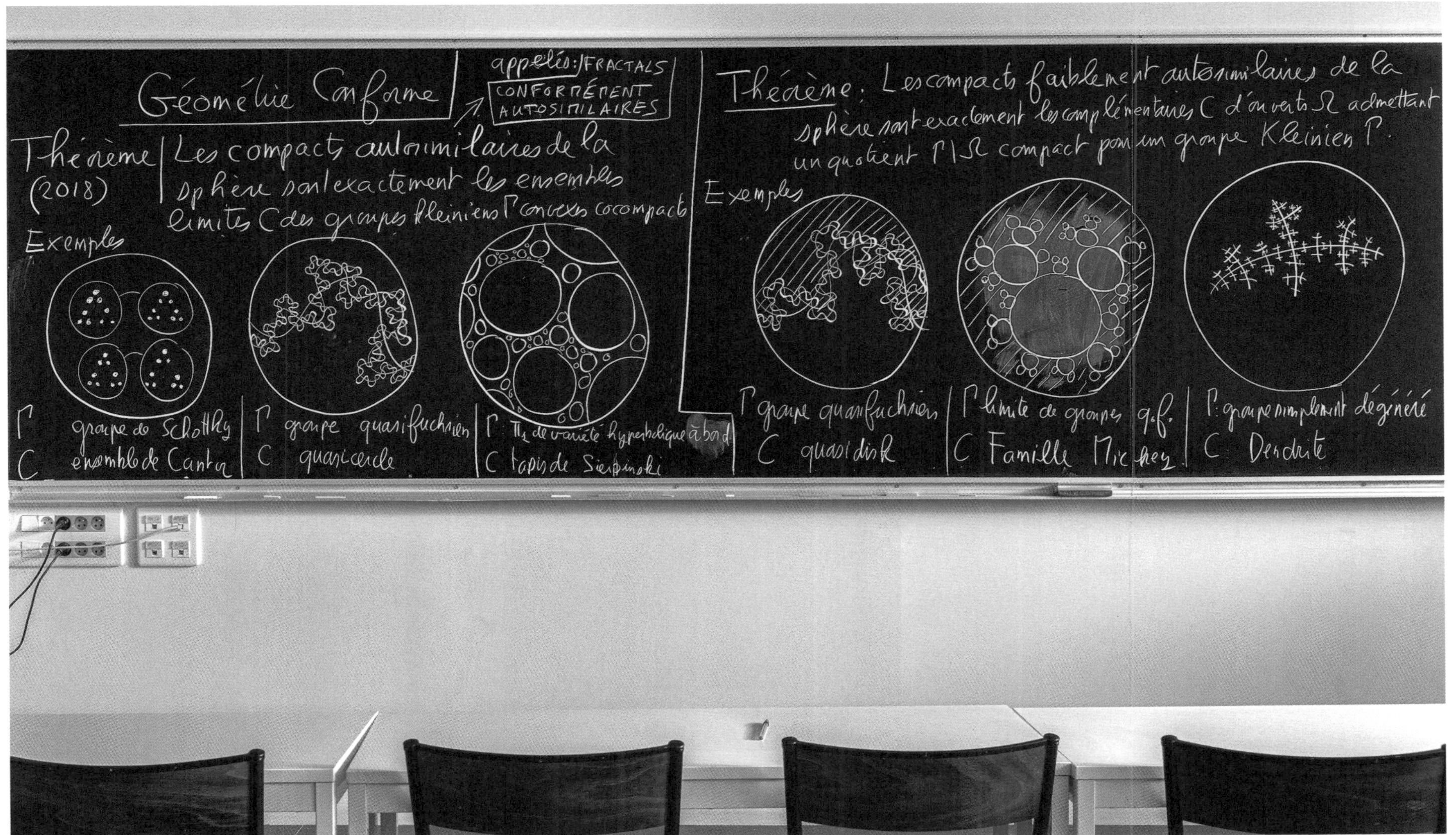
Géométrie Conforme
appelés : FRACTALS
CONFORMÉMENT AUTOSIMILAIRES
Théorème (2018)
Les compacts autosimilaires de la sphère sont exactement les ensembles limites C des groupes Kleiniens Γ convexes cocompacts
Exemples
Γ groupe de Schottky
C ensemble de Cantor
Γ groupe quasifuchsien
C quasicercle
Γ: π_1 de variété hyperbolique à bord
C tapis de Sierpinski
Théorème : Les compacts faiblement autosimilaires de la sphère sont exactement les complémentaires C d'ouverts Ω admettant un quotient Γ\Ω compact pour un groupe Kleinien Γ.
Exemples
Γ groupe quasifuchsien
C quasidisk
Γ limite de groupes q.f.
C Famille Mickey
Γ: groupe simplement dégénéré
C Dendrite

엔리코 봄비에리
ENRICO BOMBIERI

프린스턴 고등연구소 명예교수. 정수론, 대수기하학, 복소해석학, 군론 연구로 잘 알려진 이탈리아 수학자이다. 1974년에 필즈상, 1980년에 발찬상을 받았다.

나는 이탈리아 밀라노에서 태어났다. 3학년 때까지는 덧셈과 곱셈을 어려워했다. 그러다가 집에서 우연히 《흥미롭고 재밌는 수학》이라는 작은 책을 발견했는데 그 책을 읽으면서 수학 성적이 많이 올랐고, 열네 살쯤 되었을 때는 고급 수학을 읽었다.

열다섯 살에 전환점이 된 큰 사건이 있었다. 내 공부를 더 이상 뒷바라지 할 수 없었던 아버지가 꽤 어려운 수학 문제에 대해 내가 쓴 논문을 밀라노 대학교의 한 교수에게 내 나이를 밝히지 않고 보낸 것이다. 내가 어린 학생이라는 사실을 알게 된 교수가 나를 데려가 자기 밑에서 (아주 부드럽게) 가르치며 수학 공부를 계속할 수 있게 해주었다. 그는 내 첫 번째 스승이었고 나는 열여섯 살 때 처음으로 수학 논문을 발표했다.

사람들은 나를 보고 걸출한 수학자라고 했지만 그게 내 목표는 아니었다. 나는 수학의 틀 안에 감춰진 미스터리를 추구했다. 그래서 상을 받으면 나는 감사하다고 인사하고 더 열심히 일했다.

나는 이해하려는 시도를 포기하지 않는다. 아이디어가 고갈되면 생각하던 문제를 잠시 접고 다른 일을 하다가 새로운 마음으로 다시 문제를 본다. 나는 이런 식으로 발전해 왔다. 대수학자 사이에서 소위 리 군(Ree group) 분류라고 하는 중요한 문제가 있었다. 친구 하나가 나한테 그 문제를 들이밀었는데 대수학자가 아닌 내가 그 문제를 다른 각도에서 접근할 수 있지 않을까 해서였다. 나 역시 1년이나 그 문제에 매달렸지만 전혀 진전이 없었다. 그래서 일단 옆으로 제쳐두었다. 그러다가 4년이 지난 어느 날, 아직 그 문제가 해결되지 않았다는 걸 알고 다시 들여다보았는데 30분 만에 가장 큰 장애물을 해치웠다.

나는 예술을 사랑한다. 만약 수학을 몰랐다면 예술을 업으로 삼았을 것이다. 나는 취미로 유화, 드로잉, 판화 등 그림을 많이 그린다. 다만 추상화는 아니다.

Theorem If $a > 1$, $\frac{1}{2} < \mathrm{Re}(w) < 1$, $\mathrm{Im}(w) \neq 0$, and $W(\mathcal{D}) = 0$

$\Longrightarrow$

$$\frac{a + c_w a^{2-2w}}{1-2w} \frac{1}{4\pi i} \int_{(\frac{1}{2})} |E_s(\mathcal{D})|^2 \frac{ds}{\lambda_s - \lambda_w}$$

$$\frac{\zeta(s)}{\zeta(2s)} L(s, \chi_d)$$

$$- \frac{1}{(1-2w)^2} \left(a^{1-w} E_w(\mathcal{D}) - R_w(\mathcal{D}, a)\right) \neq 0 \quad \text{with } R_w = a \sum \chi_d \sum_{\substack{z \in H_d \\ y > a}} \left(\left(\frac{y}{a}\right)^w - \left(\frac{y}{a}\right)^{1-w} \right)$$

$$I_a = \int_0^1 f(x + ia)\, dx$$

$$(-\Delta - \lambda_w) u = \delta_{\mathcal{D}} \Rightarrow$$

$$u_{\mathcal{D}, w} = \frac{W(\mathcal{D}) \cdot 1}{(\lambda_1 - \lambda_w)\langle 1, 1 \rangle} + \frac{1}{4\pi i} \int_{(\frac{1}{2})} E_{1-s}(\mathcal{D}) \cdot E_s \frac{ds}{\lambda_s - \lambda_w}$$

$$= \int_0^1 f(x + iy)\, dx$$

DO NOT ERASE

피터 우잇
PETER WOIT

컬럼비아 대학교 수학과 선임 강사. 프린스턴에서 이론물리학으로 박사 학위를 받은 후 뉴욕 주립대학교 스토니브룩 이론물리학 연구소에서 3년간 박사 후 연구원, 캘리포니아 대학교 버클리에서 1년간 수학과 박사 후 연구원으로 근무한 후 1989년에 컬럼비아 대학교에 임용되었다. 물리학과 수학의 다양한 주제를 다루는 블로그 "낫 이븐 롱(Not Even Wrong)"으로 잘 알려졌다.

오래된 물건이기는 해도 칠판만큼 수학을 생각하고 소통하는 데 필요한 기술은 달리 없을 것이다. 수학의 언어에는 엄청나게 다양한 기호, 다이어그램, 그리고 그들의 관계를 표현하는 방식이 들어 있다. 이 언어는 상당한 노력을 들여 조판된 인쇄물에서도 재생될 수 있지만, 칠판 위에 손으로 써 가며 표현할 때 가장 유창하고 쉽게 소통할 수 있다. 종이에 펜으로 쓸 때와 다르게 칠판 위의 언어는 계속해서 지우고 편집하고 고쳐나갈 수 있다. 종이 위에서는 기껏 한두 명과 소통할 뿐이지만 칠판은 자기 자신에서 시작해 강당을 가득 메운 청중들까지 몇 명과도 소통할 수 있다.

내가 이 분야에서 최근에 본 유일한 기술 발전이라면 나중에 다시 보려고 휴대전화로 칠판 사진을 찍게 된 정도가 있다. 앞으로 기술이 우리 앞에 무엇을 대령하더라도 지금부터 100년 뒤 수학자들 역시 여전히 분필과 칠판을 쓸 거라는 데 내기를 걸겠다.

사진 속 칠판에는 내가 한동안 씨름해 온 연구 내용이 담겨 있다. 이는 양자역학의 기본 방정식의 해를 함수가 아니라 초함수로 해석하는 방법을 연구하는 것으로, 푸리에 변환과 관련하여 서로 다른 두 개의 복소평면에서 일어나는 변화를 추적한다. 늘 그랬듯이 이 과정 역시 답답하고 혼란스럽지만 이 연구가 기초 물리학, 그리고 아름다운 수학과 맞닿아 있는 방식만큼은 무척 흥미롭다.

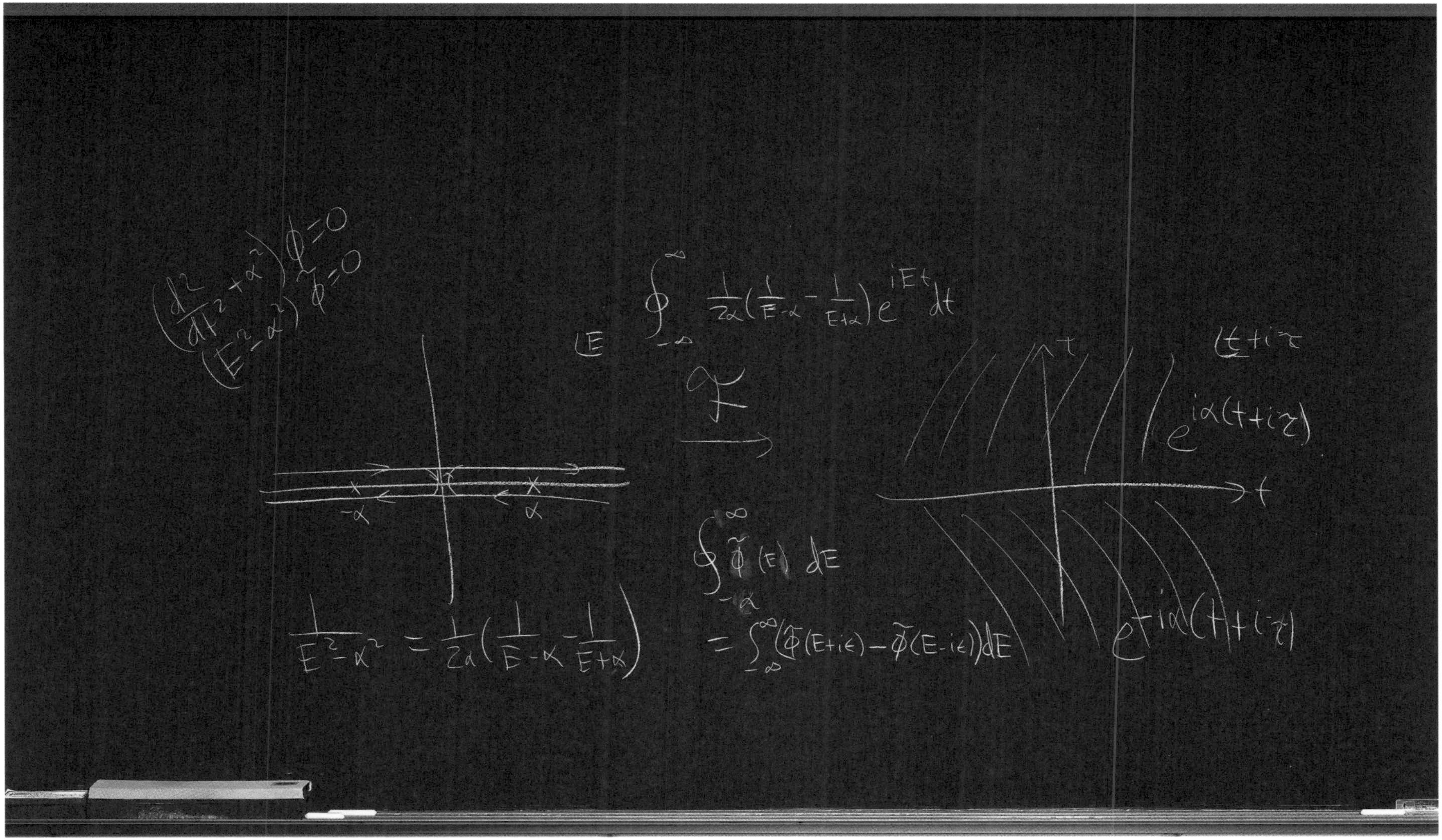

$$\left(\frac{d^2}{dt^2}+\alpha^2\right)\phi=0$$

$$(E^2-\alpha^2)\tilde{\phi}=0$$

$\mathbb{C}_E$

$$\oint_{-\infty}^{\infty}\frac{1}{2\alpha}\left(\frac{1}{E-\alpha}-\frac{1}{E+\alpha}\right)e^{iEt}\,dt$$

$$\xrightarrow{\ \mathcal{F}\ }$$

$-\alpha$ α

$$\frac{1}{E^2-\alpha^2}=\frac{1}{2\alpha}\left(\frac{1}{E-\alpha}-\frac{1}{E+\alpha}\right)$$

$$\oint_{-\alpha}^{\infty}\tilde{\phi}(E)\,dE$$

$$=\int_{-\infty}^{\infty}\left(\tilde{\phi}(E+i\epsilon)-\tilde{\phi}(E-i\epsilon)\right)dE$$

$\mathbb{C}_{t+i\tau}$

t

$$e^{i\alpha(t+i\tau)}$$

t

$$e^{-i\alpha(t+i\tau)}$$

에덴 프라이스
EDEN PRYWES

프린스턴 대학교 수학과 박사 후 연구원.

내 연구는 복소수의 기하학을 중심으로 진행된다. 복소기하학은 18세기로 거슬러 올라가는 고전적인 주제로 사진 속 칠판에 보여진 곡면과 비슷한 2차원 대상을 주로 다룬다. 내 연구에서 나는 고전 이론의 정리들을 고차원에서 일반화한다. 예를 들어 주어진 고차원 대상이 2차원 평면 같은 평평한 공간과 기하학적으로 동일한지 아는 것은 중요한 문제다. 칠판 위에 3차원 이상의 물체를 표현하는 것은 큰 도전이지만 나는 2차원의 그림을 이용해 보다 일반적으로 일어나는 일을 직관한다. 그림은 기하학에서 특별히 유용하다. 기하학적 문제는 대개 즉시 이해하기 어려운 난해한 방정식으로 기술되게 마련이지만 그림은 문제에 대한 직관을 간단하게 평가하고 발달시킬 수 있다.

사진 속 칠판의 그림은 평면 도형을 사용해 곡면을 표현하는 방법을 보여준다. 정사각형 종이 한 장의 맞은편 변을 서로 붙이면 그 결과로 만들어지는 곡면이 토러스이다. 칠판 위쪽의 두 그림으로 바로 이를 나타낸다. 변에 화살표가 있는 정사각형은 화살표의 개수가 같은 변끼리 서로 붙였을 때 형성되는 토러스 구조를 나타낸다. 그 결과가 오른쪽 위의 그림이며, 점선은 서로 붙은 부분이다.

아래 그림은 좀 더 복잡한 예이다. 이번에는 두 변이 아니라 네 개의 변을 붙여야 한다. 이 과정에서 팔각형이 두 개의 구멍이 있는 곡면으로 변환되는 방법을 보여준다. 반대로, 곡면을 특정한 선을 따라 자르고 펼치면 다시 평면 도형으로 되돌릴 수 있다. 이 기술은 어떤 곡면에도 적용할 수 있고 필요한 절개 횟수는 곡면의 구멍 개수에 따라 달라진다. 이 그림들은 수학의 언어로 표현할 수 있고, 이 기법을 사용하면 두 곡면이 서로 같은 것인지 판별하는 데 도움을 줄 수 있다.

마리아 호세 파시피코
MARIA JOSÉ PACIFICO

리우데자네이루 연방 대학교 교수. 브라질 상파울루의 작은 마을, 과리바에서 태어났다. 1970년대에 리우데자네이루 순수 및 응용 수학 연구소에서 공부를 시작했고 1980년에 박사 과정을 마친 후 리우데자네이루 연방 대학교 교수가 되었다. 동역학계를 전공하고 저명한 수학 저널에 다수의 논문을 발표하며 이 분야에서 크게 활약하고 있다.

발견의 기쁨은 언제나 나를 설레게 한다. 최초의 퍼즐을 풀 수 있는 명백한 설명을 제시한 문제 해결책을 찾게 된 순간은 값을 따질 수 없을 만큼 즐겁다. 문제를 해결하는 것은 화음이 모여서 마침내 아름다운 멜로디가 되는 악보를 작곡하는 것과 같다.

또한 문제를 푼다는 건 신중하게 계획한 그림에 올바른 색상 팔레트를 들고 마무리 터치를 하는 예술가의 행위에도 빗댈 수 있다. 내게 있어 칠판은 그 가장 기본 단계에서 중요한 역할을 한다. 칠판에 낙서를 하며 문제를 표현하는 것은 단순한 기록이 아니라, 해결책을 찾아가는 과정 자체를 시각적으로 그려내는 작업이다. 나는 문제를 풀기 전, 먼저 칠판에 개략적인 그림을 그려보며 고민을 시작한다. 이 과정에서 방정식을 적거나 수치를 계산하지 않아도, 문제를 보다 직관적으로 이해하고 깊이 탐구할 수 있다. 그건 실제 디자인에서 탄생한 순수하게 추상적인 사고법이다. 예술 작품을 제작하고 멜로디를 작곡하고 풍경화를 그리듯 수학 문제를 풀 수 있다는 게 정말 놀랍지 않은가.

이런 발상은 내 삶에서 늘 함께해왔다. 나는 이미 어려서부터 평생 수학을 업으로 삼고 살게 되리라는 걸 알았다. 하지만 상파울루의 작은 마을에 터를 잡고 살아온 이민자의 딸로서, 음악과 예술에 깊은 뿌리가 있는 가정에서 나고 자란 나는 예술과 음악, 수학 사이의 깊은 연관성을 찾지 못했다면 아마 수학자가 되지 못했을 것이다.

나는 문제를 풀기 전, 별다른 도구 없이도 머릿속에서 또렷이 떠올릴 수 있는 기하학적 이미지를 먼저 떠올려야 한다. 그리고 그 과정에서 가장 먼저 사용하는 것이 칠판이다.

사진 속 칠판의 그림은 학자의 길을 가는 길에서 만난 가장 흥미로운 현상인 “로렌츠 기하학적 끌개”를 나타낸 것이다.

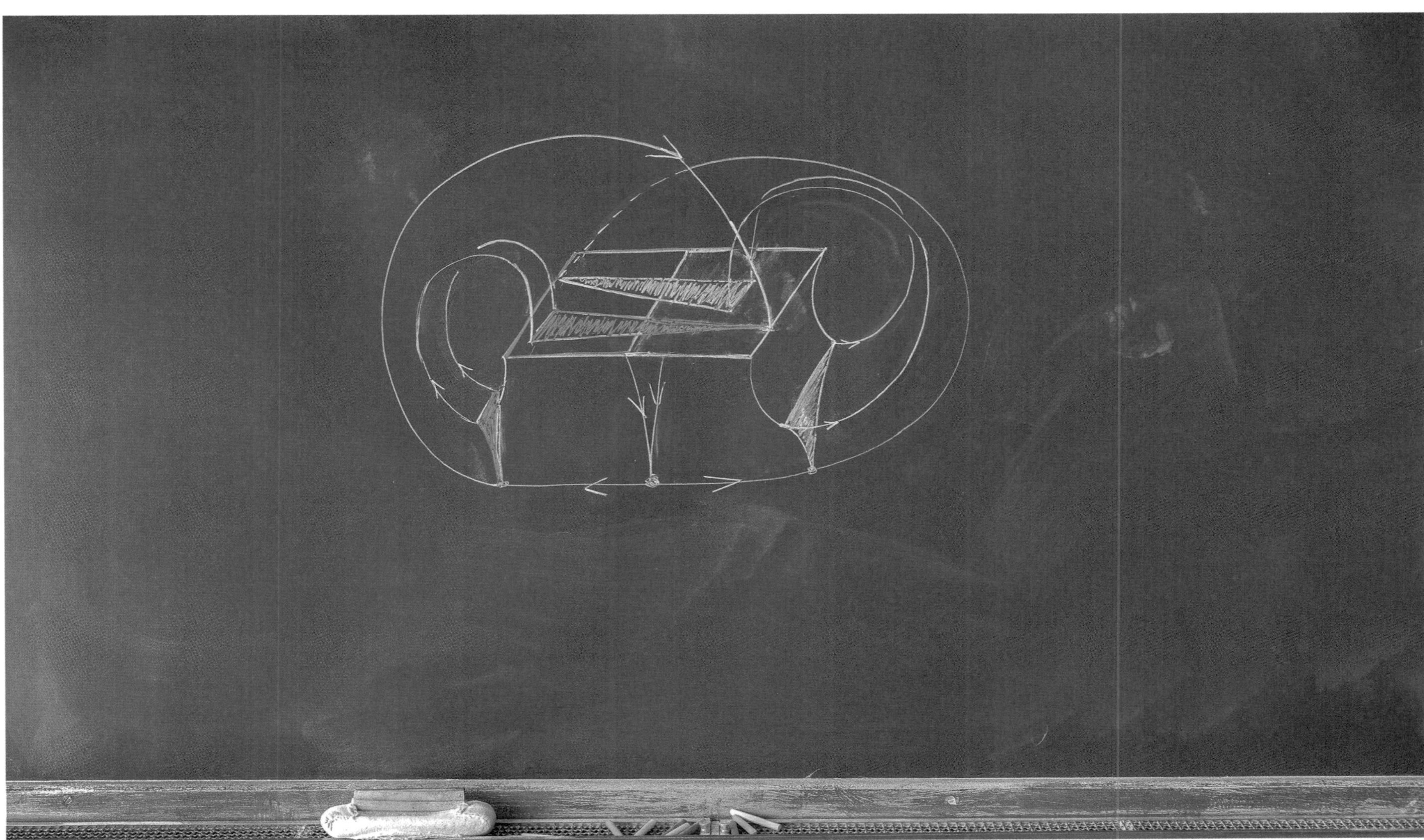

브리나 R. 크라
BRYNA R. KRA

노스웨스턴 대학교 수학과 사라 레베카 롤랜드 석좌교수. 2006년에 미국 수학회에서 주는 센테니얼 펠로우십을, 2010년에 미국 수학회에서 주는 코난트상을 받았고, 2012년에 미국 수학회 펠로우로 선정되었다. 2016년에는 미국 예술과학아카데미 펠로우가 되었고, 2019년에 미국 국립과학원 회원으로 선출되었다.

이 칠판은 수학자로서 연구와 수업을 병행하는 내 활동을 반영한다. 칠판 한가운데의 그림은 내 오랜 연구 주제와 관련되었다. 무작위적으로 보이는 구조에서 패턴을 찾는 문제는 특히 패턴이 즉시 명백하게 나타나지 않고 오직 그 배열을 지배하는 추상적인 구조를 연구하고 이해했을 때 발견된다면 더욱 흥미로워진다.

칠판의 그림은 무한한 체커판 위에서 검은색과 흰색 체커가 규칙적으로 배열되는 방식과 관련된 조합적 추측에서 출발하였다. 처음에는 특정 패턴을 찾아서 개수를 세는 문제로 시작했는데, 지금 칠판에는 그 내용이 나타나 있지 않다. 그러다가 나는 이 문제를 한 공간에서 동일한 규칙의 반복된 적용을 연구하는 역학적 설정에서 해석하게 되었다. 이렇게 관점을 전환한 덕분에 계의 장기적인 행동에 관한 심층적인 결과를 포함한 동역학 도구로 이 문제를 해결할 수 있었다. 나는 지난 5년 동안 이 문제를 다양한 방식으로 접근해 왔고, 저 그림 역시 각도와 색깔, 음영이 미묘하게 변형된 형태로 수없이 내 칠판에 등장했다.

칠판의 나머지 공간에는 내가 가르치는 대학원 동역학 수업에서 다룬 연습문제에 대한 토론이 기록되어 있다. 이번에도 문제는 정수론이라는 전혀 다른 수학 분야에서 비롯되었다. 나는 이전과 마찬가지로, 이 문제를 먼저 동역학적 문제로 변환한 후, 동역학의 도구를 사용해 해결책을 찾고 있다.

겉으로는 아무런 관련이 없어 보이는 수학의 여러 분야를 연결하는 것, 그리고 이러한 연결을 통해 새로운 해결책을 발견하는 과정은 내 연구에서 가장 아름답고 매력적인 부분이다.

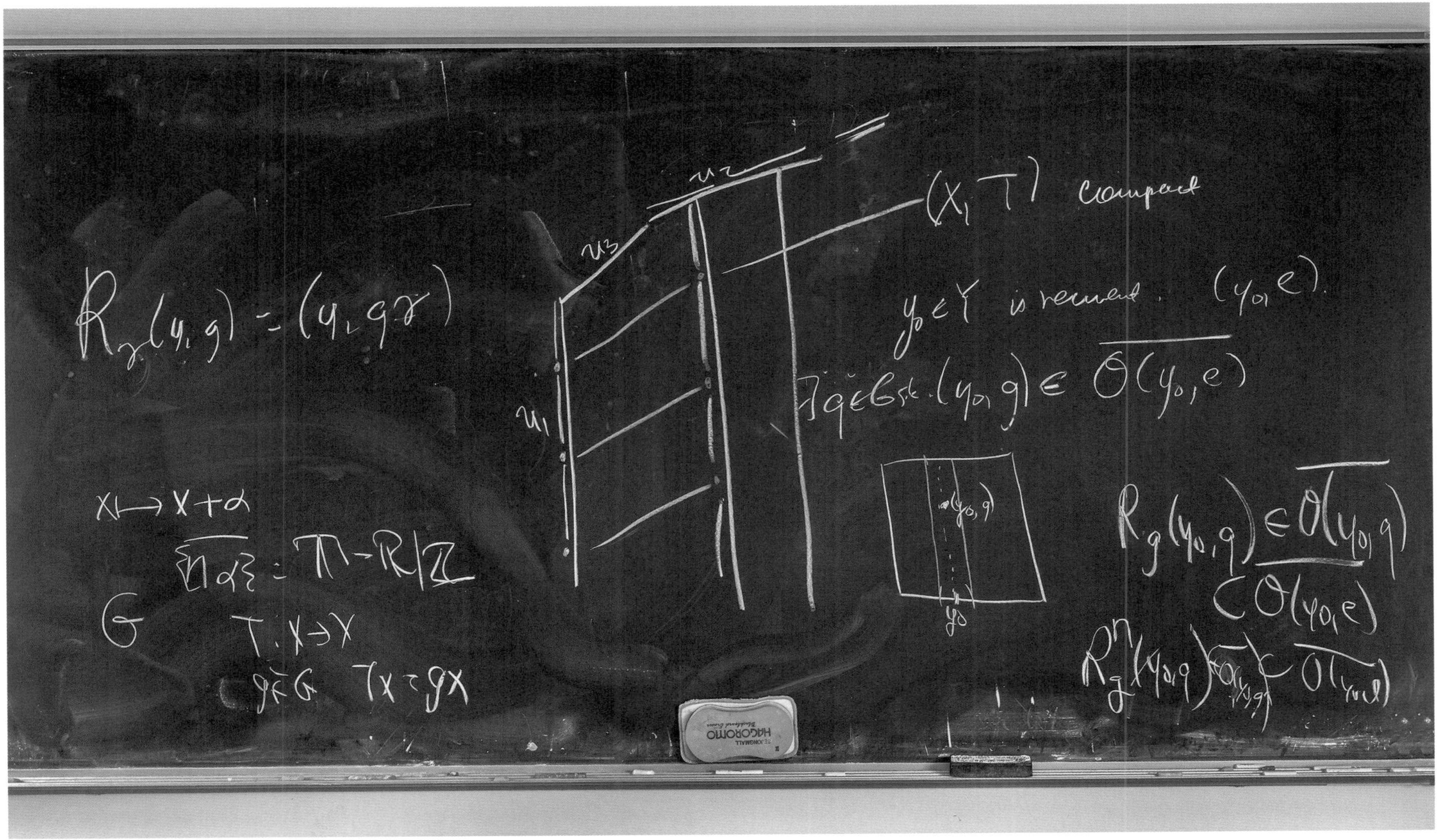

(X, T) compact

$R_\gamma(y, g) = (y, g\gamma)$

$y_0 \in Y$ is recurrent. (y_0, e)

$\exists g \in G$ s.t. $(y_0, g) \in \overline{O(y_0, e)}$

$x \mapsto x + \alpha$

$\overline{\{n\alpha\}} = \mathbb{T} = \mathbb{R}/\mathbb{Z}$

$G \quad T: X \to X$

$g \in G \quad Tx = gx$

$R_g(y_0, g) \in \overline{O(y_0, g)}$

$\subset \overline{O(y_0, e)}$

$R_g^n(y_0, g) \in \overline{O(y_0, g)} \subset \overline{O(y_0, e)}$

라파엘 포트리
RAFAEL POTRIE

우루과이 공화국 대학교 수학 센터 부교수. 저차원 다양체의 기하학과 동역학계를 연구한다. 2019~2020년에 프린스턴 고등연구소에서 폰 노이만 펠로우로 안식년을 지내면서 칠판 사진을 찍었다.

나는 어릴 때부터 수학에 끌렸지만, 수학자가 되는 것은 생각조차 하지 못했다. 사실 그런 직업이 있는 줄도 몰랐다. 공학 전공으로 학부를 시작하면서 처음으로 수학자를 만났는데 정말 충격이었다. 이후에 나는 운이 좋아서 배우자와 가족의 지원을 받아 수학자의 길을 걷기 시작했다. 우루과이 같은 나라에서는 위험한 선택이었다. 나는 이 여정에서 나를 도와준 좋은 인연을 많이 만났다.

수학을 연구하는 과정은 아마 수학 자체만큼이나 설명하기 어려울 것이다. 일단 개인차가 너무 크다. 나는 여러 사람과 협업해 오며 수학을 접근하는 극도로 다양한 방식을 보았다. 나로 말할 것 같으면 보통은 기존의 연구를 이해하면서 접근하는 편이다. 마치 그것이 내 것인 것처럼 아이디어를 소유하고 느끼는 데 많은 시간을 들인다. 그 과정에서 새로운 관점이 생기거나 내 관심을 끄는 문제를 보게 되며 그것은 다시 훗날 다른 프로젝트에서 적용할 수 있는 새롭고 아름다운 아이디어가 된다.

협업은 언제나 내 연구의 중요한 부분이었다. 함께 소통하고 관점을 교환할 수 있는 사람과 교류하는 것은 내가 하는 수학의 가장 기본이다. 칠판(때로는 화이트보드)은 협업의 중요한 도구이다. 우리는 수학자가 되면서 이 아름다운 수학의 언어를 배운다. 이 언어에는 그림과 몸짓 언어라는 말로 할 수 없는 요소가 있고 그걸 꼭 배워야 한다는 것을 기억해야 한다. 수학을 전달하는 다른 방식이 없다는 말은 아니지만 칠판은 수학의 이해가 발전하는 데 아주 중요한 것으로 증명되었다.

사진 속 칠판은 두 가지 다른 협력 과정이 충돌하는 순간을 포착했다. 수학에서 일어나는 경이로운 사건에는 누군가 명백한 모순을 발견한 순간이 있다. 그건 어떤 미지의 현상이 일어나고 있다는 뜻이며, 그 현상을 탐구하는 과정에서 새로운 통찰이 탄생한다.

칠판 속 그림은 처음에는 해결되지 않은 모순처럼 보였지만, 결국 이를 풀어내면서 내가 가장 자랑스럽게 여기는 두 가지 연구로 발전한 내용이 들어 있다. 또한 이 그림에는 내가 현재 진행 중인 다른 연구 프로젝트의 아이디어도 담겨 있다. 우리는 이 모순이 사실은 자연스러운 것임을 개념적으로 설명하려 했고, 이를 통해 결정론적 시스템의 장기적인(점근적) 행동과 그것이 일어나는 공간의 구조가 어떻게 연결되는지를 이해하고자 했다.

나는 제한된 시간 내에서 얻을 수 있는 정보만으로 장기적인 행동을 분석하는 데 관심이 있다. 정말 아름답다고 느끼는 많은 수학, 특히 저차원 위상수학과 동역학계 연구와 깊은 관련이 있기 때문이다.

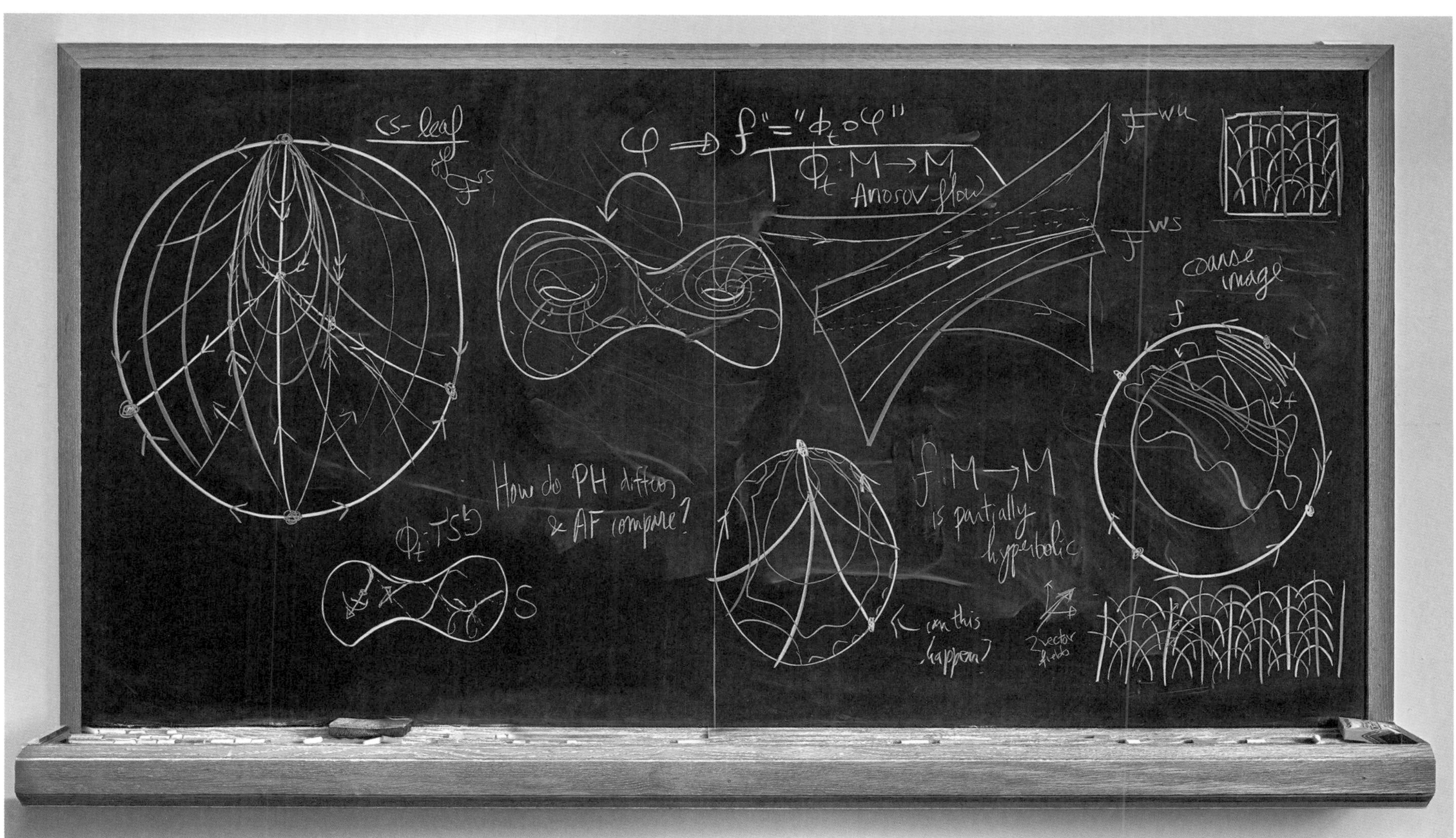

cs-leaf
$\varphi \Rightarrow f$ "=" $\Phi_t \circ \varphi$"
$\Phi_t: M \to M$
Anosov flow
$\mathcal{F}^{wu}$
$\mathcal{F}^{ws}$
coarse image
f
How do PH diffeos & AF compare?
$\Phi_t: TS$
S
f: M → M is partially hyperbolic
can this happen?
2 vector fields

브루노 칸
BRUNO KAHN

프랑스 국립과학연구원 책임 연구원.

수학에서 아이디어란 아주 신나는 것이다. 돌파구를 제시할 수도 있고, 그냥 꽝일 수도 있다. 훗날 예상보다 훨씬 대단한 것이 될 수도 있고, 아예 예상하지 못했던 것이 될 수도 있다.

사진 속 칠판은 이 사진을 찍기 몇 달 전에 내가 다나카 문제에 대해 동료인 이브 앙드레와 그의 연구실에서 토론한 흔적이다. 쥐시외 수학연구소에서는 "지우지 마시오" 팻말이 따로 필요 없었는데, 칠판을 지우는 것은 청소 직원이 계약한 업무가 아니었기 때문이다. 칠판에 분필로 개인적인 사색을 적는 수학자도 있지만 그런 내용은 대개는 종이나 TeX를 사용하고 칠판은 동료, 학생과의 교류를 위해 남겨둔다. 그래서 칠판은 영원히, 아니면 적어도 다음 회의 때까지는 온전히 남아 있을 거라고 안심해도 된다.

보야 숭
BOYA SONG

MIT 박사 과정 학생. 중국에서 태어나고 자랐으며 열여덟 살에 미국에 가서 2016년에 UCLA에서 응용수학으로 학부를 졸업했다. 현재 MIT에서 존 던켈(Jörn Dunkel)의 지도로 물리 응용수학을 연구한다.

나는 물리 응용수학이라는 분야를 연구하는데, 물리학이나 생물학 현상에 대한 수리 모델을 세우는 일을 주로 하는 학문이다. 사진 속 칠판에서 나는 동물이나 유영하는 미세동물의 집단행동을 기술하는 비첵 모형(Vicsek model)을 연구 중이다. 이 모형 자체는 주어진 방향으로 움직이는 동시에 이웃과 이동 방향을 같이하려는 대상 집단의 동태를 기술한다. 이 모형에서 특히 놀라운 것은 다양한 시나리오 아래에서 무리 짓기, 소용돌이, 혼돈 같은 여러 패턴을 생성할 수 있다는 점이다.

내게는 칠판 위에서의 작업이 머릿속에서 수학 문제의 초상화를 그리는 것과 같다. 이 초상화는 정확해야 하지만 내가 어떤 문제에 대해 알고 있는 지식과 그것이 왜 흥미로운지를 반영하기 때문에 세부적인 내용에서는 개인적인 요소도 포함된다. 그중 하나를 칠판에 그려놓으면 문제가 생생해진다. 이 그림은 대체로 대단히 추상적인 문제에 대해 구체적인 이미지를 제공해주며, 이를 통해 다른 이들과 내 아이디어를 쉽게 공유할 수 있다. 이런 이유로 칠판에서의 작업은 내가 하는 수업과 연구에서 도저히 분리할 수 없는 일부가 된다.

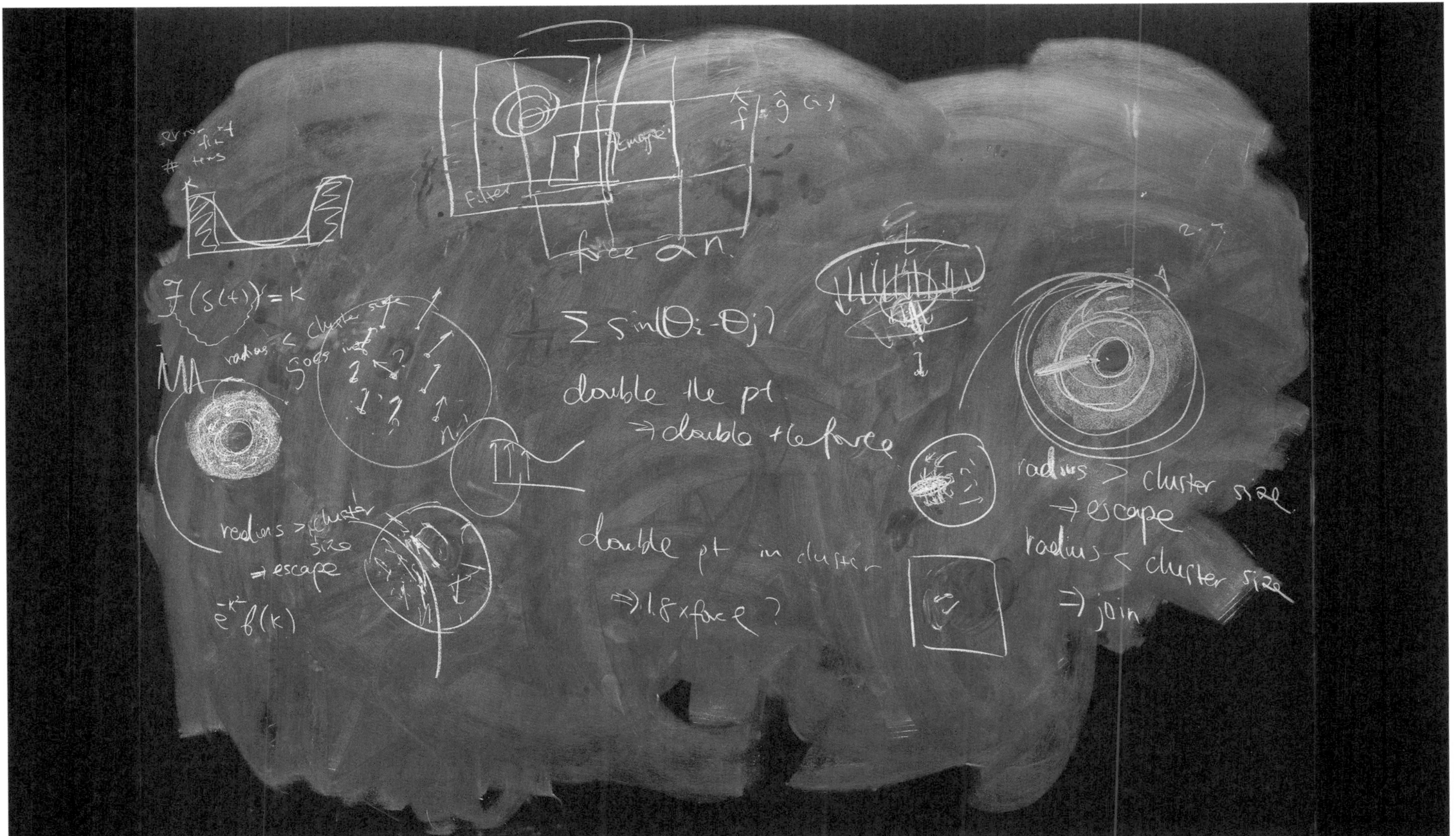

image
Filter
force ∝ n
Σ sin(θi-θj)
double the pt
⇒ double the force
double pt in cluster
⇒ 1.8 x force ?
radius > cluster size
⇒ escape
radius > cluster size
⇒ escape
radius < cluster size
⇒ join

존 모건
JOHN MORGAN

컬럼비아 대학교 수학과 명예교수. 프린스턴 대학교와 MIT 수학과에서 강사를 거쳐 1974년에 컬럼비아 대학교 수학과에 임용되었고, 1977년에 종신 교수가 되었다. 2009년에 컬럼비아 대학교에서 은퇴한 뒤 뉴욕 주립대학교 스토니브룩 사이먼스 기하 물리 연구 센터의 초대 연구소장으로 임명되어 2009년에서 2016년까지 센터를 이끌었다. 이후 센터에 남아 연구를 계속하다가 2019년에 컬럼비아 대학교로 돌아왔다.

대학 2학년 때까지 나는 이론수학자라는 직업이 있는지도 몰랐다. 학부생을 위한 고급 수학 수업을 듣고 있었는데 하루는 교수가 강의 계획서에 있는 내용 대신 고차원 공간이라는 더 어려운 부분을 강의했다. 나는 그 수업을 듣자마자 넋이 나갔고 이내 다른 것은 생각하지 않았다. 그 공간에는 아주 특별하고 엄청나게 매력적인 특성이 있었다.

고차원 공간을 직접 볼 수 있는 사람은 없지만, 훈련한다면 인간의 기하학적 직관이 이 공간의 기본적인 속성으로 안내할 수는 있다. 우리가 할 수 있는 최선은 (보통은 칠판에) 3차원 그림을 그려 고차원 환경의 핵심을 포착하고 고차원적 상상을 자극하는 것이다.

사진 속 칠판의 그림은 모든 차원의 공간이 공통적으로 가지는 기본 성질을 3차원으로 표시한 예시이다. 가장 단순한 형태로 보면, 이 성질은 수직성의 개념을 나타낸다. 우리가 익숙한 3차원 공간에서 직선은 평면은 수직하고, 직선은 평면에 수직이다. 이 수관계는 더 높은 차원의 공간에서도 유지된다. 즉, n차원 유클리드 공간에서 k차원의 선형 부분공간에서는 $(n-k)$차원의 선형 부분공간은 k차원의 선형 부분공간이 수직하게 된다. 이것은 n차원의 구부러진 공간으로 확장될 수 있으며, 이 구부러진 공간은 유클리드 선형 공간에서 보이지 않는 기하학적이고 위상학적인 성질이 풍부하다. 그중 많은 것들이 공간에서의 사이클과 관계가 있다. 예를 들어, 공간에서 루프는 1차원 사이클이고, 곡면은 2차원 사이클이다. 더 일반적으로 말하면, 모든 차원에는 각각의 사이클이 존재한다. 공간의 쌍대성은 k차원의 각 사이클에 대해 차원 n의 공간 안에 $(n-k)$ 차원의 "쌍대" 사이클이 있다는 사실로 표현된다. 이 근본적인 쌍대성은 1900년에 앙리 푸앵카레가 발견하여 "푸앵카레 쌍대성"이라고 한다.

사진 속 칠판의 그림은 3차원 공간 안에 한 점에서 만나는 1차원 사이클과 2차원 사이클의 일부를 보여주며, 이들이 서로 쌍대 관계에 있음을 시각적으로 표현한 것이다. 나는 푸앵카레 쌍대성을 설명하는 대학원 강의를 준비하면서 이 그림을 그렸다.

칠판으로 말하자면, 뉴욕 주립대학교 스토니브룩 사이먼스 기하 물리 연구 센터 소장으로 부임하면서 나는 최고급 칠판을 센터에 설치하는 걸 내 소임으로 삼았다. 사람들이 화이트보드나 다양한 스마트보드를 선호하면서 품질 좋은 칠판을 찾기가 점점 더 어려워졌다. 그러나 수학을 생각하고 다른 이에게 전달하는 매체로서 질 좋은 칠판만 한 것은 없다. 화이트보드나 품질이 나쁜 칠판은 잘 지워지지 않고 전에 쓴 내용이 남아 있어서 판서의 질을 떨어뜨린다. (게다가 화이트보드에 사용하는 마커의 냄새가 나한테는 너무 역하다.) 이제는 많은 수학 수업이 이미 준비된 슬라이드와 컴퓨터 화면으로 진행된다. 물론 더 세련되기는 하지만 나는 화자가 칠판에 쓰느라 강제되는 속도를 선호한다. 이 수고로운 과정이 정보 흐름의 속도를 늦추는데 내가 보기에는 그게 진짜 플러스 요인이다. 청중이 내용을 이해하는 비율을 높이기 때문이다. 또한 준비된 대본을 읽었을 때보다 강의가 "살아 있게" 만드는 자연스러움이 있다. 나는 칠판이 절대 사라지지 않기를 바란다. 그렇다면 수학의 영역에서 크나 큰 손실이 될 테니까.

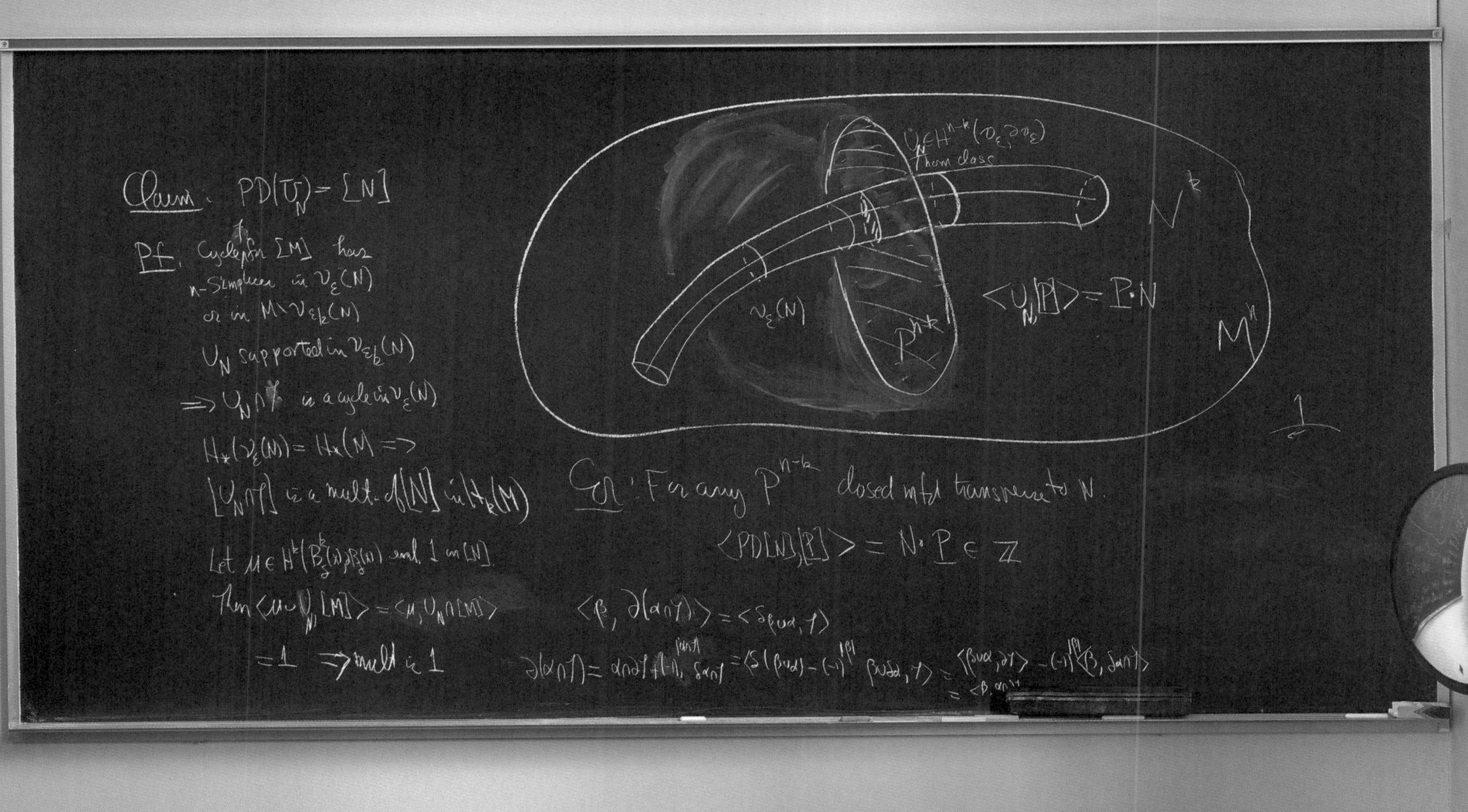
Claim: PD(U_N) = [N]
Pf. Cycle for [M] has n-simplices in ν_ε(N) or in M ∖ ν_{ε/2}(N)
U_N supported in ν_{ε/2}(N)
⟹ U_N ∩ γ is a cycle in ν_ε(N)
H_*(ν_ε(N)) = H_*(M) ⟹
[U_N ∩ γ] is a mult. of [N] in H_k(M)
Let u ∈ H^k(B_δ^k(N), ∂B_δ(N)) eval. 1 on [N]
Then ⟨u ⌣ U_N, [M]⟩ = ⟨u, U_N ∩ [M]⟩
= 1 ⟹ mult is 1
U_N ∈ H^{n-k}(ν_ε, ∂ν_ε)
Thom class
N^k
ν_ε(N)
P^{n-k}
⟨U_N, [P]⟩ = P·N
M^n
Cor: For any P^{n-k} closed mfd transverse to N.
⟨PD[N], [P]⟩ = N·P ∈ ℤ
⟨β, ∂(α ∩ γ)⟩ = ⟨δβ ∪ α, γ⟩

헬무트 호퍼
HELMUT HOFER

프린스턴 고등연구소 수학과 교수. 취리히 대학교에서 박사 학위를 받은 후 영국의 바스 대학교, 미국의 러트거스 대학교, 독일의 보훔 루르 대학교, 스위스 연방 공과대학교, 뉴욕 대학교 쿠란트 수학연구소에서 교수로 재직했다.

나는 심플렉틱 위상수학 연구를 개척하는 데 참여했으며, 이후 심플렉틱 동역학으로 연구를 확장할 기회를 얻었다. 심플렉틱 위상수학은 다양한 수학 배경을 가진 많은 수학자들의 기여로 크게 발전했다. 각 분야가 저마다의 문화가 있어서 각각 사용하는 수학적 도구와 문제를 대하는 사고방식이 크게 다르다는 것은 매우 중요한 부분이다.

"개척기"의 이러한 문화적 다양성이 기존 분야에서와는 전혀 다른 경험을 낳았다. 기존의 성숙된 분야에서는 대개 대학원생들에게 전임자가 가공한 지식이 "숟가락으로 떠먹여진다." 이 "가공된" 지식은 특정한 목적을 위해 군더더기 없이 정리되어 원래의 맥락을 많이 잃었는데 그건 안타까운 일이다.

나는 그림과 이미지로 생각하는 것을 좋아한다. 머릿속 이미지이건 칠판의 그림이건, 내게 그림은 지식을 압축하여 정리하고 표현하는 중요한 도구이다. 이러한 정신적 이미지는 나의 수학적 추론을 구성하는 핵심 요소이며, 엄격한 규칙에 따라 정리된 일종의 갤러리처럼 작동한다. 주어진 문제에 대해 내가 엄선한 한 갤러리는 큰 그림이 몇 점 걸린 커다란 전시실일 수도 있고, 작은 그림이 여러 개 걸린 소형 전시실일 수도 있다. 결과물을 출판하는 과정은 이 "갤러리"를 수학의 엄격한 기준을 고수하여 텍스트로 바꾸는 고통스러운 작업이다.

사진 속 칠판의 그림은 심플렉틱 동역학에서 "유한 에너지 엽층"이라는 수학 개념을 나타낸다. 이것이 내게는 그림 하나짜리 갤러리로서, 수년간 진행한 연구의 최종 결과이고 새롭고 중요한 수학 구조를 아주 압축된 형태로 기술한다. 이것을 수학적으로 제대로 쓰자면 몇백 쪽은 될 것이다.

나는 프린스턴 고등연구소에서 수학자들이 함께 하는 점심을 참 좋아한다. 이 자리는 내가 관심 있는 분야에서 모호함을 제거하기 위해 다른 분야에 종사하는 연구자들의 생각을 탐구하는 내 "사회학적" 연구실이다. 많은 수학자가 함께 하기 때문에 이 식사 장소는 그림이 가득 찬 창고가 된다. 그중 일부를 수집해 적절히 배치하면 대단한 전시가 될 거라고 확신한다.

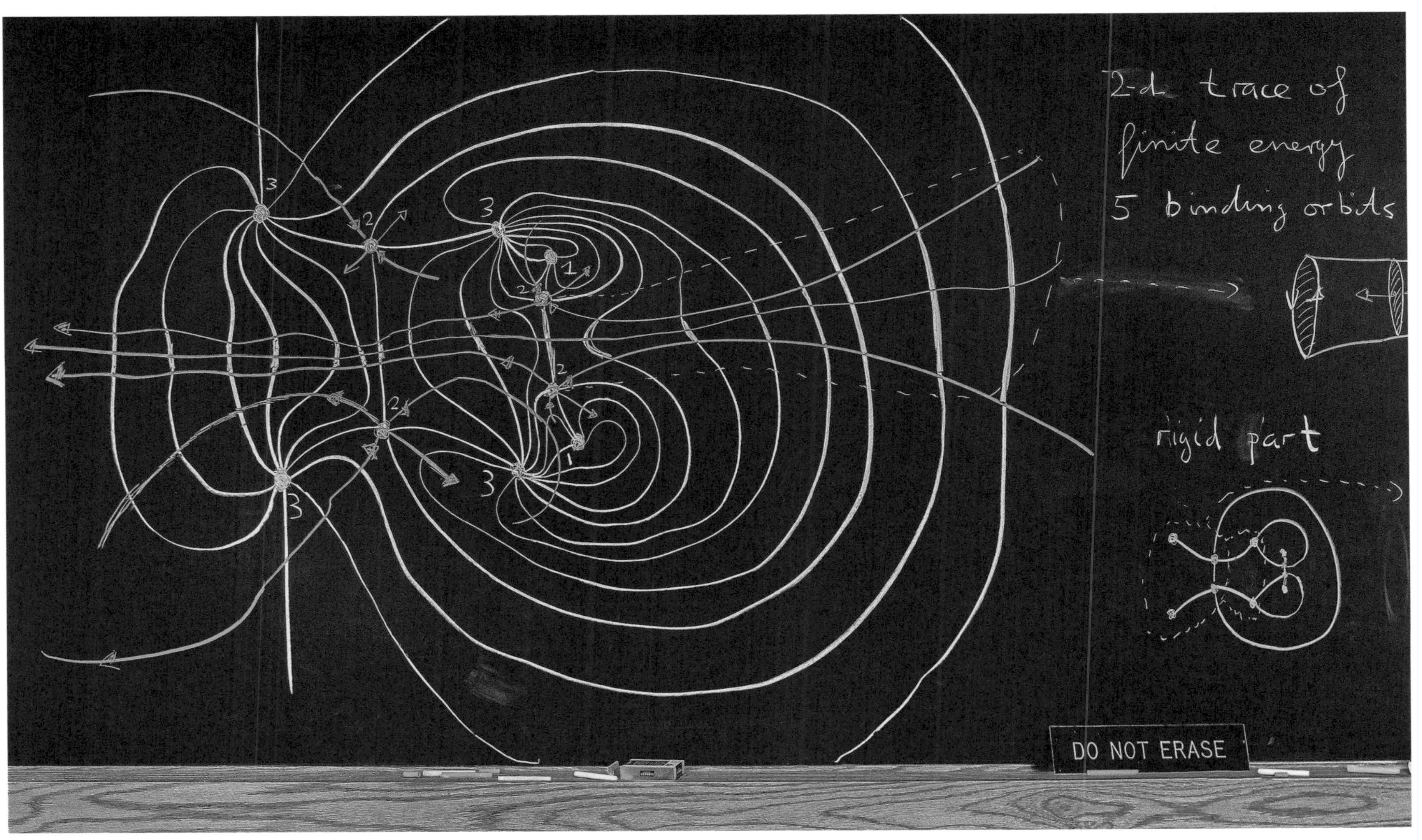
2-d trace of
finite energy
5 binding orbits
rigid part
DO NOT ERASE

낸시 힝스턴
NANCY HINGSTON

칼리지 오브 뉴저지 교수. 리만 기하학과 해밀턴 역학을 연구한다. 닫힌 측지선 연구가 등변 모스 이론과 끈 이론의 영역으로 이어졌다. 1975년에 펜실베이니아 대학교에서 물리학과 수학 전공으로 학부를 졸업하고 코넬 대학교에서 1년간 물리학을 공부하다가 하버드 대학교로 옮겨 1981년에 라울 보트(Raoul Bott)의 지도로 박사 학위를 받았다. 펜실베이니아 대학교에서 가르쳤고 현재는 칼리지 오브 뉴저지 교수이다. 프린스턴 고등연구소 정기 방문자이고 1994년부터 여성과 수학 프로그램에서 활동한다.

수학이 재밌는 이유는 완전히 예측할 수 없기 때문이다. 언제, 어떤 방향에서 새로운 진전이 일어날지는 아무도 모른다. 번뜩이는 통찰력으로 일확천금을 얻을 수도 있고, 반대로 자신의 연구에서 오류를 발견하거나, 다른 누군가가 같은 문제를 먼저 해결했다는 사실을 알게 되는 순간, 모든 것을 한순간에 잃기도 한다.

공동 연구는 혼자 끙끙 앓는 것보다 훨씬 생산적이고, 또 무엇보다, 재미있다. 수학은 완전히 틀린 것으로 판명된 아이디어조차도, 그 안에 남아 있는 작은 진실을 따라가며 발전하는 경우가 많다. 그리고 칠판은 이러한 수학적 탐구 과정을 극대화하는 도구이다. 여러 사람이 자기 차례를 기다릴 필요 없이 칠판의 이곳저곳에서 한 문제의 여러 측면을 작업할 수 있다. 성공하지 못한 아이디어는 쉽게 지워져서 다음번 "훌륭한 실수"에 자리를 내어준다.

만약 이 칠판을 병에 넣어 어느 멀리 떨어진 은하계나 다른 우주에 보내더라도 그곳의 수학자는 분명히 이 칠판의 메시지를 이해할 것이다. 칠판에 적힌 "2"라는 숫자가 붙은 두 개의 곡면이 서로 같은 이유는, "6"이라는 숫자가 붙은 두 개의 곡면이 같은 이유와 동일하다. 비록 그 외계 수학자가 2와 6이라는 기호를 인식하지 못한다고 해도, 이 메시지는 일종의 정의로 기능할 수 있다. 독자들도 이 메시지에 대한 적절한 답을 한번 생각해보길 권한다.

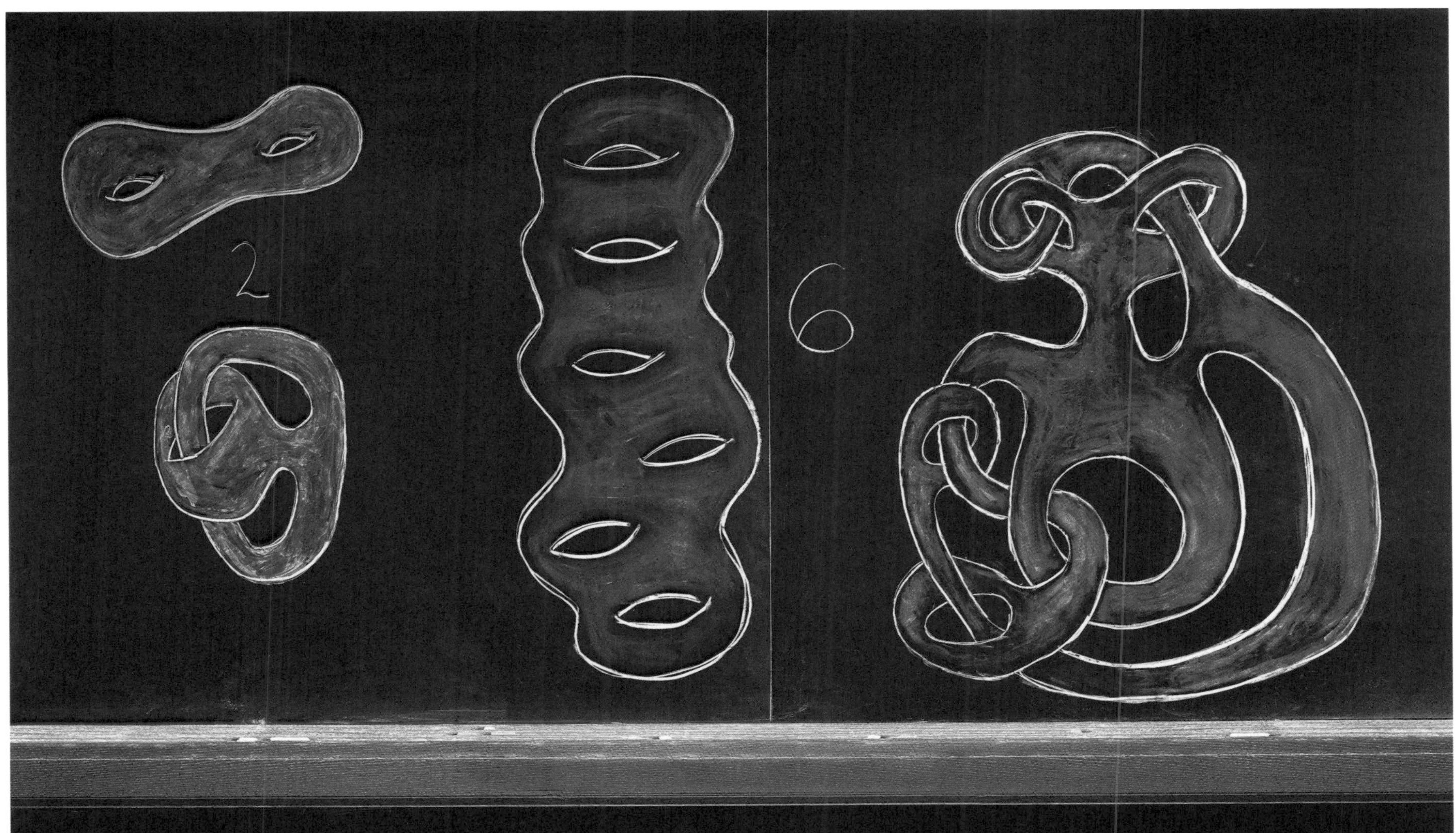
2
6

비니시우스 G. B. 라모스
VINICIUS G. B. RAMOS

리우데자네이루 순수 및 응용 수학 연구소 부교수. 리우데자네이루에서 태어났고, 2013년에 캘리포니아 대학교 버클리에서 마이클 허칭스(Michael Hutchings)의 지도로 박사 학위를 받았다. 이후 프랑스 낭트와 리우데자네이루 순수 및 응용 수학 연구소에서 박사 후 연구원을 마친 뒤 2017년에 조교수로 임용되었다. 2019년에 브라질 세라필헤이라 연구소에서 1백만 헤알의 연구비를 받은 8명의 연구자 중 한 사람으로 선정되었다.

수학은 어려서부터 내 열정의 대상이었다. 수와 연산을 실험처럼 배우며 시행착오를 거쳐 작은 진리들을 발견했던 기억이 난다. 가장 놀랐던 순간은 연속된 두 제곱수 차가 항상 홀수의 순열을 이룬다는 사실을 깨달았을 때였다. 대수를 배우고 난 이후에는 금세 이해하게 되었지만 처음에는 정말 엄청나게 충격적이었다.

다른 학문도 좋았지만 특히 수학에는 다른 학문이 하지 못하는 독보적인 방식으로 진리와 미학을 결합하는 독특한 매력이 있었다. 새로운 정리를 발견하는 과정은 흥미진진한 여정이었다. 알려지지 않은 것을 알게 되고, 참이어야 하는 것을 알게 되는 것만으로도 엄청난 발전이다. 하지만 증명할 방법을 찾는 것은 또 다른 문제이다. 그렇게 찾은 결과로 논문을 쓰는 것 역시 만만치 않은 일이지만 대단히 중요한 작업이다. 머릿속에 있는 것을 모두 설명하기는 분명 쉽지 않지만, 자신이 증명한 내용을 설명할 수 없다면 내 주장이 정말로 참인지 누가 알아주겠는가. 그래서 수학 연구는 읽고, 사고하고, 아이디어를 정리하고, 방정식을 세우고, 그림을 그리는 일련의 과정을 포함한다.

평소에는 연필과 종이를 주로 사용하지만, 칠판은 사고를 발전시키는 최상의 공간이다. 내가 써 놓은 것에서 한 걸음 뒤로 물러나 전체를 관망하면 마음이 열리며 새로운 아이디어가 생각나고 그것을 바탕으로 문제의 해답에 가까워질 수 있다. 또 한편으로, 내 생각이 틀렸을 때는 쉽게 모두 지워버리고 새로 시작할 수 있다. 내 연구에서 가장 큰 돌파구는 몇 년 전 칠판에 큰 삼각형을 그리고 다시 그 안에 여러 개의 삼각형을 그리면서 찾았다. 그건 내가 훨씬 더 추상적인 결과를 증명하기 위해 필요했던 것이다. 나는 심플렉틱 기하학을 공부하는데, 고전 물리학 뒤에 있는 기하 구조에 관한 것이다. 좀 더 최근에는 심플렉틱 기하학과 당구 동역학과의 상호작용을 연구했는데, 특히 직사각형이 아닌 당구대에서 공의 움직임을 연구한다. 사진 속 칠판은 타원에서 당구 동역학이 볼록과 오목 부분이 있는 심플렉틱 영역과 어떤 연관이 있는지를 보여준다.

ext.
foci
int.
$S^1 \longrightarrow S^3$
critical

길버트 스트랭
GILBERT STRANG

MIT 매스웍스 교수. MIT에서 교수로 임용된 지 50년이 되었다. 10권의 교과서를 집필했고, 선형대수학 18.06 온라인 강의는 여전히 오픈 코스웨어에서 가장 많이 시청된 영상에 속한다. 미국 국립과학원 회원이다. 연구 업적으로 헨리시상을, 교육으로 하이모상을, 수학에 기여한 공로로 쑤부칭상을 받았다.

나는 칠판을 맹신하는 사람이다. 칠판이 내 삶을 바꾸었다고 해도 과장은 아니니까. 하지만 그 이유를 설명하려면 내 개인사를 풀어놓아야 한다. 수학 수업과 수학자의 삶이 나오는 이야기지만 이 책의 가장 중요한 주제인 수학 자체에 관한 건 아니다.

기술과 온라인 강의 시대에도 여전히 나는 칠판에 쓰는 수업이 파워포인트로는 할 수 없는 청자와의 인간적 교감을 끌어낸다고 믿는다. 그런 면에서 나는 늘 잔-카를로 로타(Gian-Carlo Rota)의 강의를 높이 평가했다. 게다가 그의 연구가 조합론이라는 분야의 토대를 탄탄하게 확립하는 데 크게 기여했기에 나는 미래 세대가 볼 수 있도록 로타의 강의를 영상으로 남겼으면 하고 바랐다. 친구인 딕 라슨(Dick Larson)을 만났을 때 우연히 그 생각을 말했는데, 마침 그는 MIT를 후원하는 매사추세츠 로드 재단과 지원금 신청 방법을 알았던지라 그 일을 추진했다. 그리고 얼떨결에 내가 맡은 선형대수학 강의까지 녹화하게 되었으니, 그게 1999년이다.

모든 건 행운이 연달아 찾아온 덕분이었다. 촬영기사가 신입생을 위한 물리학 강좌 영상을 찍고 있었는데, 마침 같은 강의실에서 이어서 내 선형대수학 18.06 수업이 있었다. 또 운 좋게 나는 큰 철도용 분필을 쓰고 있었는데 그건 평소보다 글씨를 더 잘 써 보이게 하는 효과가 있다. 행운은 MIT 총장 찰스 베스트(Charles Vest)가 예상치 못하게 오픈 코스웨어 제작을 결정하면서 계속되었다. MIT의 모든 강의 정보와 가능하면 영상까지 추가했는데, 오픈 코스웨어 웹사이트 올라간 2,000건의 강의 중에 내 18.06 선형대수학 강의—오직 칠판을 활용한 수업—도 당연히 포함되었다. 이 자료들은 전 세계 교사들을 위해 제작되었지만, 실제로 이를 보고 학습하는 사람들은 학생들이다.

마지막으로 선형대수학의 중요성이 부각되면서 학생들은 이 과목을 필수로 배워야 되었고, 배우고 싶어하는 사람도 많아졌다. 18.06 강의 영상의 조회수는 1,000만을 넘었고, 지금도 여전히 많은 이들이 MIT의 칠판을 보며 학습하고 있다.

$(\langle v, w \rangle = X^* A Y)$

Rules: $(AB)^*$

$= \overline{(AB)}^{t} = (\bar{A}\bar{B})^{t} = \bar{B}^{t}\bar{A}^{t} = B^* A^*$

$(AB)^* = B^* A^*$

$A^{**} = A$

$(A+B)^* = A^* + B^*$.

$\overline{X^* A Y} = \bar{X}^* \bar{A} \bar{Y}$

$= X^{t} \bar{A} \bar{Y} = (Y^* A X) = (Y^* A X)^{t}$

$\boxed{X^* \bar{A} \bar{Y} = X^{t} A^{t} Y}$

True all X, Y

$\bar{A} = A^{t}$

$A = A^*$

$A = A^*$.

If $A = \begin{pmatrix} a & b \\ c & d \end{pmatrix}$

$A^* = \begin{pmatrix} \bar{a} & \bar{c} \\ \bar{b} & \bar{d} \end{pmatrix}$

$A = A^*$ means

$a = \bar{a}$, $d = \bar{d}$, $c = \bar{b}$

A herm: $\begin{pmatrix} r_1 & b \\ \bar{b} & r_2 \end{pmatrix}$

3b Looking for numbers $u_1 = ?$ $u_2 = ?$ from 3a in n dimensions

2a $u_1\ u_2\ v_1\ v_2$ could be any 4 vectors?

$A = u_1 v_1^T + u_2 v_2^T$ is a matrix. Rank?

$\begin{bmatrix} u_1 \end{bmatrix} \begin{bmatrix} v_1^T \end{bmatrix} + \begin{bmatrix} u_2 \end{bmatrix} \begin{bmatrix} v_2^T \end{bmatrix}$

앨런 레이드
ALAN REID

라이스 대학 수학과 에드거 로벳 석좌교수. 왕립학회 대학 연구 펠로우, 케임브리지 대학교 임마누엘 칼리지 펠로우, 알프레드 P. 슬로언 펠로우였다. 2018년 브라질 리우데자네이루 세계 수학자 대회에 초청되어 강연했다. 미국 수학회 펠로우이다.

내가 하는 연구는 대부분 특정 다양체의 기하학적, 위상학적 특성을 이해하는 일이다. 직관적으로 보았을 때, n차원 다양체는 국소적으로 n차원 유클리드 공간처럼 보이는 공간이다. 그래서 예를 들어 1차원 다양체는 선 위의 작은 구간처럼 보이고, (곡면이라고도 하는) 2차원 다양체는 탁자 위의 작은 원판처럼 보인다. 다양체는 여러 가지 방식으로 구성되는데 그중 하나가 다면체의 면을 연결해서, 즉 서로 이어 붙여서 만드는 방법이다. 예를 들어 2차원 토러스(원환면)는 단위 정사각형에서 마주 보는 변을 서로 이어 붙여 만든다.

다양체를 이해하려면, 그 다양체 안에 포함된 부분다양체라는 더 낮은 차원의 다양체를 분석하는 것이 효과적이다. 예를 들어 2차원 구에서는 큰 원을, 2차원 토러스에서는 원을, 3차원 다양체에서는 곡면을 살펴보는 방식이다.

사진 속 칠판의 그림은 복잡성을 최소로 한 특정 4차원 쌍곡 다양체를 연구할 때 도움을 준다. 칠판은 이 다양체들을 2차원(고전적인)과 4차원(존 G. 랫클리프[John G. Ratcliffe]와 스티븐 T. 찬츠[Steven T. Tschantz]가 만든 것처럼)에서 보여준다. 칠판 위의 그림들은 특정한 대칭을 도식적으로 나타내는 데 유용하며, 특히 4차원 사례에서 증명에 중요한 것으로 밝혀졌다.

칠판은 내 연구에서 필수적인 도구이며, 특히 박사 과정 학생들이나 다른 수학자들과 얘기할 때 중요한 매개체이다. 하지만 혼자 연구할 때는 칠판 대신 종이에 "끄적거리는" 편이다.

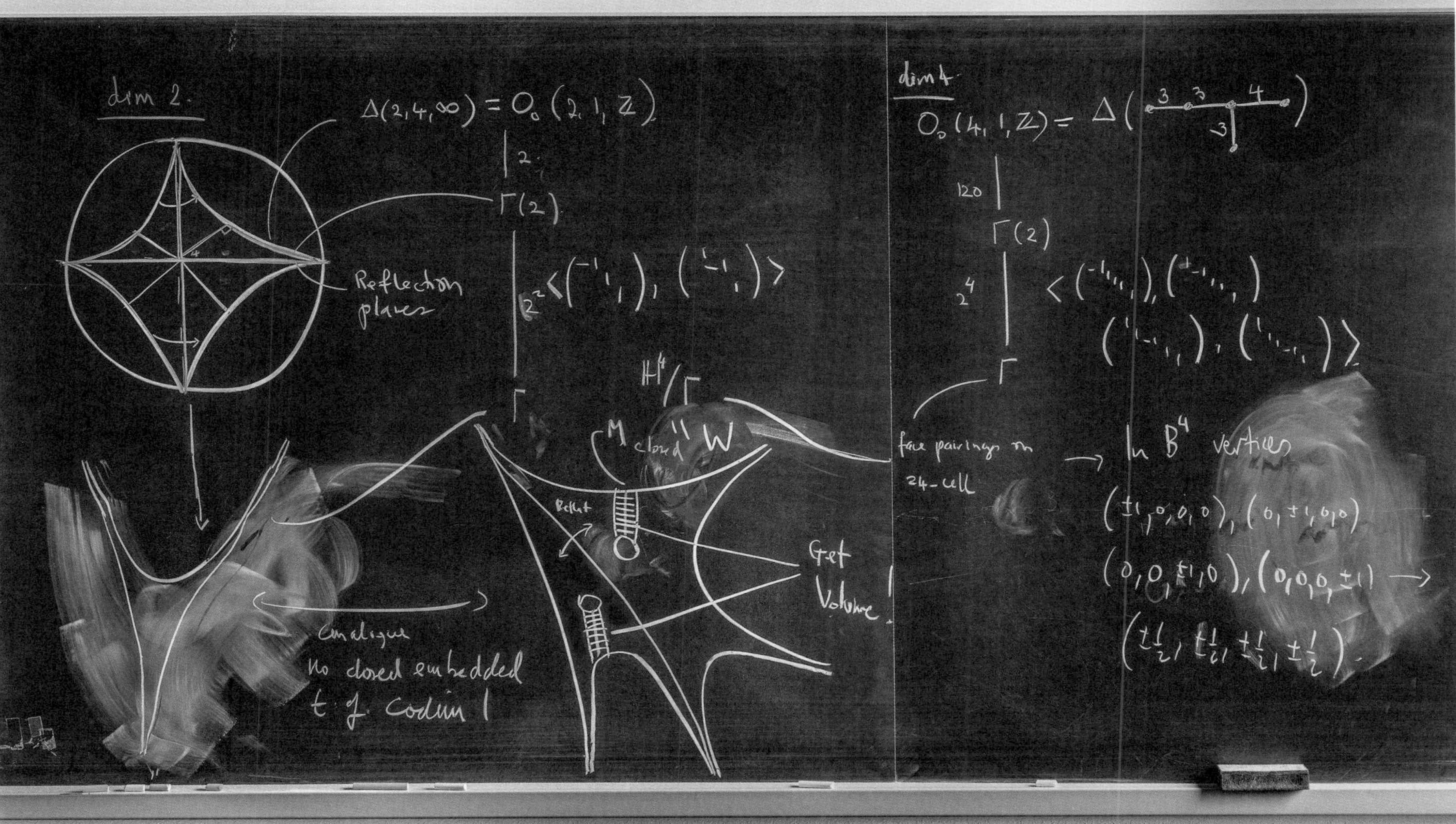
dim 2.
Δ(2,4,∞) = O₀(2,1,Z)
Γ(2)
Reflection planes
H⁴/Γ
M closed W
Reflect
Get Volume!
analogue
no closed embedded
t.g. codim 1
dim 4
O₀(4,1,Z) = Δ(
120
Γ(2)
face pairings on
24-cell
in B⁴ vertices
(±1,0,0,0), (0,±1,0,0)
(0,0,±1,0), (0,0,0,±1)
(±½, ±½, ±½, ±½).

마틴 브리지맨
MARTIN BRIDGEMAN

보스턴 대학교 수학과 교수. 아일랜드 더블린에서 태어나 트리니티 칼리지 더블린에서 수학 전공으로 학부를 졸업했다. 프린스턴 대학교에서 윌리엄 서스턴의 지도로 박사 학위를 받고 이어서 미국 국립과학재단에서 연구비를 받아 수많은 수학 논문을 발표했다. 2013년과 2021년에 사이먼스 펠로우에 선정되었고, 2018년에는 미국 수학회 펠로우가 되었다. 파리의 푸앵카레 연구소, 싱가포르 국립대학교, 뉴질랜드 메시 대학교 오클랜드 등 전 세계에서 방문 교수를 거쳤다.

문제를 온전히 그림으로 표현하기는 거의 불가능하다. 그래서 칠판에 그린 그림은 일조의 도해이자 단순화이며, 때로는 추상화가 포함되기도 한다. 한 문제를 해결하기까지는 몇 년이 걸리기도 하는데 그동안 칠판의 그림은 거의 변하지 않는다. 그러다 보니 그 그림은 언젠가 깨달음이 찾아오길 바라며 매일같이 외우는 일종의 주문이 되기도 한다.

생각을 펼쳐놓을 커다란 칠판이 있을 때는 문제를 개별 부분으로 나누고 각각에 대해 여러 생각을 제시한 다음 그것들을 연결해 보는 것이 좋은 접근법이다. 각 조각들을 칠판 앞에 불러 모을 때가 진짜 본격적으로 일을 시작하는 순간이다. 칠판은 자신의 생각에 우아하고 중요해 보이는 느낌을 부여하지만 헛소리인 것이 밝혀지는 순간 쉽게 지워버릴 수 있다. 지울 수 있다는 것은 매우 중요한 능력이다. 맨 처음 떠오른 아이디어 중에 제대로 작동하는 것은 거의 없고 일이 진행되면서 대부분 수정되거나 내쳐지게 마련이다. 칠판은 보통 우리가 작업하는 문제에 대한 아이디어나 생각을 담아두는 그릇이 되며, 매일 사무실 벽에서 칠판을 쳐다보는 단순한 행동이 새로운 통찰을 부추길 수도 있다. 어떨 때는 아이디어가 진전 없이 너무 오래 칠판에 머물러 부끄러운 생각이 들면 싹 다 지우고 만다.

사진 속 칠판에는 내가 2009년에 발견한 공식이 적혀 있다. 서로 연관이 없어 보이던 문제를 작업하다가 찾게 되었다. 이 공식은 칠판 위에 그려진 곡면의 모양과 그 위에 있는 곡선들의 길이 사이에 관계를 설명한다. 이제 이 공식은 동료 수학자들이 브리지맨 항등식이라고 부른다. 이 항등식은 오일러, 아벨, 라마누잔이 발견한 공식을 포함하는 이중로그 항등식의 일부이다. 이중로그 함수에는 미스터리한 면이 있어서 기하학과 정수론 같은 순수 수학뿐만 아니라, 양자 이론과 끈 이론 같은 물리학에서도 등장하는데, 전혀 다른 분야에서 같은 함수가 나타난다는 점이 매우 흥미롭다. 이 항등식들은 이러한 학문들 사이에 우리가 이제 막 이해하기 시작한 깊은 연결이 존재함을 암시한다.

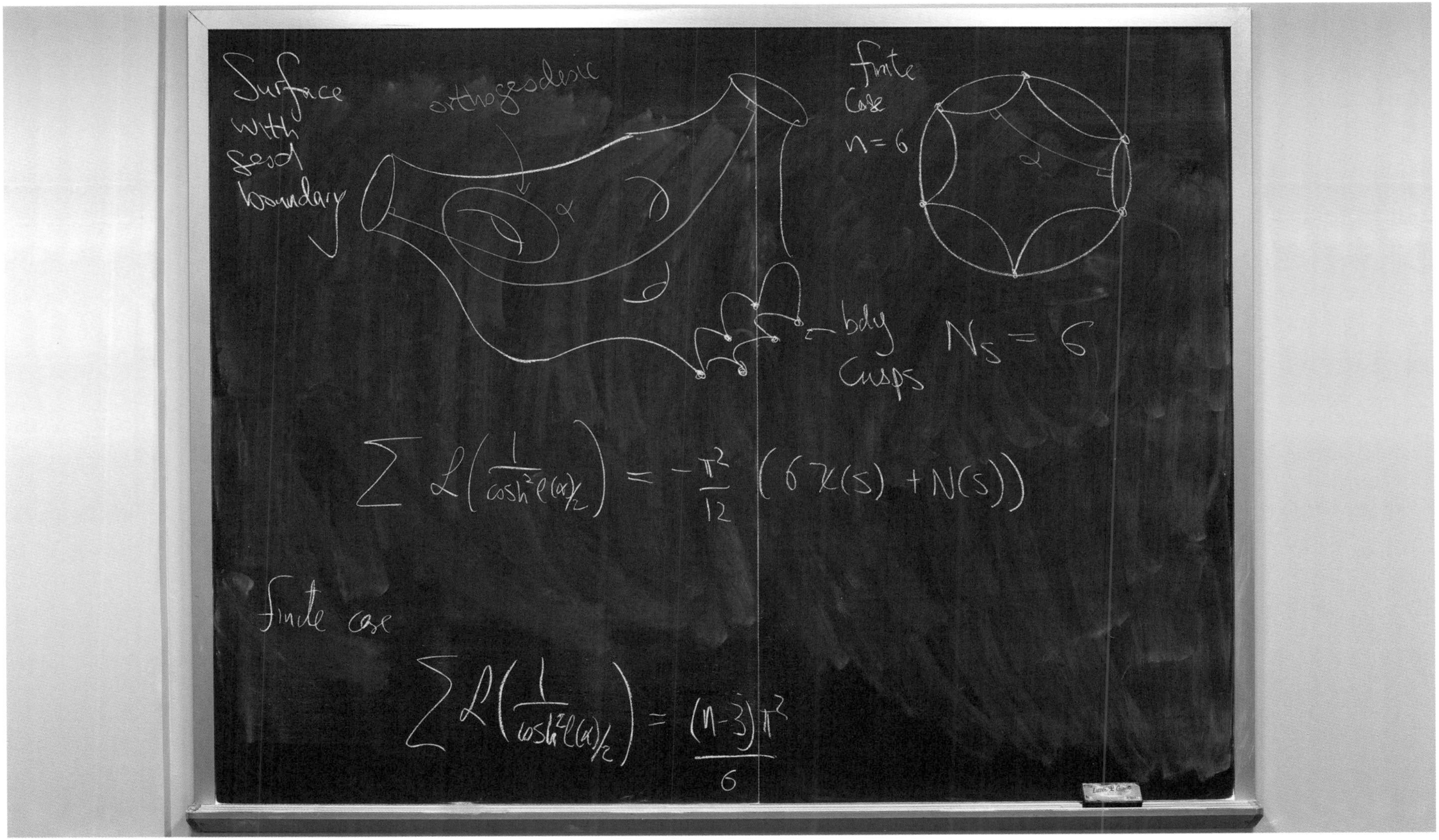

Surface with geod boundary

orthogeodesic

α

bdy cusps

finite case $n = 6$

α

$N_S = 6$

$$\sum \mathcal{L}\left(\frac{1}{\cosh^2 \ell(\alpha)/2}\right) = -\frac{\pi^2}{12}\left(6\chi(S) + N(S)\right)$$

finite case

$$\sum \mathcal{L}\left(\frac{1}{\cosh^2 \ell(\alpha)/2}\right) = \frac{(n-3)\pi^2}{6}$$

니콜라 퀴리앵 & 시릴 마르주크

NICOLAS CURIEN & CYRIL MARZOUK

니콜라 퀴리앵
빠히-싸끌레 대학 수학과 교수. 확률론을 전공했고, 무작위 평면 그래프 또는 무작위 수형도처럼 무작위 조합 객체의 기하학적 특성을 연구한다. 공통 연구 주제는 연속적 무작위 객체(소위 무작위 스케일링 한계)를 사용해 무작위 이산 그래프의 점근적 보편성을 기술하는 것이다.

시릴 마르주크
프랑스 에콜 폴리테크니크 수학과 교수. 확률론을 전공했고 대형 무작위 그래프와 기타 조합적 구조의 행동을 연구한다. 최근에는 무작위 평면 사상의 활발한 이론에 중점을 두고 있다.

사진 속 칠판은 무작위 평면 그래프에서 일어나는 "미로 속 개미" 현상에 관한 우리 두 사람의 공동 연구를 그렸다. 이 현상은 노벨 물리학상 수상자인 피에르질 드 젠(Pierre-Gilles de Gennes)에 의해 많이 알려졌다. 맨해튼의 전형적인 2차원 격자 거리를 무작위로 걷고 있는 개미 한 마리를 상상해 보자. 개미는 교차로에서 동서남북 네 방향 중 하나를 무작위로 선택하며, 이전의 이동과 상관없이 동일한 확률로 방향을 정한다. 폴리아(Polya)가 증명한 바에 따르면, 이러한 환경에서는 개미가 언젠가는 격자의 모든 지점을 무한히 방문하게 된다. 하지만 3차원 이상의 공간에서 날아다니는 벌레라면 결국 무한히 멀리 빠져나가게 된다.

중심 극한 정리에 따르면, 개미가 출발점에서 장거리 n에 도달하려면 n^2 단계가 필요하다. 그러나 우리가 연구하는 무작위 그래프에서는 일부 도로가 막혀 있는 미로 같은 구조를 가정한다. 이런 복잡한 막다른 길과 병목 지대가 개미의 이동 속도를 늦춘다. 그 결과, 개미가 거리 n까지 도달하는 데 필요한 이동 단계 수는 n^c(단, $c > 2$)가 된다.

우리가 연구할 때는 그림과 시뮬레이션을 두루 사용하여 우리가 다루는 상황을 이해하는 출발점으로 삼는다. 따라서 커다란(그리고 이왕이면 칠판) 보드만 큰 그림을 여러 개 수용할 수 있다. 칠판은 혼자서 일할 때도 유용하지만, 특히 공동 연구자와 토의할 때나 학생을 가르칠 때는 없어서는 안 되는 물건이다. 우리 두 사람도 실제로 칠판 앞에서 만났다. 당시 시릴은 박사 과정이었고, 니콜라스는 막 교수로 임용된 참이었다. 우리는 휴게실에서 수많은 그림을 그려가며 우리가 할 수 있는 연구 프로젝트를 의논했다.

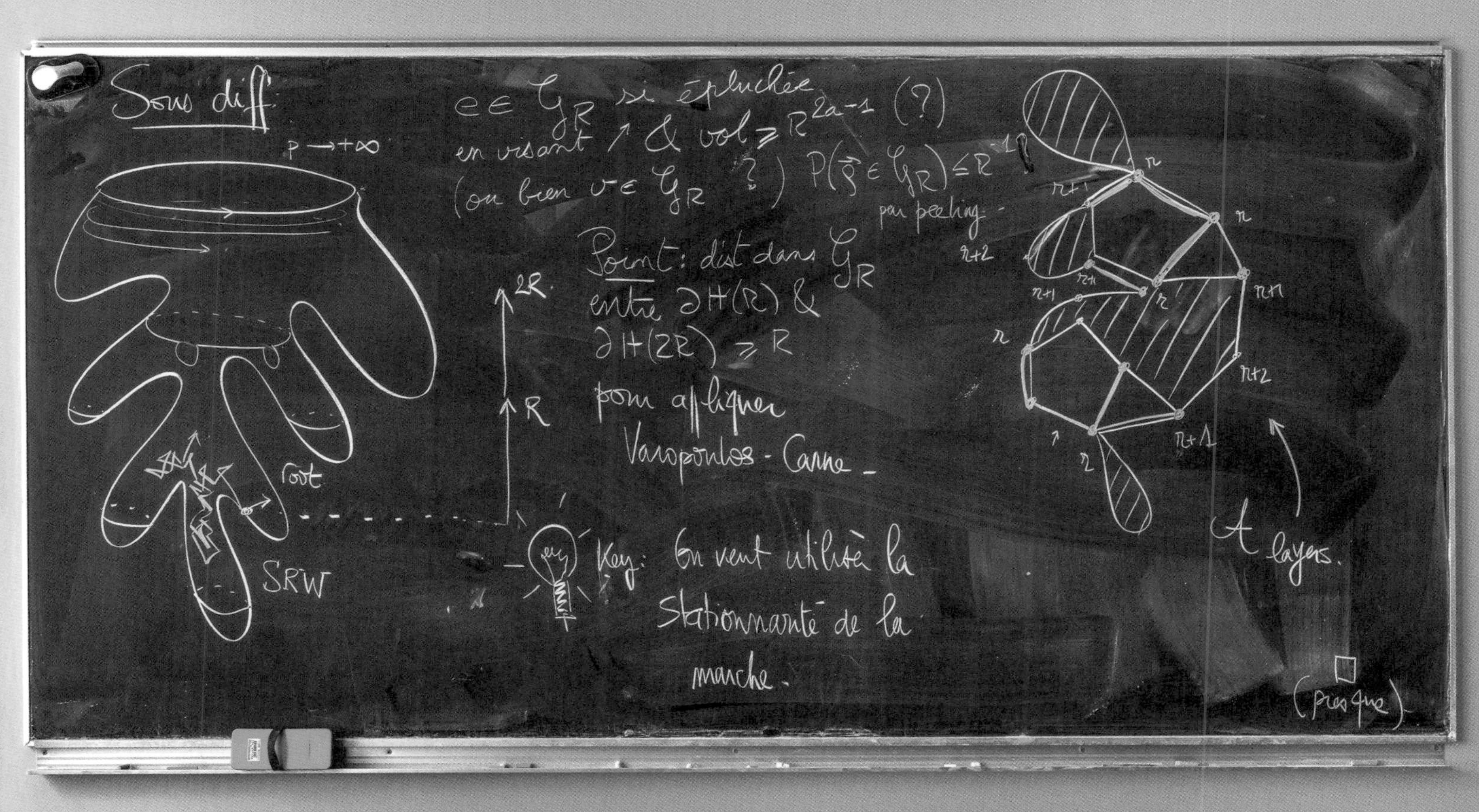

Sous diff
p → +∞
e ∈ G_R si épluchée
en visant ↗ & vol ≥ R^{2a-1} (?)
(ou bien v ∈ G_R ?) P(ρ ∈ G_R) ≤ R^{-1}
par peeling
Point: dist dans G_R
entre ∂H(R) &
∂H(2R) ≥ R
pour appliquer
Varopoulos-Carne
2R
R
root
SRW
Key: On veut utiliser la
Stationnarité de la
marche.
layers.
(presque)

안드레 네베스
ANDRÉ NEVES

시카고 대학교 수학과 교수.
1975년에 포르투갈 리스본에서 태어났다. 2005년에 리처드 숀(Richard Schoen)의 지도로 박사 학위를 받았고 현재 시카고 대학교 수학과 교수이다. 2016년에 뉴호라이즌스 수학상과 베블런 기하학상을 받았고 2018년에는 사이먼스 연구자로 선정되었다.

사진 속 칠판의 연구는 2011년 팔로알토에서 공동 연구자 페르난두 코다 마르케스(Fernando Codá Marques)와 함께 추수감사절 저녁을 먹으며 진전된 것이다. 아내와 세 살을 앞둔 딸, 그리고 갓 태어난 아들이 파티를 즐기는 동안 마르케스와 나는 윌모어 추측에 매달렸다. 윌모어 추측은 도넛 같은 모양 중에서 어떤 것이 "최적"이어야 하는지를 제시하는 잘 알려진 문제이다. 기하학자들은 이런 식의 문제에 골몰하는 걸 좋아한다.

마르케스와 나는 이전부터 이 문제를 해결하기 위해 썩 괜찮은 접근법을 개발했고, 우리가 제대로 가고 있다는 건 알았으나 이 모든 퍼즐 조각들을 하나로 묶어줄 마지막 조각을 찾지 못하고 있었다. 그리고 바로 그날 행운이 찾아왔으니, 우리가 찾던 조각은 바로 경계 사상의 차수였다. 경계 사상의 차수가 0이 아닐 경우, 그 사상은 점으로 축소될 수 없다. 이 사실을 깨닫는 순간, 우리는 마침내 문제가 해결되었음을 확신했다. 그때부터 우리는 연구를 접고 추수감사절의 남은 시간을 즐겼고 다음 날 아침 일찍 만나 증명의 세부 사항을 다듬었다.

handlebodies
1-formas
Federer-Fleming
fechada

페르난두 코다 마르케스
FERNANDO CODÁ MARQUES

프린스턴 대학교 교수. 1979년 브라질 상카를루스에서 태어나 알라고아스주의 마세이오에서 자랐다. 1999년에 알라고아스 연방 대학교에서 학사 학위를, 2003년에 코넬 대학교에서 박사 학위를 받았다. 리우데자네이루 순수 및 응용 수학 연구소를 거쳐 2014년에 프린스턴 대학교에 임용되었다. 2010년과 2014년에 세계 수학자 대회에서 강연했다. 개발도상국의 젊은 수학자를 위한 라마누잔상과 미국 수학회가 수여하는 베블런상을 받았다. 브라질 국립과학원 회원이다.

나는 칠판에 분필로 쓰는 행위에 예술적 요소가 있다고 생각한다. 단순하고 우아하며, 글씨는 쓰는 동작이 느려지므로 더 많이 생각하게 한다. 화이트보드는 별로 매력이 없다. 분필을 쥐고 힘을 주어 쓰는 행위는 자연스럽게 이 작업에 대한 경외심을 불러일으킨다. 나는 가능하면 항상 칠판 앞에서 발표하는데, 슬라이드로 강연을 준비하는 것보다 종이에 쓰는 게 더 좋기 때문이다.

최근 몇 년간 나는 3차원 공간의 곡면을 연구했다. 보통 사람들은 방정식이 수로만 만족된다고 생각하는 편이지만 곡면도 방정식을 충족할 수 있다. 곡면과 연관된 가장 기본적인 방정식은 18세기부터 연구된 극소곡면 방정식이다. 극소곡면은 표면 장력과 관련된 힘이 서로 상쇄되며 총 면적을 최소화하려는 상태로 평형을 이루는 곡면이다. 이러한 힘의 균형을 수학적으로 계산하면, 곡면이 만족해야 하는 방정식이 도출된다.

극소곡면의 대표적인 예로 비누막이 있다. 비누막은 표면 장력이 최소화된 상태이기 때문에 극소곡면을 모델링하는 물리적 도구가 된다. 블랙홀의 겉보기 지평 또한 동일한 방정식으로 설명된다. 극소곡면은 단순한 구의 형태일 수도 있고 도넛 모양의 토러스처럼 복잡한 구조를 가질 수도 있다. 사진 속 칠판에 그려진 것이 바로 토러스이다.

기하학자는 이런 특별한 곡면이 특정 공간 M에 존재하는지를 연구하는 데 큰 관심을 둔다. 사진 속 칠판에서 M은 기하학적 특성이 주어진 3차원 공간을 나타낸다. 쉽게 말하면, 지구 표면처럼 2차원 곡면이 3차원 공간에 존재하듯, 3차원 공간 속에서 극소곡면이 어떤 형태로 존재할 수 있는지를 연구하는 것이다. 또는 일반상대성 이론에 따라 휘어 있는 3차원 공간의 우주도 생각할 수 있다. 1981년 이후로 이 문제에는 풀이가 하나라고 알려졌으나 최근에 이 주제가 다시 유행하면서 무한개의 풀이가 존재한다는 발견이 이어졌다. 실제로 극소곡면이 너무 많아서 공간을 거의 가득 채운다고 해도 과언이 아닐 정도이다.

나는 수학자들도 예술가처럼 미적 감각에 따라 진리를 탐구한다고 생각한다. 수학에서의 아름다움은 단순히 기호와 다이어그램이 주는 형식적 우아함을 넘어선다. 칠판에 쓰인 모든 기호는 하나의 아이디어를 의미하며, 여러 아이디어가 예상치 못한 방식으로 서로 연관되어 훌륭하고 일관된 구조를 드러내는 것에는 지극한 아름다움이 있다.

(M^{n+1}, g), $\Sigma^n \subset M^{n+1}$, $\partial\Sigma = \emptyset$

$\hookrightarrow$ area(Σ)

$n \geq 2$

minimal hypersurface: $\frac{d}{dt}\Big|_{t=0} \text{area}(F_t(\Sigma)) = 0$

flat topology

$\subset M^{n+1}$

one-parameter sweepouts

$M \supseteq$

$\to \Sigma_t = \partial U_t$, $t \in [0,1]$

$U_0 = \emptyset$

$U_1 = M$

(min-max)

$W = \inf_{\{\Sigma_t\}} \sup_{t \in [0,1]} \text{area}(\Sigma_t)$

$= m_1 \text{area}(\Sigma_1) + \dots + m_q \text{area}(\Sigma_q)$, $V = \sum_{i=1}^{q} m_i \Sigma_i$

$\{m_1, \dots, m_q\} \subset \mathbb{N}$, $\{\Sigma_1, \dots, \Sigma_q\}$ disjoint minimal

$\mathcal{Z}_n(M^{n+1}, \mathbb{Z}_2) = \left\{ \begin{array}{l} n\text{-dim flat cycles mod } 2 \\ T = \partial U, U \subset M \end{array} \right\}$

$\mathcal{Z}_n(M^{n+1}, \mathbb{Z}_2) \approx \mathbb{RP}^\infty \supset \mathbb{RP}^k$

$\omega_k(M, g) = \inf_{\Phi \in \mathcal{P}_k} \sup_{x \in \text{dmn}(\Phi)} \text{area}(\Phi(x))$

$\Phi^*(\bar{\lambda})^k \neq 0 \in H^k(\text{dmn}(\Phi), \mathbb{Z}_2)$, $H^1(\mathcal{Z}_n(M^{n+1}, \mathbb{Z}_2), \mathbb{Z}_2) = \{0, \bar{\lambda}\}$

Frankel Property $(\Sigma \cap \Sigma' \neq \emptyset) \Rightarrow \infty$

$\exists a(n) > 0 : \lim_{k \to \infty} \frac{\omega_k(M, g)}{k^{\frac{1}{n+1}}} = a(n) V$

$\omega_k(M, g) = \text{area}(V_k)$

$\hookrightarrow$ min. hyp

CONJECTURE
Generically, multiplicity$(V_k) = 1$

CONJECTURE
Generically, index$(V_k) = k$

∞

Kaneda

DO NOT ERASE

에티엔 지스
ÉTIENNE GHYS

프랑스 수학자. 기하학과 동역학계를 주로 연구한다. 리옹 고등사범학교의 CNRS 책임 연구원이다. “수학 지식을 널리 전파한” 공로로 2015년에 클레이상을 받았고, 최근에 프랑스 국립과학원의 상임 총무로 선출되었다.

2009년 3월

파리 프랑스 국립과학원에서 열린 행정 회의에 참석했는데 내 옆에 앉은 동료는 나보다도 더 지루해 보였다. 막심 콘체비치(Maxim Kontsevich)는 딴생각하는 게 분명했다. 그러다가 불쑥 내게 파리 지하철 티켓을 내밀었는데 거기에는 딱 한 단어가 적혀 있었다. “불가능”. 그건 그가 나와 이야기하고 싶어 했던 새로운 정리였다. 몇 분에 걸쳐 몇 번의 귓속말이 오고 간 끝에 나는 그 정리의 명제를 추측할 수 있었고, 몇 분 후에는 증명까지 찾았다. 신이 났다. 새로운 다항식에 관한 기본정리를 4개나 발견하다니!

2009년 7월

일반 대중을 위한 온라인 저널 〈수학의 이미지(Images des mathématiques)〉에 콘체비치의 정리를 고등학생 수준에서 설명한 짧은 논문을 실었다. 막상 논문을 쓰고 보니 아주 어렵고 심오해서 풀 수 없는 문제처럼 보였다. 언젠가 다시 고민해보겠다고 다짐했다.

2012년 10월 ~ 2016년 5월

거의 4년에 걸쳐 가끔 생각날 때마다 이 문제와 싸웠다. 나는 지쳤고 아무 진전도 보이지 못하는 나 자신의 무능력에 짜증이 났다. 나를 사로잡았던 문제가 이제 내 신경에 거슬리고 있다.

2016년 5월 ~ 2016년 11월

하지만 그 문제는 훌륭하고 나는 이 연구를 다른 이들과 나누고 싶어서 안달이다. 결국 이 주제와 관련된 책을 쓰기로 한다. 입문자들에게 가닿기를 바라며.

2016년 11월

어느 아주 어린 학생에게 이 책의 첫 초안을 읽어달라고 부탁했다. 몇 주 뒤 그가 찾아와서는 내가 이 문제를 완전히 잘못된 관점으로 보고 있었으며, 다른 방식으로 접근한다면 만족스러운 결과를 기대할 수 있을 것 같다고 말했다. 그가 옳았다. 해답으로 가는 길이 활짝 열렸다. 나는 새로운 공동 연구자로 40년 어린 후배를 얻었다.

2019년 11월

파리 콜레주 드 프랑스에서 열린 학회에서 연구를 발표했다. 우리는 논문을 투고했고 승인을 받았다. 크리스토퍼-로이드 사이먼(Christopher-Lloyd Simon)은 이제 내 지도로 박사 과정을 밟고 있다.

사진 속 칠판에는 우리가 함께 증명한 정리가 적혀 있다. 이 정리는 곡선의 특이점을 다룬다. 특이점이 있는 곡선은 코드 다이어그램이라는 조합적 구조와 관련이 있다. 코드 다이어그램은 곡선이 교차하거나 특이점을 형성하는 방식을 수학적으로 표현하는 도구다. 우리는 연구를 통해 일부 코드 다이어그램은 절대로 곡선의 특이점에서 나타날 수 없다는 사실을 증명했다. 즉, 특정한 유형의 교차 패턴은 실제 곡선에서는 존재할 수 없다는 것을 밝혀낸 것이다.

내게 칠판은 단순한 도구가 아니다. 가르침과 연구, 그리고 동료들과의 대화를 위한 중요한 공간이다. 과거 신출내기였을 때 나는 아이디어를 얻기 위해 칠판을 가까이 두면 좋겠다고 생각했다. 그래서 아내를 설득해 침대 머리맡에 칠판을 걸어놓았다. 하지만 6개월 뒤, 칠판은 제 쓸모를 보여주지 못했고 침대에 분필 가루만 쌓였다. 칠판을 치우자고 하자 아내가 몹시 기뻐했다. 결국 우리는 칠판을 떼어냈고... 다시는 침실에 들이지 않았다.

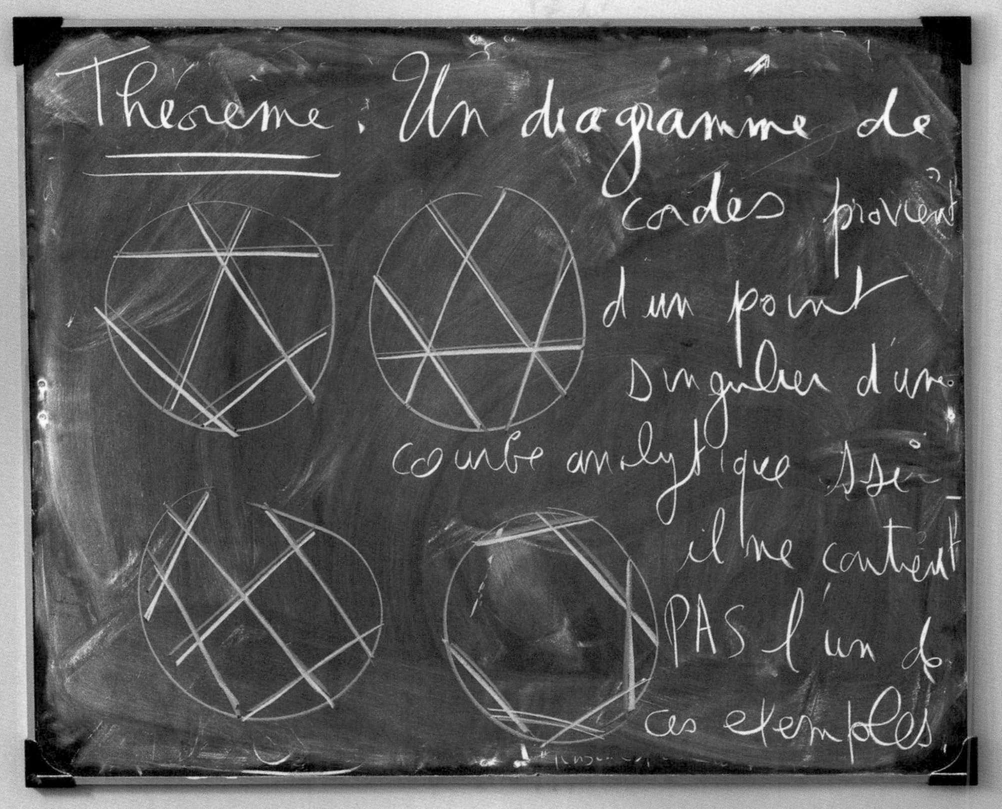
Théorème : Un diagramme de cordes provient d'un point singulier d'une courbe analytique ssi il ne contient PAS l'un de ces exemples.

제프리 로저스
GEOFFREY ROGERS

물리학자. 뉴욕 주립 패션 공과대학교에서 색상 과학을 가르친다. 뉴욕 대학교에서 박사 학위를 받았다. 색의 물리학을 연구하고 〈색 연구와 적용(Color Research and Application)〉과 〈미국 광학학회지 A〉에 정기적으로 논문을 발표한다.

내가 연구하는 분야는 "겉보기의 물리학"으로, 빛과 물질이 상호작용하는 방식이 사물의 외관에 어떤 영향을 미치는지를 탐구한다. 대부분의 연구는 이론적 접근을 기반으로 하며, 이를 위해 수학적 모델을 개발한다.

내가 사진 속 칠판에 쓴 계산은 몇 달 전부터 작업한 더 큰 계산의 일부이다. 수년 전 나는 매질 속에서 "무작위 행보"를 하는 광자를 바탕으로 한 비투명 매질에서의 광자 확산 모형을 개발했다. 무작위 행보는 물리학은 물론이고 경제학을 포함한 여러 학문 분야에서 널리 사용되는 수학 기법이다. 나는 최근에 이 모형을 적용해 반투명한 평판을 통과하는 광자의 통계 자료를 얻었다. 그리고 현재 이 이론을 확장해 평판 경계에서 광자의 부분 반사, 즉 광자가 평판의 가장자리를 통과할 때는 반사되어 매질로 들어간다는 사실을 포함하려고 한다. 이 사진을 찍을 당시 나는 칠판의 계산 과정을 검토하고 있었는데, 그러다가 다른 방법이 떠올랐고 결국 문제를 해결하게 되었다.

나는 수학을 도구로만이 아닌 심오한 미적 과정으로 본다. 계산을 할 때 전개되는 식의 아름다움을 보면 내가 제대로 가고 있는지 알 수 있다. 때로는 물리적 해답을 미리 알고 있는 상태에서, 수학적 구조를 조정하여 그것을 반영하도록 "강제"하기도 한다. 그러나 어떤 경우에는 예상치 못했던 수학적 결과가 나타나기도 하는데, 이후 그 결과가 실제 물리적 특성을 설명한다는 사실을 깨닫게 되는 순간이 가장 흥미롭다.

BY ORDER OF
FIRE COMMISSIONER

$D \frac{d}{dz} \rho = -K \rho$

$D \frac{d^2}{dz^2} \rho = -K \frac{d\rho}{dz}$

$\rho = \rho_0 e^{-K/D z} \Big|_{z \to 0}$

$K \to \infty \quad \rho = 0$ transmission

$K \to 0 \quad \frac{d\rho}{dz} = 0$ reflection

at $z \to 0$:

$D \frac{d^2}{dz^2} \rho = -K \frac{d}{dz} \rho$

$\frac{d\rho}{dt}$

so:

$\frac{d\rho}{dt} =$

$K =$

오퍼 개버

OFER GABBER

프랑스 고등과학연구소 CNRS 책임 연구원으로 1984년부터 재직했다. 지난 40년 동안 산술기하학과 대수기하학 발전에 기여해오며 광범위한 분야를 연구했다. 1980년대 초에 여러 중요한 추측을 증명했고, 그 이후로도 깊이 있는 연구를 지속하고 있다. 1981년에 이스라엘 수학연합이 주는 에르되시상을, 2011년에 프랑스 국립과학연구원에서 주는 테레즈 고티예상을 받았다.

사진 속 칠판을 설명하려다 보니 머릿속에서는 그렇게 익숙하고 확실한 것이 밖에서 보면 얼마나 모호하고 혼란스러운지 새삼 깨닫게 된다. 알아보기도 힘들게 갈겨쓴 기호들은 내 머릿속에서는 정의와 성질이 아주 또렷한 범주론적 대상들이다. 범주, 가환환, 사상, 코호몰로지 같은 이상한 단어들은, 수학자들이 공통적으로 사용하는 언어로, 나는 이를 통해 매일 사고하고 동료들과 소통한다.

칠판이 수학자들에게 필수적인 도구가 되는 이유도 바로 단어와 기호로 구성된 이 공통 언어 덕분이다. 글로 쓰자면 한없이 길어지는 아이디어가 다이어그램으로는 아주 간결하고 정확하게 요약된다. 칠판에서 두 글자 사이를 빠르게 이동하는 화살표에는 논의를 더 명확하고 정확하게 만드는 힘이 있다.

내가 언제 나 자신의 언어로 수학을 선택했는지는 기억나지 않는다. 어머니 말씀에 따르면 내가 열 살 무렵 피아노 개인지도를 그만두었는데 그 이유가 수학을 하고 싶어서였단다. 그리고 열여섯 살에 하버드 대학교 박사 과정을 제안받았을 때 나는 이미 평생 수학을 하게 되리라는 걸 확신하고 있었다.

요새는 프랑스 고등과학연구소에서 연구하며 대부분의 시간을 보낸다. 연구소는 숲이 우거진 파리 남부의 교외에 자리 잡고 있다. 연구실에 없다면 나는 아마 연구소 주변의 숲에서 방랑하고 있을 것이다. 산책은 아이디어를 얻는 데 큰 도움이 된다.

내 칠판이 지저분하고 정신없어 보일지도 모르지만, 수학자들 사이에서 나는 아주 작은 모순도 기가 막히게 감지하는 희귀한 능력으로 유명하다. 나는 피드백이나 도움을 구하며 찾아오는 동료와 학생들에게 이 기술을 발휘한다. 근래에 내 연구는 대부분 이런 소통을 통해 이루어지고 있다. 내 통찰의 자취는 칠판에서뿐만 아니라 내가 수년간 주고받은 편지와 이메일에서도 발견할 수 있다.

NE PAS EFFACER

클라크 버틀러
CLARK BUTLER

프린스턴 대학교 베블런 연구 강사. 프린스턴 대학교와 프린스턴 고등연구소 공동 임명직이다. 2018년에 시카고 대학교에서 박사 학위를 받았다.

내가 칠판 앞에 있다? 그건 십중팔구 내 공동 연구자 중 한 사람과 함께일 것이다. 같이 있는 동안 우리는 (바라건대) 참신한 방법을 결합한 개념의 조각들로 모자이크를 만든다. 그 결과는 대개 느슨하게 조직된 이야기로 합쳐지는 더 작은 그림들의 모음이며, 우리는 그것을 프로젝트의 다음 단계로 넘어가는 발사대로 사용한다.

사진 속 칠판의 내용은 칠레 교황청립 가톨릭 대학교 수학자 자이로 보치(Jairo Bochi)와 토론하던 중에 나온 것이다. 왼쪽은 우리가 연구 중인 문제에 대한 탐색 과정이 담겨 있고, 오른쪽은 우리가 연구하는 현상을 설명하는 핵심 방정식들이 정리되어 있다. 중앙에는 이러한 방정식들이 실제로 어떻게 작동하는지를 시각적으로 표현한 그림이 있다. 우리는 이 그림이 책등을 중심으로 페이지가 넘어가는 장면처럼 보인다는 점에 주목했다. 이 프로젝트는 아직 진행 중이다.

나는 이 책에서 수학을 연구하는 학자들의 삶을 보여주는 창문을 제공하게 되어 기쁘다. 비수학자들은 수학자들의 사고가 얼마나 구체적이고, 일상의 사물과 경험에서 얼마나 많은 비유를 끌어내는지 알면 놀랄 것이다.

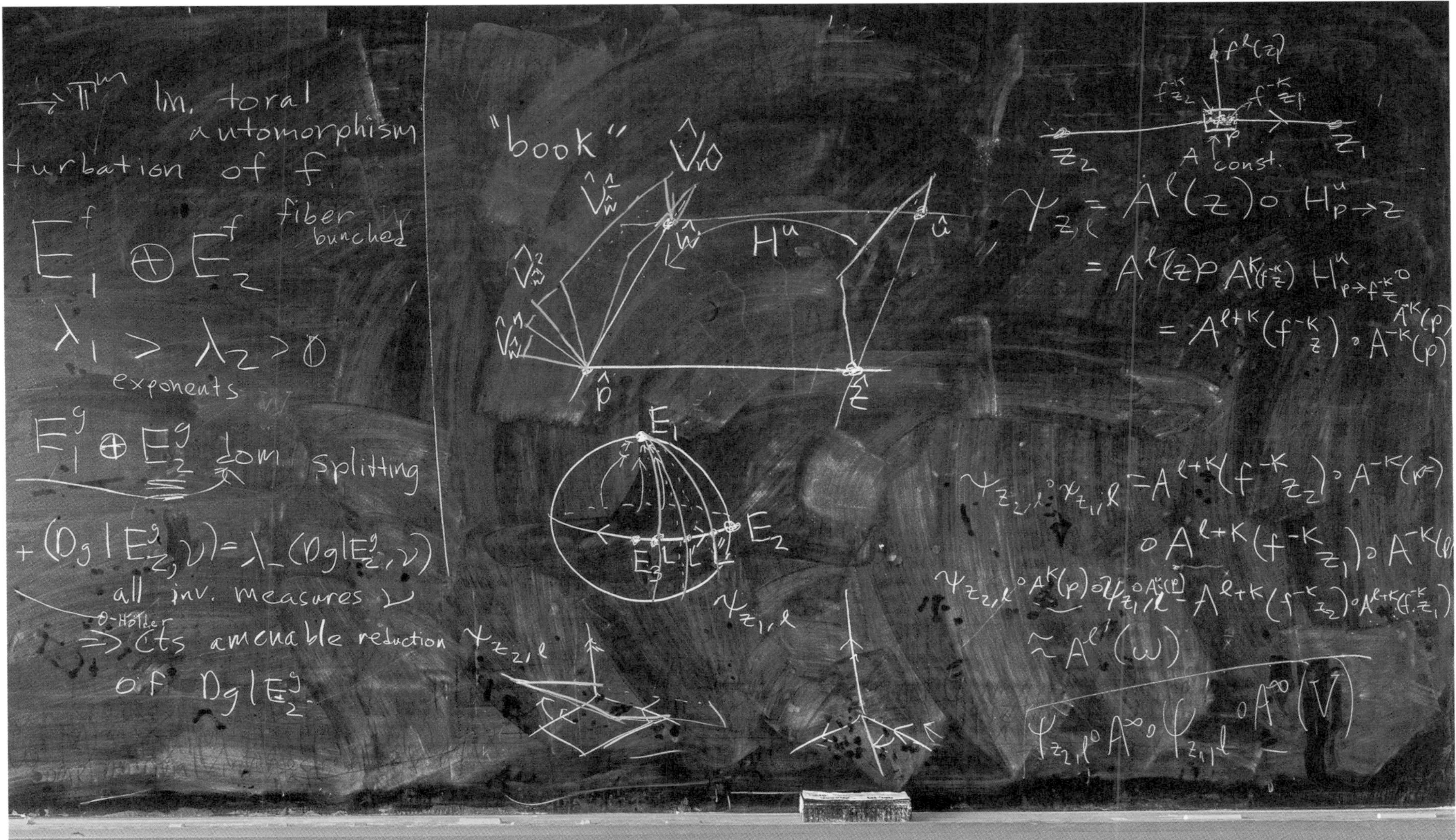

lin. toral
automorphism
turbation of f
fiber
bunched
exponents
dom splitting
all inv. measures
cts amenable reduction
"book"
const.

조제 이제키에우 소투 산세스
JOSÉ EZEQUIEL SOTO SÁNCHEZ

리우데자네이루 순수 및 응용 수학 연구소 VISGRAF 연구실 연구보조원. 같은 연구소에서 컴퓨터 그래픽으로 박사 학위를 받았다. 현재 기하 패턴, 타일링, 테셀레이션을 연구하며, 기하학 처리, 디지털 패브리케이션, 수학적 시각 예술, 컴퓨터 음악에 관심이 있다. 수학 교육 및 대중화 활동에도 다년간의 경험이 있고, 교육과 대중화 도구 개발을 계속하고 있다.

수학과 관련된 어린 시절 기억 중에 가족과 차 안에서 나누었던 대화가 있다. 아버지는 우리한테 생각할 거리를 주려고 퍼즐이나 문제를 내곤 했는데, 대개는 내 누나와 형을 위한 것이었으므로 나한테는 너무 어려웠다. 그중의 일부는 야콥 페렐만(Yakov Perelman)이 쓴《페렐만의 살아있는 수학 2 : 수의 세계》에서 왔다. 나는 그 책에 나온 문제를 생각하고 풀어보며 몇 번의 여름을 보냈다. 수학과 퍼즐은 그렇게 내 삶의 열정이 되었다.

대학에 들어가기 전에 1년 동안 멕시코 오악사카에 있는 원주민 공동체인 할페텍의 고등학교에서 학생들을 가르치며 지냈는데, 그때 칠판을 많이 사용했다. 나는 아직 많이 어렸고 내가 가진 유일한 수업 비결은 학생 때 나를 가르친 선생님들을 최대한 잘 흉내 내는 것이었다. (다행히 나는 좋은 선생님들께 배웠다.) 1년 뒤에는 멕시코시티의 멕시코 기술자치대학교 응용수학 프로그램에 들어가 도서관 학습실의 초록색 칠판 앞에서 수업 시간에 배운 문제를 논의하고, 그림을 그리고, 심지어 동료들과 게임을 하며 많은 시간을 보냈다. 내가 내 칠판 기술들을 개발한 것도 그곳에서였다. 내 또박또박한 글씨체 때문에 같은 수업을 듣는 친구들이 가끔씩 칠판에 풀이를 써달라고 부탁하곤 했다.

응용수학으로 학부를 졸업한 후 나는 몇 년 동안 학생들을 가르치면서 칠판과 더 깊은 관계를 이어갔다. 나는 색깔 분필을 사용해서 그림, 그래프, 다이어그램을 그렸고, 설명의 예를 그리거나 텍스트와 풀이의 중요한 부분을 강조했다. 학생들은 칠판을 베낄 때 사용할 색깔 볼펜이 없다고 투덜대곤 했다.

그다음 몇 년은 취업 준비와 여흥을 위해 종이와 컴퓨터만 사용하며 칠판에서 떨어져 지냈다. 2012년에 브라질로 이사하면서 리우데자네이루 연방 대학교 공학 석사과정에 들어갔고, 2016년에는 리우데자네이루 순수 및 응용 수학 연구소에서 컴퓨터 그래픽 프로그램을 위한 응용수학으로 박사 과정에 합격했다. 우리가 하는 일의 대부분은 칠판 위에서 아이디어를 논의하고 그걸 컴퓨터 코드로 바꾸는 것이다. 내가 이 연구소에 처음 도착했을 때 처음으로 시선을 사로잡은 게 칠판이었다. 그곳에는 사방이 온통 칠판이었다. 휴게실에도 하나, 복도에는 여러 개, 그리고 교실은 벽 전체가 칠판으로 도배되었다.

내 연구는 정다각형을 이용해 평면을 주기적으로 채우는 타일링을 탐구하는 것이다. 특히, 가능한 타일링 방법의 개수를 찾는 것이 핵심 목표다. 사진 속 칠판에는 그 예시가 그려져 있다. 이 연구는 시각적인 요소가 많으며, 최종 결과물은 정다각형이 반복적으로 배열된 패턴으로, 그 자체로도 넋이 나갈만큼 아름답다.

지도 교수나 동료들과의 논의에서는 칠판을 적극 활용해 아이디어를 설명하고 개념을 정리한다. 회의가 끝나면 칠판에는 다양한 스케치, 메모, 방정식들이 빼곡하게 채워진다. 방을 나서기 전, 작품을 감탄하며 바라보고 사진을 찍는 일은 하나의 즐거운 의식이 되었다.

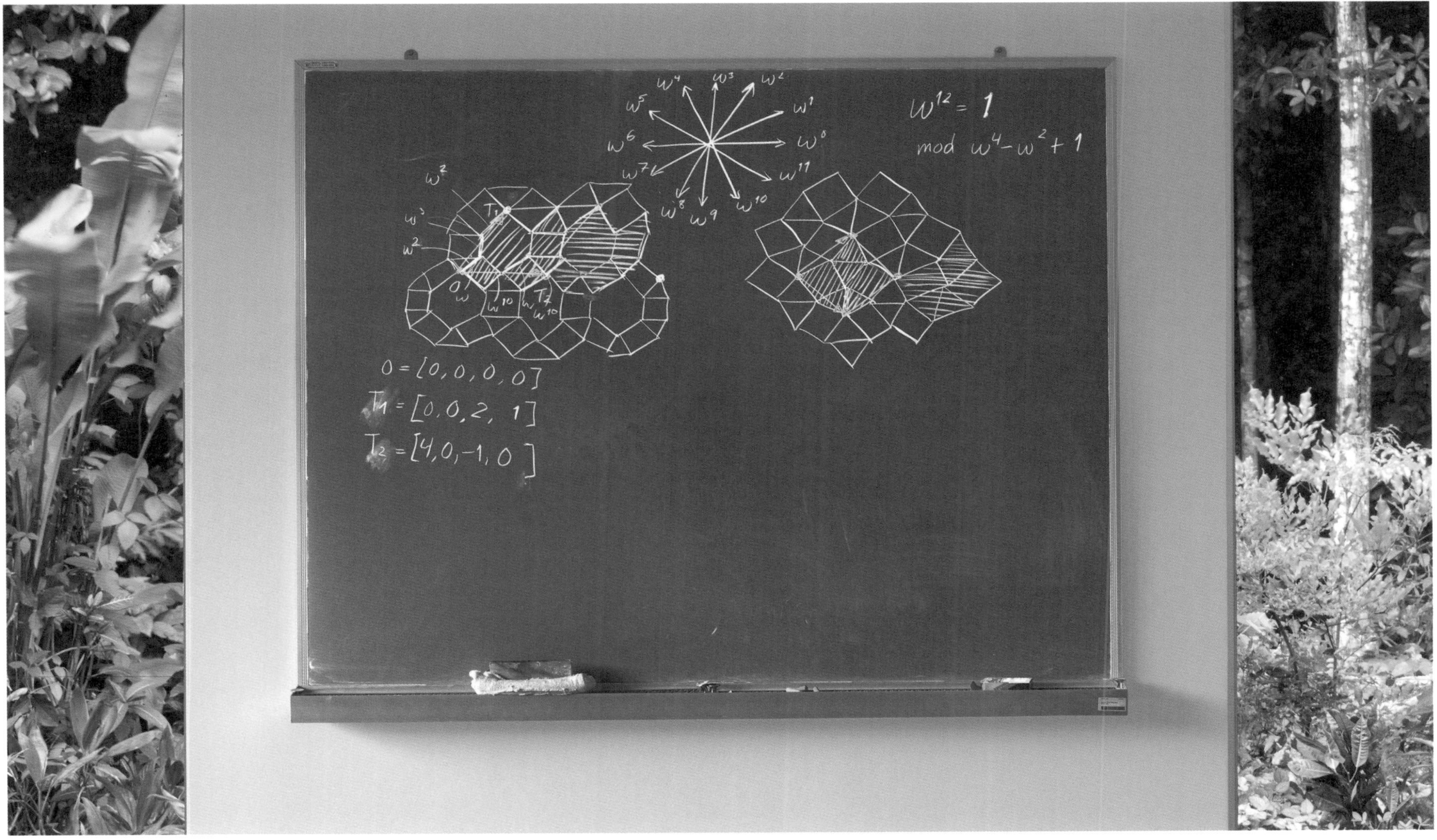

w⁰ w¹ w² w³ w⁴ w⁵ w⁶ w⁷ w⁸ w⁹ w¹⁰ w¹¹
w¹² = 1
mod w⁴ − w² + 1
T1
T2
0 = [0, 0, 0, 0]
T1 = [0, 0, 2, 1]
T2 = [4, 0, −1, 0]

아나 발리바누
ANA BALIBANU

하버드 대학교 수학과 벤자민
피어스 펠로우이자 미국
국립과학재단 박사 후 펠로우.

내가 칠판을 좋아하는 이유는 단순하고 촉각적이기 때문이다. 판서하면서 분필이 닳는 것을 느끼고 또 동시에 칠판의 질감도 느낀다. 칠판은 제한된 공간이기에 무한히 채울 수 없다. 그런 단순함이 사용자의 사고에도 똑같은 단순성과 명료함을 강제하고, 아이디어를 다듬어 의미 있는 것으로 정제하게 한다.

사진 속 칠판은 헤센베르크 다양체라는 기하학적 대상들을 연구하는 프로젝트의 개요를 보여준다. 개별적인 헤센베르크 다양체는 매우 복잡하고, 때로는 이해하기 어려울 정도로 난해하다. 그래서 우리는 하나의 다양체만 따로 보는 것이 아니라, 가능한 모든 헤센베르크 다양체를 함께 살펴보며 그들 사이의 관계를 분석해야 한다. 이러면 다양체들이 서로 어떻게 연결되고 영향을 주는지를 파악할 수 있고, 이를 통해 기하학적 구조가 더욱 명확하게 드러난다.

칠판에 그려진 다이어그램은 이러한 상호작용을 시각적으로 표현한 것이다. 화살표는 서로 다른 헤센베르크 다양체가 어떻게 변형될 수 있는지를 나타낸다. 칠판에 적힌 목록은 우리가 예상한 연구 결과의 방향을 정리한 것으로, 나중에 보면 일부는 맞았고 일부는 틀렸다. 이 칠판은 연구가 한창 진행되던 흥미로운 순간을 포착한 장면이다. 아직 해결해야 할 부분이 많고 불확실성도 크지만, 동시에 새로운 발견으로 이어질 수 있는 무한한 가능성이 열려 있다.

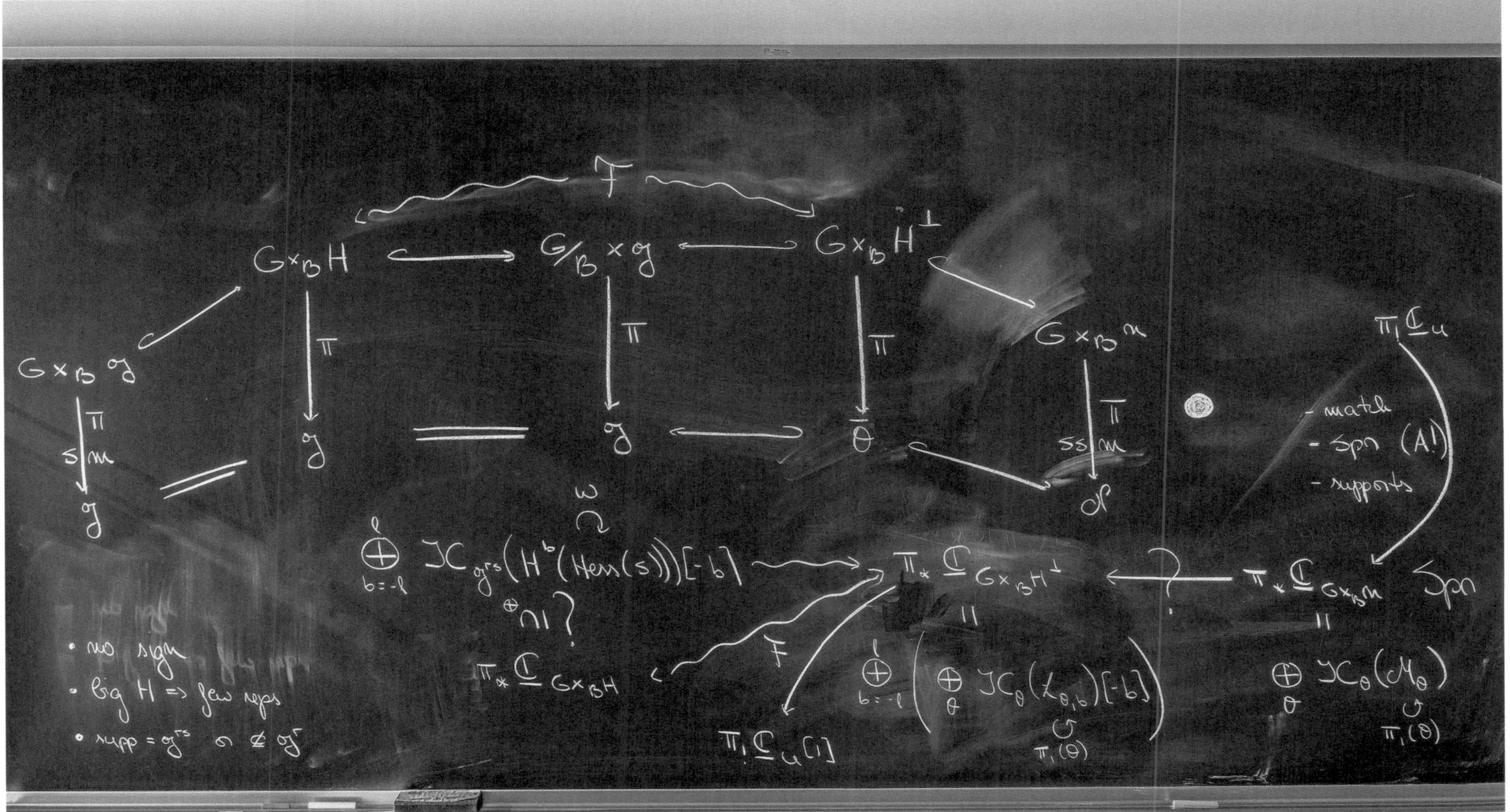

F
G ×B H
G/B × g
G ×B H⊥
G ×B g
G ×B n
π
s/m
ss/m
- match
- Spr (A!)
- supports
π! Cu
Spr
• no sign
• big H ⇒ few reps
π* C G×B H
π! Cu[1]

로렌 윌리엄스
LAUREN K. WILLIAMS

시공간이 확장하면서
돌의 배열은
파동 속에서 패턴을 드러낸다.

하버드 대학교 수학과 드와이트 파커 로빈슨 석좌교수이자 래드클리프 고등연구소 샐리 스탈링 시버 석좌교수. 하버드에 임용되기 전에는 2009년부터 2018년까지 캘리포니아 대학교 버클리 교수였다. 미국 수학회 펠로우이고 여성 수학인 협회-마이크로소프트 연구상을 받았다.

이것은 내가 몇 년 전 유지 코다마(Yuji Kodama)와 함께 발표한 논문 "실 그라스만 다양체에서 KP 솔리톤의 조합론"의 초록을 하이쿠(일본 전통 단시—옮긴이) 형식으로 쓴 것이다. 이 논문은 우리가 KP 방정식의 특정 해에서 나타나는 패턴을 연구한 것으로, 이 방정식은 해변의 얕은 물결이 서로 상호작용하는 모습을 모델링하는 것으로 알려졌다. KP 방정식의 해가 평면상의 어느 지점에서 최댓값을 가지는지, 또는 파도의 모양이 어디에서 정점을 이루는지를 분석할 수 있다. 내 칠판은 KP 방정식 해의 최댓값을 구하는 여러 가지 경우를 보여준다.

나는 초등학생 때부터 수학을 즐겼고, 특히 패턴 찾기를 아주 좋아했다. 수학자가 되겠다고 마음먹은 순간이 따로 있었던 것 같지는 않지만 대학 생활 중에 문득 이 분야를 한번 전공해 보자 하는 생각이 들어서 시작했다.

수학 연구의 과정은 대체로 반복적이고 꾸준한 작업이 요구된다. 기존 연구와 그 결과를 이해하고, 다양한 예제를 실험하며, 때로는 컴퓨터 코드를 작성하기도 한다. 처음에는 무질서해 보이는 데이터 속에서 패턴을 찾아내고, 그 패턴을 만들어내는 근본적인 원리를 파악하는 것이 연구의 핵심이다. 대부분의 시간은 난관에 부딪히고 답을 찾지 못해 좌절하는 과정의 연속이다. 하지만 손에 쥔 문제에 푹 빠져 있다 보면 어쩌다 한 번씩 기가 막힌 아이디어나 깨달음이 불현듯 머리를 스친다. 그 순간은 어두운 방에 앉아 있거나, 아기를 재우고 있거나, 콘서트홀에서 말러 교향곡을 흘려듣고 있을 때일 수도 있다.

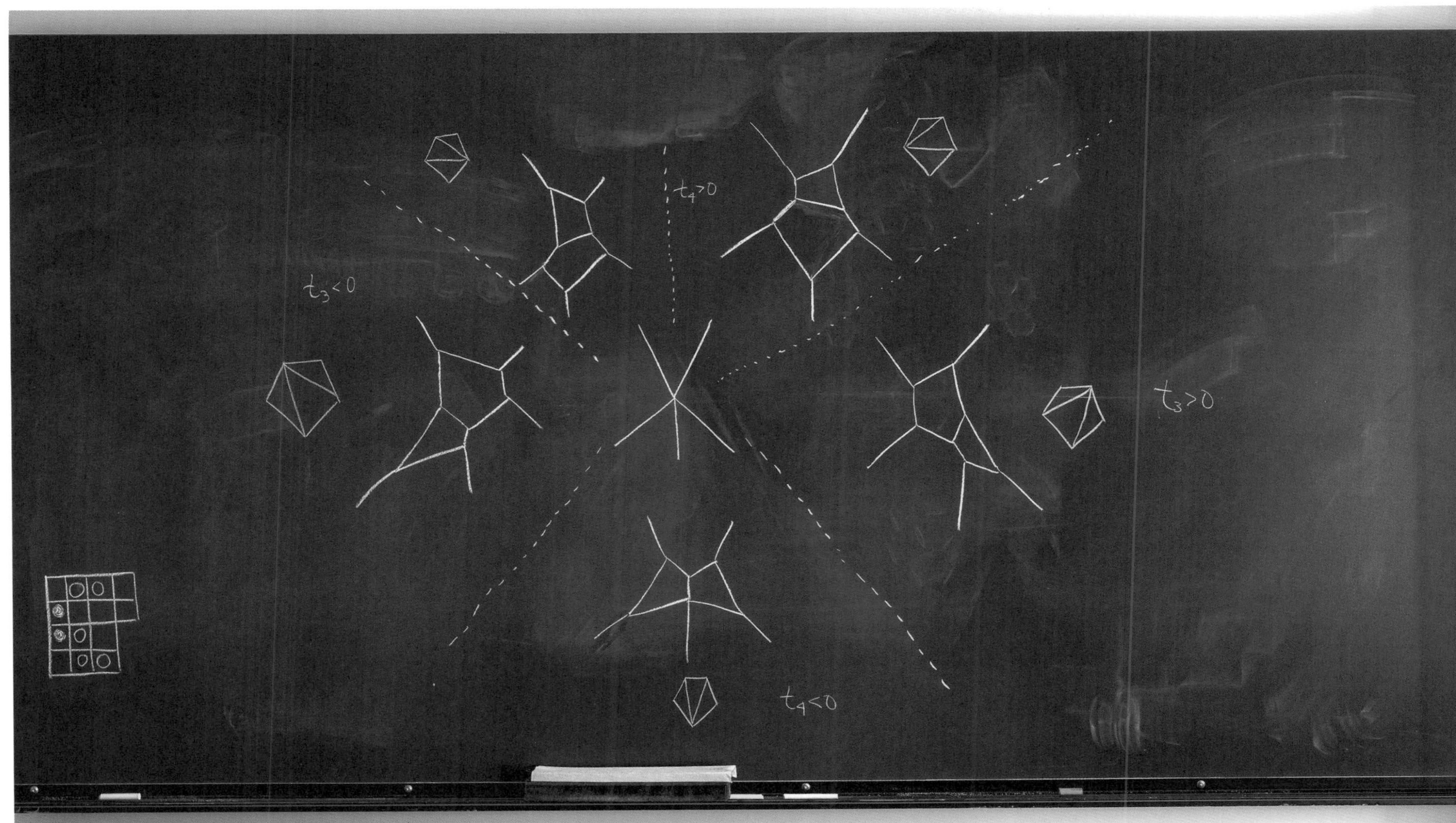

$t_4>0$
$t_3<0$
$t_3>0$
$t_4<0$

안쿠르 모이트라
ANKUR MOITRA

MIT 수학과 부교수. 컴퓨터 과학 및 인공지능 연구실 연구 책임자이자, MIT 계산 이론 그룹, 기계 학습, 통계 센터의 핵심 구성원이다. 주요 연구 목표는 이론 컴퓨터 과학과 기계 학습을 연결하는 증명 가능한 알고리즘을 개발하는 것이다. 패커드 펠로우십, 슬로언 펠로우십, 미국 해군연구청 젊은 연구자상, 미국 국립과학재단 신진과학자 연구상, 미국 국립과학재단 컴퓨팅 혁신 펠로우십, 허츠 펠로우십을 수상했다.

수학은 진리와 아름다움을 탐구하는 학문이지만, 나는 대부분의 시간을 혼란 속에서 보낸다. 새로운 문제를 막 시작하면, 무엇이 그 문제를 어렵게 하는지조차 알 수 없다. 몇 가지 시도를 해보지만, 문제는 끊임없이 반격해 온다. 그리고 몇 달, 때로는 몇 년이 지난 후 뒤돌아보면, 처음 시도했던 방법들이 얼마나 순진하고 어리석었는지 깨닫게 된다. 하지만 그 과정을 거치며 문제를 이해하는 법을 배운다는 사실이 스스로를 더욱 단단하게 만든다.

모든 게 분명해 보이는 날은 며칠 되지 않는다. 사실 그게 정말 지치는 일이다. 나로 말하자면, 마침내 해결의 실마리가 보이면 다른 것은 아무것도 머리에 들어오지 않는다. 잠을 잘 수도 없고, 때로는 한밤중에 깨어서 몇 시간이고 서성거린다. 손에 잡히는 종이에 마구 휘갈기고, 집 안 곳곳을 돌아다니며 의자에 앉아보기를 반복한다. 마치 장소를 바꾸면 해답이 떠오를 것처럼. 수학을 모르는 사람들에게는 이런 행동이 기이해 보일 수도 있지만, 어떤 문제에 깊이 빠져들다 보면 그 해답을 찾는 일이 전부처럼 느껴지는 순간이 온다.

처음에는 이런 혼란스러움을 남몰래 두려워했다. 내가 뭔가 잘못하고 있는 건 아닐까, 혹은 내 능력의 한계가 여기까지일까 하는 생각이 들었다. 하지만 시간이 지나면서 이런 불확실함을 받아들이게 되었고, 이제는 오히려 미지의 영역을 탐험하는 기분에 즐거워지기까지 한다. 내가 어디로 가고 있는지 몰라도 어떠랴. 알아내면 되지. 문제를 해결하고, 그 과정을 다른 사람들에게 설명하며 가르칠 즈음에는 이 모든 이야기가 모험담이 된다. 산을 오르는 길이 쉽고 확실했다면, 과연 모험이라고 할 수 있을까?

사진 속 칠판에는 내 논문 중에서 개인적으로 가장 좋아하는 증명이 담겨 있다. 이건 두 개의 가우스 분포가 섞인 경우, 첫 여섯 개의 적률(확률분포의 모양을 설명하는 지표)만으로도 그 확률분포를 완전히 특정할 수 있음을 보여준다. 나는 당시 애덤 칼라이(Adam Kalai), 그레고리 발리언트(Gregory Valiant)와 함께 이 문제를 연구하고 있었고, 증명 가능한 학습 알고리즘을 개발하는 데 있어 마지막으로 필요한 단계가 바로 이 증명이었다. 처음에는 문제를 해결하기 위해 여러 가지 닥치는 대로 시도해 보았고, 솔직히 그중 일부는 형편없었다. 그러다 마침내 여섯 개의 적률만으로 충분하다는 사실을 시각적으로 설명하는 간단하고 명확한 방법을 찾았다. 이 방법을 한 번 보고 나니 다시는 잊을 수 없었다.

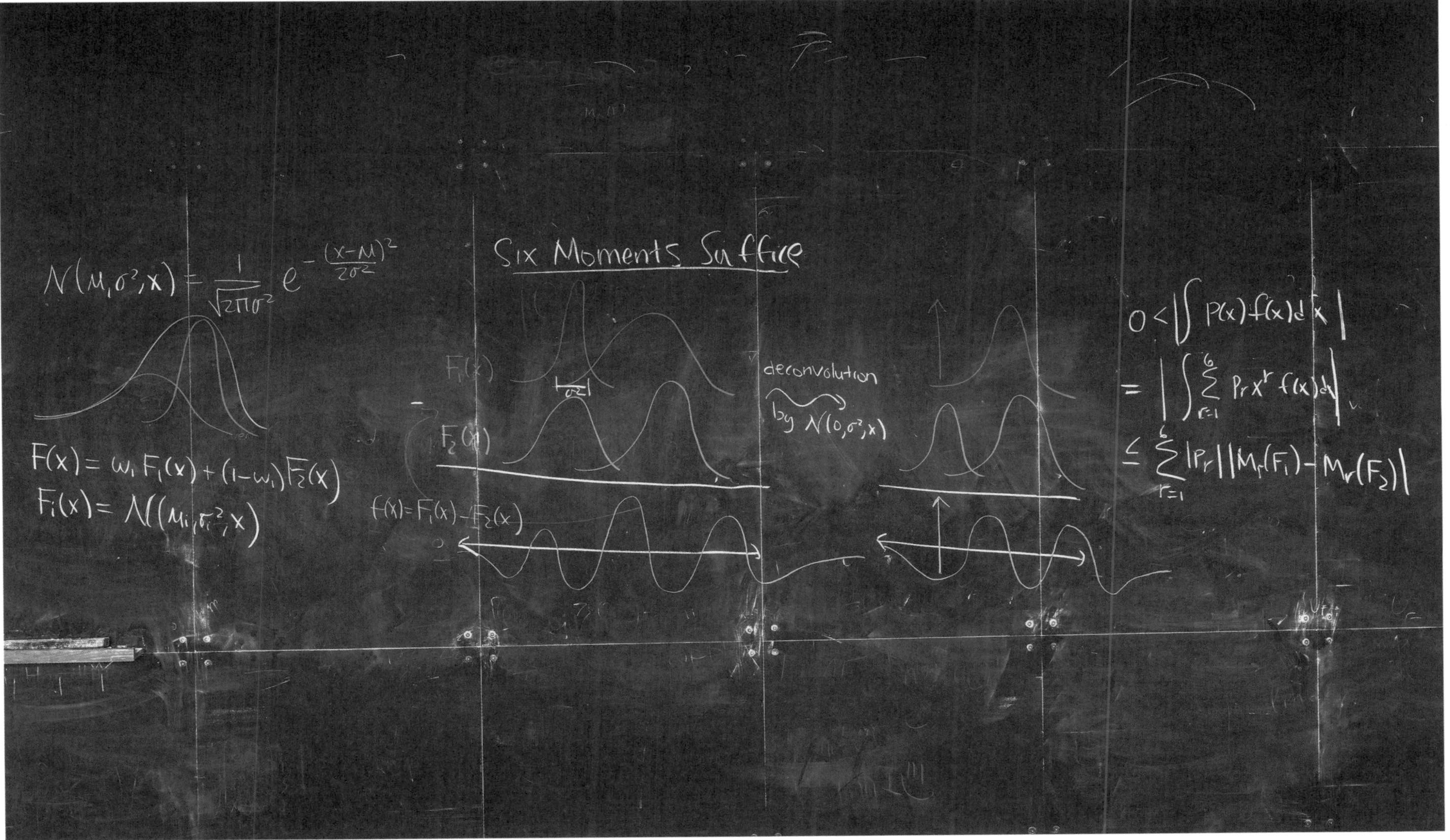

Six Moments Suffice
N(μ, σ², x) = 1/√(2πσ²) e^(−(x−μ)²/2σ²)
F(x) = ω₁F₁(x) + (1−ω₁)F₂(x)
Fᵢ(x) = N(μᵢ, σᵢ², x)
F₁(x)
F₂(x)
f(x) = F₁(x) − F₂(x)
deconvolution
by N(0, σ², x)
0 < |∫ P(x) f(x) dx|
= |∫ Σ Pᵣ xʳ f(x) dx|
≤ Σ |Pᵣ| |Mᵣ(F₁) − Mᵣ(F₂)|

미첼 포크
MITCHELL FAULK

밴더빌트 대학교 수학과 박사 후 연구원. 2019년에 멜리사 류(Melissa Liu)의 지도로 박사 학위를 받았다. 복소기하학에서 표준 계량의 존재를 연구한다.

칠판이란, 정확하게 정의하자면 짙은 색 슬레이트 판 위에 황산칼슘 막대기로 자국을 남길 수 있는 도구이지만, 이런 삭막한 정의는 옳지 않다. 시간을 초월한 매체에 내재한 인간적 요소를 전혀 설명하지 못하고 있으니까.

칠판은 어쨌거나 빈 캔버스에 불과하다. 반면에 그 위에 채워지는 내용은 분필을 휘두르는 인간에게 완벽하게 달려 있다. 그리고 그 매체를 하나의 예술로 승화시키는 것은 이 제한 없는 자기표현 방식을 통해서다.

칠판에 무엇을 쓰고 어떻게 쓰고 언제 쓰는지는 모두 판서하는 사람을 반영한다. 칠판에 정리된 기호와 하얀 가루들은, 마치 작업 중인 사람의 지문처럼 어두운 표면에 남아 있다.

어떤 판서는 설명을 위한 것이다. 정돈되고 조직적으로 계획된 글씨들은 교실이나 강연장에서 내용을 전달하기 위해 쓰이며, 이런 칠판들은 흔히 그 자리를 지키는 영구적인 존재가 된다. 때로는 내용을 더 잘 보여주기 위해 위아래로 움직이며 강조되기도 한다. 반면, 어떤 칠판에는 해독하기 어려운 기호들이 가득하다. 마치 개인 전용 상형문자처럼 보이는 이 표기들은, 연구실에서 책과 논문이 쌓인 가운데 떠오른 신선한 아이디어를 서둘러 기록한 흔적들이다.

이 모든 표기에는 한 가지 공통점이 있다. 그것을 매력적으로 만드는 요소, 바로 일시성이다. 잘못된 것이 보이면 손가락 끝으로 가볍게 문질러 지워버릴 수 있다. 틀린 계산들로 가득 찬 칠판은 망설임 없이 지워지고, 결국 헤아릴 수 없는 분필 가루만이 그것이 존재했음을 증명할 뿐이다.

사진 속 칠판에서 닦아낸 것이 무엇이었는지 잘 기억나지 않는다. 사진을 찍을 무렵 나는 원환다양체에 대해 공부하고 있었다. 원환다양체는 조합론적 방법을 이용해 정의되는 대수기하학의 중요한 사례군이며, 그 구조가 명확하기 때문에 계산이 용이하고, 그래서 결과와 추측을 검증하는 실험장 역할을 한다. 내가 썼던, 그리고 지웠던 것은 아마 이 내용과 관련이 있을 것 같다. 비록 유일하게 남은 흔적이라곤 칠판에 남은 지우개 자국뿐이니, 그 이상은 추측할 수밖에 없다.

어쩌면 이러한 일시성이야말로 칠판이 가장 강조하는 속성일지도 모른다. 결국 우리의 생각은 시간 속에서 유한하며, 아무리 붙잡으려 해도 온전히 담아내기 어려운 것들이기 때문이다.

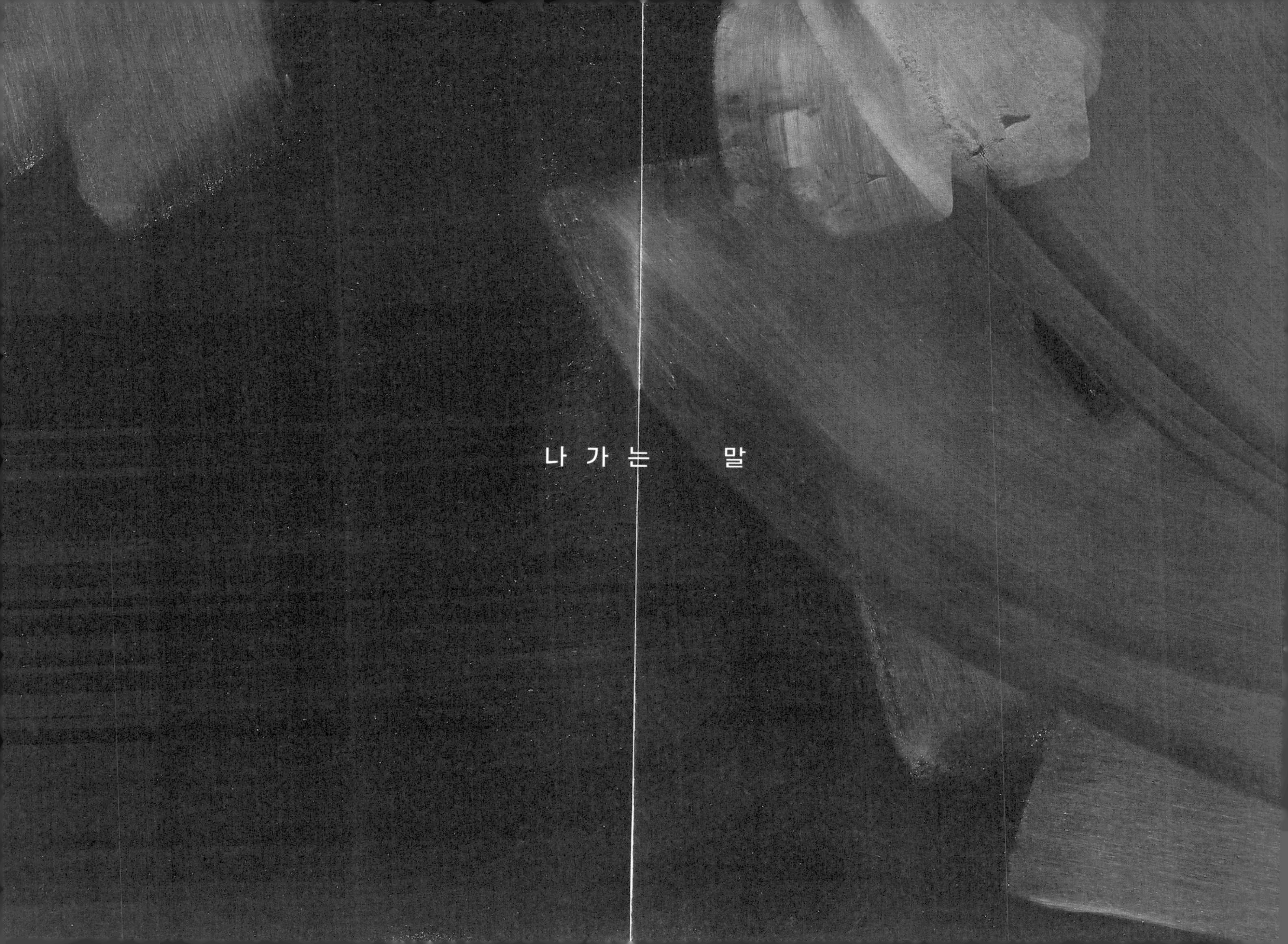

나가는 말

수학자들은 수학이 무엇인지 알고 있지만, 그것을 명확히 정의하는 것은 어려워한다. 지금까지 들은 정의만 해도 수없이 많다. 수학은 연역적 논리와 추상화를 이용해 기존의 지식에서 새로운 지식을 창조하는 기술이며, 형식적인 패턴의 이론이고, 양(量)에 대한 연구다. 자연수, 평면과 입체 도형을 포함하는 학문이자, 필연적인 결론을 이끌어내는 과학이며, 기호 논리학이기도 하다. 수학은 구조를 연구하는 학문이며, 시간을 초월한 우주의 건축 양식을 설명하는 언어다. 논리적 아이디어의 시이자, 공리에서 명제 혹은 그 부정을 도출하는 연역적 경로를 탐구하는 도구이며, 상상 속에서만 존재하는 대상들을 연구하는 과학이기도 하다. 수학은 정교한 개념적 장치이며, 마치 실재하는 것처럼 다룰 수 있는 아이디어를 연구하는 분야다. 또한, 의미 없는 기호를 '엄격한 문법 규칙에 따라 조작하는 과정이자, 이상화된 대상의 성질과 상호작용을 탐구하는 학문이다. 수학은 특정한 목적을 위해 의도적으로 발명된 개념과 규칙을 능숙하게 다루는 과학이며, 진리에 대한 추측이자 질문이자 발견적 논증이다. 공들여 만들어 낸 직관이자, 인류 문명이 구축한 가장 거대한 지적 구조물이며, 모든 과학이 완벽을 향해 발전할 때 도달하는 궁극적인 형태이기도 하다. 이상적인 현실이자, 형식을 갖춘 게임이며, 음악가들이 음악을 하듯 수학자들이 하는 것이다.

철학자 버트런드 러셀(Bertrand Russell)은 수학을 두고 "우리가 무슨 말을 하는지, 또는 그것이 참인지조차 알 수 없는 학문"이라고 했으며 찰스 다윈(Charles Darwin)은 "수학자란 깜깜한 방에서 있지도 않은 검은 고양이를 찾는 눈먼 사람"이라고 했다. 작가 루이스 캐럴(Lewis Carroll)은 사칙연산을 "야망, 혼란, 추함, 조롱"이라고 표현했다. 특히 고등 수학으로 갈수록 수학을 이해하기 어렵다는 점이 문제를 더욱 복잡하게 만든다. 수학은 모두가 공유하는 기본적인 언어(모두가 수를 셀 줄 알기 때문에)에서 시작하지만, 점차 난해한 방언이 되어 결국 극소수의 사람들만이 이해할 수 있는 영역으로 변질된다.

어떤 수학자는 수학을 수천 년에 걸쳐 쓰였고 계속해서 추가되고 있지만 절대 완성될 수는 없는 이야기라고 말한다. 수학보다 오래된 경전은 없으며 역사를 초월해 인류가 간직해 온 기록이다. 역사적 기록은 수정되거나 조작되거나 지워지거나 소실될 수 있지만, 수학은 영원하다. $A^2 + B^2 = C^2$는 피타고라스가 자기 이름을 붙이기 전에도 사실이었고, 태양이 사라져 수학을 생각할 이가 하나도 남지 않은 미래에도 사실일 것이다. 수학을 생각할 수 있는 모든 외계인에게 참이고, 그들이 수학을 알든 모르든 간에 참이다. 수학은 변할 수 없다. 세상에 가로와 세로, 하늘과 수평선이 존재하는 한, 수학은 그 어떤 말보다 진실한 것이다.

지금까지 적은 내용 중에 내가 한 말은 없고, 어떤 면에서는 진부하게 들리는 말들을 모아놓은 것 같지만 그래도 나는 이것들이 수학에 대한 썩 괜찮은 설명이라고 생각한다. 수학자는 확실성의 세계 안에 산다. 반면, 나머지 사람들, 심지어 수학이 아닌 다른 분야의 과학자들이 사는 세계에서 확실성이란 우리가 아는 한계 내에서, 그것도 "*대부분*"의 경우에 일어나는 것이다. 하지만 유클리드가 엄격한 증명을 고집한 바람에 수학은 수학이 말할 수 있는 범위 안에서는 언제까지고 확실한 진리를 제공한다.

수학은 우리가 미스터리를 설명하는 가장 분명한 언어이다. 수학은 물리학의 언어가 되어 우리가 자연계에서 직접 볼 수 없지만 참이라고 추정하고 나중에 검증되는 실제 미스터리와 수학자들의 머릿속에서만 존재하는 가상의 미스터리를 설명한다. 그렇다면 이 추상적인 미스터리들은 어디에 존재하는 것일까? 이것들이 활동하는 영역은 어디일까? 일부 사람들은 수학이 인간의 정신 속에서 존재한다고 주장한다. 인간의 정신만이 수학적 개념(수, 방정식, 공식 등)을 정의하고, 그것들을 존재하게 하며, 우리의 인지 구조 자체가 그렇게 설계되었기 때문에 그럴 수밖에 없다고 말한다. 인간은 자신이 가진 도구로, 그것이 허락하는 방식으로만 세상을 탐구할 수 있다. (예를 들어 인간이 색을 인식하는 것은 뇌가 물체의 표면에서 반사된 빛을 해석하도록 설계되었기 때문이다.) 과학적 정보에 기반한 이런 논리적인 견해는 일부 신경과학자와 철학자, 그리고 철학적 성향이 강한 수학자들이 지지하는 소수 의견이다.

반면, 조금 더 널리 받아들여지는 의견은 "아무도 수학이 어디에서 비롯되었는지 알지 못한다"는 것이다. 어딘가를 가리키면서 "여기에서 수학이 시작되었소"라고 말할 수 있는 수학자나 자연과학자는 없다. 수학이 인간의 정신 속이 아닌, 우리와 독립적으로 존재한다는 것이라는 믿음은 플라톤주의라고 불린다. 플라톤은 완벽한 형태의 세계가 시공간 바깥에 존재하며, 우리가 보는 모든 것은 그 불완전한 모사라고 주장했다. 플라톤주의에 따르면 수학은 창조되는 것이 아니라, 단순히 발견될 뿐이다.

또 다른 견해로, 수학은 신의 정신 속에 존재한다고 믿는 소수의 수학자들도 있다. 집합론을 주창한 게오르크 칸토어(Georg Cantor)는 "신의 능력은 무한집합을 창조한 것에서 최고의 완성도에 이르렀으며, 신의 거대한 선(善)이 그것을 창조한 원동력이다"라고 말했다. 한편 인도 수학자 스리니바사 라마누잔(Srinivasa Ramanujan)은 "내게 방정식은 신의 뜻을 표현한 게 아니라면 아무런 의미가 없다"라고 했다.

수학자도 예술가처럼 종종 자기가 아는 것의 경계, 땅거미가 지는 영역에서 일한다. 의미 있는 문제를 발견하는 과정은 내면을 탐험하는 모험과 같아 넓은 땅을 힘겹게 헤집고 다녀야 하며, 의식적으로만 이루어지는 것은 아니다. 한편 오래된 난제를 해결하려는 시도는 과거의 도전들이 실패했고 결국 불가능하다고 포기한 성채를 다시금 공략하려는 전략과도 닮았다.

이 책에 실린 윈(Wynne)의 사진들은 복잡한 수학적 사고가 진행되는 현장에서 찍힌 순간들이다. 어떤 것은 인간 사고의 최전선에서 여전히 연구 중인 난제를 담고 있고, 어떤 것은 설명, 어떤 것은 이야기이며, 또 어떤 것은 추측이다. 공식과 그림은 마치 생명을 가진 듯 생생해 보인다. 그것들을 보고 있자니 젊어서 LSD를 복용한 상태로 나무 조각의 결에서 가까스로 읽어낸 글씨를 보면서 내가 이걸 이해한다면 세상 모든 것을 이해할 수 있을 것 같다고 생각한 환각의 순간이 떠올랐다.

이 그림을 그리고, 공식을 쓰고, 설명을 남긴 사람들도 모든 것을 이해하지는 못했을 것이다. 하지만 그들은 새로운 지식을 탐구하고 있으며, 그중 많은 부분은 수학을 확장하는 것 외에 어떤 실질적인 목적도 없을지 모른다. 그럼에도 불구하고, 그들이 발견한 것 중 일부는 이전에는 아무도 알지 못했던 사실일 수도 있다.

칠판 위의 그림들은 생각이 끝난 지점으로 돌아가기 위한 표식이거나, 사고의 흐름을 재구성하는 단서가 된다. 칠판 속 수식과 도형은 수학이라는 보편 언어를 제외하면 서로 말을 알아듣지 못하는 사람들 사이에서도 전 세계 어디에서든 다시 해독될 수 있다. 그리고 설령 이 그림들이 칠판에서 지워진다 해도, 그것들은 여전히 수학이라는 거대한 책 속의 한 페이지로 남을 것이다.

이 사진들은 수년에 걸친 배움과 깊은 사고의 흔적을 기록한다. 초상화처럼 이 칠판들도 연구자의 정신적 상태와 성격, 내면에서 일어나는 사고의 과정을 반영한다. 그 순수함은 20세기 초에 마이크 디스파머(Mike Disfarmer)가 아칸소주의 스튜디오에서 농부와 농장의 일꾼, 그리고 그들의 가족을 찍은 사진을 떠오르게 한다. 수식과 도형이 가득한 윈의 사진 역시 마치 본질을 드러내려는 것처럼 가장 기본적인 것만 갖춘 채 바라보는 시선을 가진다. 이것들은 윈이 춤의 패턴을 추적했듯이, 사고가 춤추는 과정을 생생하게 담아낸 초상화와 같다.

그녀의 시선은 선을 따라 흐르는 듯하다. 이 칠판 사진들은 기록으로서의 고정된 성격을 가지면서도, 손의 움직임을 통해 만들어지는 동적인 요소를 함께 담고 있다. 또한, 수학자들이 역사적으로 아름다움과 깊이 연관되어 있다는 사실을 보여주는 대표적인 예이기도 하다. 이 사진들은 마치 제 영역 안에서 살아 있는 생명체를 마주하는 듯한 친근하고 직접적인 느낌을 준다. 어떤 칠판은 너무나도 매혹적이어서, 윈이 그것을 처음 보았을 때 숨이 멎을 만큼 감탄했을 것이라고 상상하게 된다. 윈은 단순히 칠판의 외형뿐만 아니라, 각 칠판이 담고 있는 다양한 의미의 층에도 관심을 가진다. 칠판의 첫인상도 중요할 수 있겠지만, 지우고 다시 그리는 과정, 그리고 추론을 진전시키는 과정 속에서 드러나는 더 깊은 의미 또한 존재한다.

전체적으로 이 책의 모든 사진은 일종의 증언이자 인간 사고의 고차원적 힘에 대한 신념의 기록이고, 그런 사변적 사고에는 추상적 수학의 대부분이 그렇듯이 어떤 눈에 띄는 방식의 유용함이 없더라도 그 자체로 가치가 있다. 순수 수학이라는 말에는 이 학문에 대한 19세기의 우월감이 드러나는데, 아마 시인이 시를 산문보다 더 고상하게 여기는 것과 비슷한 방식의 의도가 들어갔을 것이다. 그럼에도 순수 사고와 실용적 사고에는 시와 단순한 보고서의 차이와 같은 차별점이 있으며 아마 플라톤도 그 둘을 구분했을 것이다. 과연 수학이 예술인지, 과학인지, 아니면 둘 다인지는 쉽게 대답할 수 없다.

수학자 알랭 콘은 수학에서 "존재한다"라는 단어는 모순으로부터 면제된다는 의미라고 말했다. 이 우아한 사진들은 각각 엄격한 인간의 사고라는 캔버스 위에, 그 구체적인 내용을 보존한다.

알렉 윌킨슨

감 사 의 말

이 책을 쓰는 과정에 큰 도움을 주신 많은 분들께 감사하고 싶다.

에이미 윌킨슨과 벤슨 파브의 우정과 배려에 진심으로 감사한다. 두 사람은 이 책의 시작이었고 그들의 세계를 내게 열어서 보여주었다.

수년간 나를 이끌어준 고마운 친구들을 소개한다. 애벨라도 모렐(Abelardo Morell), 알렉 윌킨슨(Alec Wilkinson), 에이미 새비지(Amiee Savage), 뱅크스 타버(Banks Tarver), 브룩 싱어(Brooke Singer), 캐서린 타버(Catharine Tarver), 크리스티나 로코스(Christina Roccos), 커티스 윌록스(Curtis Willocks), 다라 갓프리드(Dara Gottfried), 데보라 클레신키(Deborah Klesinki), 데니스 오버바이(Dennis Overbye), 더그 켈(Doug Kehl), 엘리자베스 비욘디(Elisabeth Biondi), 유지니아 카예(Eugenia Kaye), 그레고리 크루드슨(Gregory Crewdson), 어윈 밀러(Irwin Miller), 조엘 스미스(Joel Smith), 조든 엘렌버그(Jordon Ellenberg), 루이스 타버(Lewis Tarver), 메리 앤 하스(Mary Ann Haase), 맷 맥캔(Matt McCann), 미아 파인먼(Mia Fineman), 나탄 라스트(Natan Last), 니콜 하얏트(Nicole Hyatt), 피터 코헨(Peter Cohen), 레베카 카라메메도빅(Rebecca Karamehmedovic), 레이건 루이(Reagan Louie), 사라 배럿(Sara Barrott), 토드 야트라스(Todd Jatras), 워커 타버(Walker Tarver), 윌리엄 웨그먼(William Wegman), 윌리엄 L. 샤퍼(William L. Schaeffer).

지원해 주신 에드윈 호크 갤러리 관계자 모든 분들과 특히 에드윈 호크(Edwynn Houk), 크리스티안 호크(Christian Houk), 베로니카 호크(Veronica Houk)에게 감사한다.

이 책이 출간되기까지 인내로 이끌어 준 담당 편집자 수재너 슈메이커(Susannah Shoemaker)와 편집 보조원 크리스틴 홉(Kristen Hop), 지혜를 나눠준 비키 컨(Vickie Kearn), 놀라운 재능을 소유한 디자이너 크리스 페란테(Chris Ferrante)에게 고마움을 전한다.

당신들의 우주를 엿보게 해준 모든 수학자들에게 감사한다. 그중에서도 안드레 네베스, 딘 양, 엘렌 에스노, 헬무트 호퍼, 제임스 사이먼스, 미하일 그로모프, 필립 오르딩, 사하르 칸, 솨이 왕, 실뱅 크로비지에, 마리아 호세 파시피코에게 특별한 감사 인사를 드린다.

마지막으로 우리 가족. 특히 사랑과 격려를 아끼지 않은 우리 부모님, 그리고 늘 나에게 영감을 주는 우리 딸 몰리에게 감사와 고마운 마음을 보낸다.

이 책에 나오는 수학자

고빈드 메논 Govind Menon 144
그리고리 마르굴리스 Grigory Margulis 110
길버트 스트랭 Gilbert Strang 190
낸시 힝스턴 Nancy Hingston 186
네이선 돌린 Nathan Dowlin 70
네이트 하먼 Nate Harman 140
노가 알론 Noga Alon 52
니콜라 퀴리앵 Nicolas Curien 196
니콜라스 G. 블라미스 Nicholas G. Vlamis 88
댄 A. 리 Dan A. Lee 154
데니스 오루 Denis Auroux 50
데이비드 가바이 David Gabai II
데이비드 다마니크 David Damanik 126
두사 맥더프 Dusa McDuff 86
디미트리 Y. 실리악텐코 Dimitri Y. Shlyakhtenko 58
딘 양 Deane Yang 46
라파엘 포트리 Rafael Potrie 176
레일라 슈넵스 Leila Schneps 158
로넨 무카멜 Ronen Mukamel 68
로라 드마르코 Laura DeMarco 156
로라 발자노 Laura Balzano 22
로렌 윌리엄스 Lauren K. Williams 214
로렌조 J. 디아즈 Lorenzo J. Diaz 80
로이 마젠 Roy Magen 128
린다 킨 Linda Keen 98
마르셀로 비아나 Marcelo Viana 94
마리아 호세 파시피코 Maria José Pacifico 172
마리오 봉크 Mario Bonk 102
마이클 해리스 Michael Harris 64
마틴 브리지맨 Martin Bridgeman 194
매기 밀러 Maggie Miller 14
매튜 에머턴 Matthew Emerton 36
미첼 포크 Mitchell Faulk 218
미하일 그로모프 Misha Gromov 32
바삼 파야드 Bassam Fayad 146
버지니아 어반 Virginia Urban 120
벤슨 파브 Benson Farb 8
보야 숭 Boya Song 180
브루노 칸 Bruno Kahn 178
브리나 R. 크라 Bryna R. Kra 174
비니시우스 G. B. 라모스 Vinicius G. B. Ramos 188
사하르 칸 Sahar Khan 30
솨이 왕 Shuai Wang 18
스탠 오셔 Stan Osher 116
시릴 마르주크 Cyril Marzouk 196
시미온 필립 Simion Filip 72
실뱅 크로비지에 Sylvain Crovisier 56
실비아 기나시 Silvia Ghinassi 48
쑨-융 앨리스 창 Sun-Yung Alice Chang 118
아나 발리바누 Ana Balibanu 212
아르투르 아빌라 Artur Avila 134
안드레 네베스 André Neves 198
안쿠르 모이트라 Ankur Moitra 216
알랭 콘 Alain Connes 44
알렉세이 A. 마일바예프 Alexei A. Mailybaev 114
알렉세이 보로딘 Alexei Borodin 34
앨런 레이드 Alan Reid 192
얀 봉크 Jan Vonk 160
양 리 YANG L Yang Li 60
에덴 프라위스 Eden Prywes 170
에릭 자슬로우 Eric Zaslow 122
에스더 리프킨 Esther Rifkin 142
에이미 윌킨슨 Amie Wilkinson 4
에티엔 지스 Étienne Ghys 202
엔리케 푸잘스 Enrique Pujals 54
엔리코 봄비에리 Enrico Bombieri 166
엘렌 에스노 Hélène Esnault 24
오드리 나사르 Audrey Nasar 152
오퍼 개버 Ofer Gabber 206
오희 Hee Oh 38
윌 사윈 Will Sawin 28
윌프리드 강보 Wilfrid Gangbo 10
이브 베노이스트 Yves Benoist 164
이브 앙드레 Yves André 96
이안 아델스타인 Ian Adelstein 26
이자벨 캘러거 Isabelle Gallagher 138
자코브 팔리스 Jacob Palis Jr. 112
잘랄 샤타 Jalal Shatah 42
장 피에르 부르기뇽 Jean-Pierre Bourguignon 104
재러드 원쉬 Jared Wunsch 90
제임스 H. 사이먼스 130
제프리 로저스 Geoffrey Rogers 204
조너선 팡 Jonathan Feng 66
조너선 필라 Jonathan Pila 162
조제 이제키에우 소투 산세스 José Ezequiel Soto Sánchez 210
존 모건 John Morgan 182
존 테릴라 John Terilla 76
질 꾸르투와 Gilles Courtois 12
카 이 응 Ka Yi Ng 84
카밀로 데렐리스 Camillo De Lellis 150
카소 오쿠주 Kasso Okoudjou 40
카트린 겔페르트 Katrin Gelfert 124
캘빈 윌리엄슨 Calvin Williamson 92
크리스티나 소르마니 Christina Sormani 106
클라크 버틀러 Clark Butler 208
클레르 부아쟁 Claire Voisin 136
키스 번스 Keith Burns 62
타다시 토키에다 Tadashi Tokieda 16
타이-다내 브래들리 Tai-Danae Bradley 82
테런스 타오 Terence Tao 6
파트리스 르 칼베즈 Patrice Le Calvez 74
페르난두 코다 마르케스 Fernando Codá Marques 200
폴 아피사 Paul Apisa 78
프랭크 칼레가리 Frank Calegari 132
피터 쇼어 Peter Shor 108
피터 우잇 Peter Woit 168
피터 존스 Peter Jones 100
필리프 리골레 Philippe Rigollet 148
필리프 미셸 Philippe Michel 2
필립 오르딩 Philip Ording 20
헬무트 호퍼 Helmut Hofer 184

지은이 **제시카 윈** Jessica Wynne

뉴욕 주립 패션 공과대학(FIT) 사진학 교수로, 모건 도서관 및 미술관, 샌프란시스코 현대미술관 등 여러 주요 기관에서 작품이 소장되고 있다. 뉴욕 타임스, 가디언, 뉴요커, 포춘 등의 매체에 사진이 소개되었으며, 사진 전문 갤러리 Edwynn Houk Gallery 소속 대표 작가로 활동 중이다.

옮긴이 **조은영**

서울대학교 생물학과를 졸업하고, 서울대학교 천연물과학대학원과 미국 조지아대학교에서 석사학위를 받았다. 어려운 과학책은 쉽게, 쉬운 과학책은 재미있게 번역하고자 노력하는 과학 전문 번역가이다. 《이토록 멋진 곤충》《생명의 태피스트리》《세상을 연결한 여성들》《우주의 바다로 간다면》《파브르 식물기》《시간의 지배자》《돌파의 시간》《대화의 힘》 등을 옮겼다.

지우지 마시오
수학자들의 칠판

2025년 3월 14일 1쇄 발행

지은이 제시카 윈
옮긴이 조은영
디자인 이지선

펴낸곳 도서출판 단추
발행인 김인정

www.danchu-press.com
hello@danchu-press.com
출판등록 제2015-000076호

ISBN 979-11-89723-37-8 (03410)